AF502174

TABLES
ASTRONOMIQUES

PUBLIÉES

PAR LE BUREAU DES LONGITUDES DE FRANCE,

CONTENANT

LES TABLES DE JUPITER, DE SATURNE ET D'URANUS,

CONSTRUITES D'APRÈS LA THÉORIE DE LA MÉCANIQUE CÉLESTE;

PAR M. A. BOUVARD,

Chevalier de l'Ordre royal de la Légion-d'Honneur, Membre de l'Académie royale des Sciences et du Bureau des Longitudes; des Académies royales des Sciences de Turin et de Munich; de la Société astronomique de Londres et de la Société helvétique des Sciences naturelles, etc., etc.

PARIS,

BACHELIER et HUZARD, Gendres et Successeurs de Mme Ve COURCIER, Libraires pour les Sciences,
Rue du Jardinet-Saint-André-des-Arcs.

1821.

DE L'IMPRIMERIE DE HUZARD-COURCIER.

A

MONSIEUR LE MARQUIS DE LAPLACE,

PAIR DE FRANCE, GRAND-OFFICIER DE LA LÉGION-D'HONNEUR, MEMBRE DE L'ACADÉMIE FRANÇAISE, DE L'ACADÉMIE ROYALE DES SCIENCES, DU BUREAU DES LONGITUDES DE FRANCE, etc., etc., etc.;

A

L'AUTEUR DE LA MÉCANIQUE CÉLESTE,

Comme un faible témoignage de reconnaissance pour les conseils et les encouragemens dont sa bienveillante amitié m'a honoré,

Et comme un faible hommage de profonde admiration pour ses immortels travaux dans toutes lès branches de l'Astronomie physique.

A. BOUVARD.

INTRODUCTION.

I.

TABLES DE JUPITER ET DE SATURNE.

Peu de tems après l'impression de mes Tables de Jupiter et de Saturne, M. de Laplace ayant revu la théorie de ces deux planètes, reconnut que la grande inégalité dépendante des cinquièmes puissances des excentricités, avait été prise analytiquement avec un signe contraire. Cette équation ayant une grande influence sur la valeur des élémens elliptiques, et notamment sur celle de la longitude moyenne de l'époque et du moyen mouvement, il en résultait que mes Tables, ne pouvaient représenter long-tems les observations. Il n'y avait pas à hésiter sur le parti à suivre dans une pareille circonstance. J'ai repris mon travail, afin de le mettre à la hauteur des changemens que la théorie venait d'éprouver, et j'ai profité de cette occasion pour y apporter d'autres améliorations que l'expérience m'avait indiquées.

Dans mes premières Tables, je m'étais borné à l'emploi des oppositions de Jupiter et de Saturne, déduites des observations de Bradley, de Maskelyne et de La Caille, de 1747 à 1804, et de celles de l'Observatoire de Paris, de 1800 à 1804. Dans le travail que je publie aujourd'hui, j'y ai fait concourir, de plus, toutes les quadratures fournies par les mêmes observateurs, pendant les mêmes intervalles de tems, et toutes les oppositions et quadratures observées à Paris, de 1804 à 1814. On a ainsi, de 1747 à 1814, 126 observations d'oppositions et de quadratures pour Jupiter, et 129 pour Saturne, qui ont donné autant d'équations de condition entre les corrections des élémens elliptiques et celles des masses des planètes perturbatrices.

Les observations ont été réduites d'après le dernier catalogue de Maskelyne, pour la position moyenne des étoiles, et d'après les Tables de M. Burckhardt, pour l'aberration et la nutation.

Soit, maintenant, V la longitude héliocentrique d'une planète, déduite des Tables; ε la longitude moyenne à une époque donnée; n le moyen mouvement sidéral pour $365^j,25$; t le tems écoulé depuis la même époque; φ l'anomalie moyenne comptée du périhélie; $2e$ le premier terme de l'équation du centre; p et p' les perturbations exprimées en secondes, que la planète éprouve par l'action des planètes m et m'; on a l'équation de condition suivante :

$$V = \varepsilon + 2e\sin\varphi + pm + p'm' + \text{etc.};$$

en supposant t, p et p' constans, on aura

$$dV = d\varepsilon + tdn + 2de \sin\varphi + 2e\cos\varphi d\varphi + pdm + p'dm' + \text{etc.}$$

Soit, pour abréger, $d\varepsilon = x$, $dn = y$, $2de = z$, $2ed\varphi = u$, $dm = \mu$ et $dm' = \mu'$, l'équation de condition sera

$$x + ty + z\sin\varphi + u\cos\varphi + p\mu + p'\mu' = dV = M - V,$$

M représentant ici la longitude héliocentrique observée.

Les équations de condition qu'on trouvera ci-après sont déduites de cette formule. Elles ont été résolues par la méthode des moindres carrés et ont fait connaître les corrections des élémens de mes premières Tables, ainsi que les corrections des masses de Jupiter, de Saturne et d'Uranus, celle du Soleil étant prise pour unité. On a eu

$$m = \frac{1}{1070,5}, \qquad m' = \frac{1}{3512} \qquad \text{et} \qquad m'' = \frac{1}{17918}.$$

Les corrections des élémens et celles des masses, ayant été substituées dans les formules des mouvemens héliocentriques, ont donné les valeurs suivantes, qui expriment les longudes moyennes de Jupiter, de Saturne et d'Uranus, comptées de l'équinoxe fixe de 1800, et réduites au minuit qui commence le 1er janvier de la même année.

$$\begin{aligned}
\varepsilon + nt &= 90°,96893 + t.33°,7212094;\\
\varepsilon' + n't &= 136,76833 + t.13,5790515;\\
\varepsilon'' + n''t &= 192,78291 + t.\ 4,7610015.
\end{aligned}$$

On trouve aussi, pour la même époque, les longitudes des périhélies et des nœuds qui suivent :

$$\begin{aligned}
\varpi &= 12°,36355 + t.\ 20'',48955 + t^2.0'',000618;\\
\theta &= 109,36572 + t.105,93630;\\
\varpi' &= 99,04334 + t.\ 59,58782 + t^2.0,000496;\\
\theta' &= 124,37246 + t.\ 94,67750;\\
\varpi'' &= 186,11839 + t.162,03752;\\
\theta'' &= 81,09908 + t.\ 43,71900.
\end{aligned}$$

Les excentricités en parties de la distance moyenne sont :

$$e = 0,0481621, \quad e' = 0,0561505, \quad \text{et} \quad e'' = 0,0466108.$$

Enfin on a, pour la grande inégalité de Jupiter,

$$\begin{aligned}
A = +\ &(3662'',403 - t.0'',1071 + t^2.0'',000103)\\
&\sin(5n't - 2nt + 5\varepsilon' - 2\varepsilon + 4°,6311 - t.235'',811 + t^2.0'',039)\\
&- 37'',079 \sin 2(\text{argument du premier terme});
\end{aligned}$$

pour celle de Saturne,

$$\begin{aligned} A' = &-(8866'',202 - t.0'',2477 + t^2.0'',000252) \\ &\sin(5n't - 2nt + 5\varepsilon' - 2\varepsilon + 4°,6219 - t.236'',646 + t^2.0'',041) \\ &+(94'',147 - t.0'',0053)\sin 2(\text{argument du premier terme}) \\ &+ 104'',23 \sin(3n''t - n't + 3\varepsilon'' - \varepsilon' - 95°,08); \end{aligned}$$

et pour celle d'Uranus,

$$A'' = -(392'',21 - t.0'',045)\sin(3n''t - n't + 3\varepsilon'' - \varepsilon' - 98°,3983 - t.53'',40).$$

Soit encore, pour abréger,

$$\varphi = \varepsilon + nt + A, \quad \varphi' = \varepsilon' + n't + A' \quad \text{et} \quad \varphi'' = \varepsilon'' + n''t + A''.$$

En supposant la précession annuelle des équinoxes de 154'',63, V étant la longitude vraie héliocentrique de Jupiter dans son orbite, et comptée de l'équinoxe moyen, on aura

$$V = \varphi + 154'',63.$$

$$\text{I......} + \left\{\begin{aligned} &+(61304'',91 + 1'',9519.t)\ \sin\ (\varphi - \varpi) \\ &+(\ 1844,30 + 0,1175.t)\ \sin\ 2(\varphi - \varpi) \\ &+(\ \ 76,92 + 0,0074.t)\ \sin\ 3(\varphi - \varpi) \\ &+(\ \ \ 3,67 + 0,0005.t)\ \sin\ 4(\varphi - \varpi) \\ &+(\ \ \ 0,20 + 0,0000.t)\ \sin\ 5(\varphi - \varpi). \end{aligned}\right.$$

$$\text{II......} + \left\{\begin{aligned} &- 248'',87.\sin(\varphi - \varphi' - 1°,28) \\ &+ 617,27.\sin(2\varphi - 2\varphi' - 1,30) \\ &+ 50,42.\sin(3\varphi - 3\varphi') \\ &+ 11,59.\sin(4\varphi - 4\varphi') \\ &+ 5,23.\sin(5\varphi - 5\varphi' + 13°,28) \\ &+ 1,26.\sin(6\varphi - 6\varphi') \\ &+ 0,51.\sin(7\varphi - 7\varphi'). \end{aligned}\right.$$

$$\text{III......} + \left\{\begin{aligned} &+(408'',45 + t.0'',0203)\sin(\varphi - 2\varphi' - 14°,54 + t.47'',1) \\ &+ 53,37\ \sin(2\varphi - 4\varphi' + 63°,56) \\ &+ 10,52\ \sin(5\varphi - 10\varphi' + 57,07). \end{aligned}\right.$$

$$\text{IV......} + \left\{\begin{aligned} &+(256'',59 - t.0'',014)\sin(2\varphi - 3\varphi' - 68°,40 + t.81'',2) \\ &- 4,87\ \sin(4\varphi - 6\varphi' + 60°,48). \end{aligned}\right.$$

$$\begin{aligned} &\text{V......} &&+(499'',05 - t.0'',013)\sin(3\varphi - 5\varphi' + 62°,65 + t.155'',9). \\ &\text{VI......} &&- 47,13\sin(3\varphi - 4\varphi' - 69°,78). \\ &\text{VII......} &&+ 37,82\sin(3\varphi - 2\varphi' - 9,79). \\ &\text{VIII......} &&+ 29,25\sin(3\varphi' - \varphi + 75,78). \\ &\text{IX......} &&+ 34,02\sin(\varphi' + 49°,94) - 15'',86.\sin(2\varphi' + 50°,83). \end{aligned}$$

X...... $+\ 34'',06 \sin(4\varphi - 5\varphi' + 64°,46)$.
XI...... $-\ 15,82 \sin(2\varphi - \varphi' - 18,13)$.
XII...... $+\ 3,47 \sin(4\varphi - 3\varphi' - 2,95)$.
XIII=XII—VI. $+\ 2,40 \sin(\varphi + \varphi' + 74,52)$.
XIV...... $-\ 2,70 \sin(5\varphi - 6\varphi' - 73,50)$.
XV...... $-\ 4,01 \sin(\varphi - \varphi'') + 1'',41 \sin 2(\varphi - \varphi'') + 0'',15 \sin 3(\varphi - \varphi'')$.

La réduction à l'écliptique est égale à

$$- 83'',80 \sin(2V - 2\theta).$$

Le rayon vecteur r de Jupiter sera donné par la formule suivante :

$$r = 5,208760 + t.0,0000384$$

I...... $+ \begin{cases} -(0,250358 + t.0,0007964) \cos(\varphi - \varpi) \\ -(0,006022 + t.0,0000384) \cos 2(\varphi - \varpi) \\ -(0,000218 + t.0,0000021) \cos 3(\varphi - \varpi) \\ -(0,000093 + t.0,0000000) \cos 4(\varphi - \varpi). \end{cases}$

II...... $+ \begin{cases} +\ 0,000656 \cos(\varphi - \varphi' - 1°,50) \\ -\ 0,002801 \cos(2\varphi - 2\varphi' - 1°,15) \\ -\ 0,000289 \cos(3\varphi - 3\varphi') \\ -\ 0,000074 \cos(4\varphi - 4\varphi') \\ -\ 0,000025 \cos(5\varphi - 5\varphi') \\ -\ 0,000009 \cos(6\varphi - 6\varphi'). \end{cases}$

III...... $- \begin{cases} +\ 0,000294 \cos(\varphi - 2\varphi' - 24°,69 + t.58'',0) \\ +\ 0,000096 \cos(2\varphi - 4\varphi' + 56°,74). \end{cases}$

IV...... $-\ 0,000891 \cos(2\varphi - 3\varphi' - 69°,41 + t.81'',0)$.
V...... $-\ 0,001991 \cos(3\varphi - 5\varphi' + 62°,55 + t.155'',6)$.
VI...... $+\ 0,000238 \cos(3\varphi - 4\varphi' - 69°,06)$.
VII...... $-\ 0,000127 \cos(3\varphi - 2\varphi' - 8°,42)$.

IX...... $- \begin{cases} +\ 0,000068 \cos(\varphi' + 32°,47) \\ -\ 0,000077 \cos(2\varphi' + 12°,24). \end{cases}$

X...... $+\ 0,000095 \cos(4\varphi - 5\varphi' - 15°,99)$.
XIII—VI.... $-\ 0,000290 \cos(5\varphi' - 2\varphi - 13°,50)$.

Enfin la distance polaire héliocentrique est

$$\begin{aligned} \Delta = 100° &- (1°,46040 - t.0'',6977) \sin(V - \theta) \\ &- 1'',95 \sin(\varphi - 2\varphi' - 60°,29) \\ &- 3,28 \sin(2\varphi - 3\varphi' - 60°,29) \\ &- 11,63 \sin(3\varphi - 5\varphi' + 60°,12) \\ &+ 1,65 \sin(\varphi' + 60°,29). \end{aligned}$$

En désignant par V′ la longitude héliocentrique de Saturne, pour la même époque de 1800, on aura

$$V' = \varphi' + 154'',63.t.$$

I...... + $\left\{\begin{array}{l} (71464'',18 - t.3'',9455) \sin(\varphi' - \varpi') \\ (\;2506,06 - t.0,2781) \sin 2(\varphi' - \varpi') \\ (\;\;121,85 - t.0,0204) \sin 3(\varphi' - \varpi') \\ (\;\;\;\;6,75 - t.0,0015) \sin 4(\varphi' - \varpi') \\ (\;\;\;\;0,41 - t.0,0000) \sin 5(\varphi' - \varpi'). \end{array}\right.$

II...... + $\left\{\begin{array}{l} + 89'',10.\sin(\varphi - \varphi' + 86°,73) \\ - 91,92.\sin(2\varphi - 2\varphi' - 6°,34) \\ - 20,20.\sin 3(\varphi - \varphi') \\ - 6,05.\sin 4(\varphi - \varphi') \\ - 2,14.\sin 5(\varphi - \varphi') \\ - 0,84.\sin 6(\varphi - \varphi') \\ - 0,36.\sin 7(\varphi - \varphi'). \end{array}\right.$

III...... $- (1290'',25 + t.0'',0680) \sin(\varphi - 2\varphi' - 16°,25 + t.\,41'',67).$

IV...... $- (2058,69 - t.0,0476) \sin(2\varphi - 4\varphi' + 63°,19 + t.\,151,77).$

V...... $- (148,51 - t.0,0011) \sin(3\varphi' - \varphi + 85,96 - t.\,106,64).$

VI...... $- (74,91 - t.0,0136) \sin(2\varphi - 3\varphi' + 16,26 - t.\,38,23).$

VII...... $+ 34,70.\sin(\varphi + 95°,11).$

VIII...... $- 45,93.\sin(4\varphi - 9\varphi' + 57°,59).$

IX...... $+ 15,07.\sin(3\varphi - 4\varphi' - 69,76).$

X...... $+ 9,26.\sin(2\varphi - \varphi' + 35,23).$

XI...... $+ 9,04.\sin(3\varphi - 5\varphi' + 63,50).$

XII=VII+XI.. $+ 4,37.\sin(4\varphi - 5\varphi' - 69,93).$

XIII...... + $\left\{\begin{array}{l} - 31'',07.\sin(\varphi' - \varphi'') \\ + 48,55.\sin(2\varphi' - 2\varphi'') \\ + 6,43.\sin(3\varphi' - 3\varphi'' - 76°,06) \\ + 1,06.\sin(4\varphi' - 4\varphi'') \\ + 0,30.\sin(5\varphi' - 5\varphi''). \end{array}\right.$

XIV...... $+ 91,95.\sin(2\varphi' - 3\varphi'' + 26°,59).$

XV...... $+ 33,12.\sin(\varphi' - 2\varphi'' + 80,22).$

XVI...... $+ 5,12.\sin(3\varphi' - 2\varphi'' - 97,95).$

XVII=XIII—XV. $+ 4,57.\sin(\varphi'' - 46°,26).$

La réduction à l'écliptique est

$$- 301'',93 \sin(2V' - 2\theta').$$

Le rayon vecteur r' de Saturne sera

$$r' = 9{,}557777 - t.0{,}0000167.$$

I...... $+ \begin{cases} -(0{,}534988 + t.0{,}00002966)\cos(\varphi' - \varpi') \\ -(0{,}015005 + t.0{,}00000167)\cos(2\varphi' - 2\varpi') \\ -(0{,}000634 + t.0{,}00000011)\cos(3\varphi' - 3\varpi') \\ -\ 0{,}00032\ \cos(4\varphi' - 4\varpi') \\ -\ 0{,}000339\ \cos(\varphi' - 11^\circ{,}50). \end{cases}$

II...... $+ \begin{cases} +\ 0{,}00807\ \cos(\varphi - \varphi' + 4^\circ{,}40) \\ +\ 0{,}00138\ \cos 2(\varphi - \varphi') \\ +\ 0{,}00032\ \cos 3(\varphi - \varphi') \\ +\ 0{,}00010\ \cos 4(\varphi - \varphi') \\ +\ 0{,}00004\ \cos 5(\varphi - \varphi'). \end{cases}$

III...... $+ (0{,}00534 + t.0{,}00000027)\cos(\varphi - 2\varphi' - 13^\circ{,}07 + t.\ 45''{,}5).$

IV...... $+ (0{,}01513 - t.0{,}00000034)\cos(2\varphi - 4\varphi' + 62{,}99 + t.151{,}4).$

V...... $-\ 0{,}00117\ \cos(3\varphi' - \varphi - 100^\circ{,}23).$

VI...... $-\ 0{,}00138\ \cos(2\varphi - 3\varphi' - 25{,}91).$

VIII...... $-\ 0{,}00023\ \cos(3\varphi - 4\varphi' - 68{,}17).$

VII—XI..... $+\ 0{,}00351\ \cos(5\varphi' - 2\varphi + 14{,}48).$

VII...... $-\ 0{,}00012\ \cos(\varphi - 59^\circ{,}04).$

X...... $+\ 0{,}00012\ \cos(2\varphi - \varphi' - 33^\circ 00).$

XIII...... $+ \begin{cases} +\ 0{,}00016\ \cos(\varphi' - \varphi'') \\ -\ 0{,}00042\ \cos(2\varphi' - 2\varphi'') \\ -\ 0{,}00005\ \cos(3\varphi' - 3\varphi''). \end{cases}$

XIV...... $-\ 0{,}00066\ \cos(2\varphi' - 3\varphi'' + 26^\circ{,}37).$

La distance polaire est

$$\Delta' = 100^\circ - (2^\circ{,}77034 - t.0''{,}47723)\ \sin(V' - \theta') + 2''{,}19\ \sin 3(V' - \theta').$$

III...... $+\ 9''{,}67\ \sin(\varphi - 2\varphi' - 60^\circ{,}29) + 28''19\ \sin(2\varphi - 4\varphi' + 66^\circ{,}12).$

VI...... $-\ 1{,}60\ \sin(2\varphi - 3\varphi' - 60{,}12).$

VII...... $-\ 5{,}50\ \sin(\varphi + 60^\circ{,}29).$

XIV...... $+\ 2{,}23\ \sin(2\varphi' - 3\varphi'' - 60^\circ{,}16).$

Telles sont les formules analytiques sur lesquelles les Tables de Jupiter et de Saturne sont fondées. Elles sont tirées de la Mécanique céleste et des Supplémens que M. de Laplace a publiés à diverses époques. En jetant un coup-d'œil sur les Tableaux suivans, on pourra juger de l'approximation qu'il m'a été permis d'atteindre. La dernière colonne présente les erreurs des Tables, exprimées en secondes centésimales. Pour Jupiter, une seule s'élève à 45'', quatorze ne vont pas à 40'', et les autres, beaucoup plus petites, sont alternativement positives et négatives, dans l'intervalle de quelques années; pour Saturne, les erreurs sont moins grandes : trois seulement vont de 30 à 40'', et les autres, généralement très petites, se comportent à peu près comme celles des Tables de Jupiter.

Années.	Équations de condition pour les Tables de Jupiter.	Nombre d'observations.
1750	$x + 0,008.y + 0,3144.z + 0,9493.u - 1016''.\mu' = - 18''5$	2
1751	$x + 0,016.y + 0,6959.z + 0,7182.u - 382.\mu' = + 12,0$	3
1751	$x + 0,019\ y + 0,7842.z + 0,6205.u - 209.\mu' = + 11,4$	4
1752	$x + 0,028.y + 0,9906.z + 0,2055.u + 381.\mu' = + 6,0$	3
1752	$x + 0,030.y + 0,9959.z + 0,0908.u + 493.\mu' = + 9,3$	3
1753	$x + 0,032.y + 0,9994.z - 0,0258.u + 608.\mu' = + 16,1$	2
1753	$x + 0,039.y + 0,9334.z - 0,3589.u + 811.\mu' = - 9,2$	3
1754	$x + 0,041.y + 0,8848.z - 0,4660.u + 859.\mu' = - 16,1$	2
1755	$x + 0,052.y + 0,4900.z - 0,8717.u + 808.\mu' = - 3,4$	2
1755	$x + 0,060.y + 0,0899.z - 0,9959.u + 567.\mu' = + 4,3$	3
1756	$x + 0,063.y - 0,0606.z - 0,9982.u + 441.\mu' = - 9,5$	2
1757	$x + 0,074.y - 0,5937.z - 0,8047.u - 162.\mu' = + 17,1$	5
1758	$x + 0,085.y - 0,9363.z - 0,3513.u - 825.\mu' = + 32,7$	5
1758	$x + 0,087.y - 0,9678.z - 0,2517.u - 927.\mu' = + 23,5$	3
1759	$x + 0,095.y - 0,9757.z + 0,2191.u - 1320.\mu' = + 25,2$	4
1759	$x + 0,098.y - 0,9368.z + 0,3500.u - 1366.\mu' = + 20,1$	4
1760	$x + 0,106.y - 0,6942.z + 0,7197.u - 1363.\mu' = + 3,1$	3
1761	$x + 0,115.y - 0,2934.z + 0,9560.u - 1012.\mu' = + 0,6$	3
1761	$x + 0,117.y - 0,1818.z + 0,9833.u - 857.\mu' = - 4,5$	5
1761	$x + 0,120.y - 0,0486.z + 0,9988.u - 667.\mu' = + 3,7$	3
1762	$x + 0,128.y + 0,3897.z + 0,9209.u - 42.\mu' = - 4,7$	3
1763	$x + 0,130.y + 0,4926.z + 0,8703.u + 99.\mu' = + 3,2$	4
1763	$x + 0,137.y + 0,7475.z + 0,6644.u + 461.\mu' = - 13,2$	3
1763	$x + 0,139.y + 0,8313.z + 0,5558.u + 582.\mu' = - 2,0$	4
1764	$x + 0,141.y + 0,8934.z + 0,4495.u + 656.\mu' = - 2,6$	3
1764	$x + 0,150.y + 0,9999.z + 0,0114.u + 752.\mu' = + 13,7$	2
1766	$x + 0,161.y + 0,8453.z - 0,5344.u + 570.\mu' = + 3,0$	4
1766	$x + 0,164.y + 0,7710.z - 0,6369.u + 483.\mu' = + 6,0$	2
1767	$x + 0,172.y + 0,4199.z - 0,9076.u + 175.\mu' = - 17,3$	2
1768	$x + 0,183.y - 0,1398.z - 0,9902.u - 229.\mu' = - 31,9$	4
1769	$x + 0,194.y - 0,6555.z - 0,7553.u - 575.\mu' = - 22,4$	1
1769	$x + 0,196.y - 0,7511.z - 0,6603.u - 630.\mu' = - 29,2$	2
1770	$x + 0,204.y - 0,9614.z - 0,2754.u - 709.\mu' = - 14,0$	2
1771	$x + 0,215.y - 0,9550.z + 0,2965.u - 532.\mu' = - 4,6$	4
1772	$x + 0,226.y - 0,6341.z + 0,7732.u - 36.\mu' = + 16,4$	1
1773	$x + 0,237.y - 0,1025.z + 0,9947.u + 569.\mu' = - 12,6$	1
1773	$x + 0,240.y + 0,0353.z + 0,9994.u + 656.\mu' = - 35,0$	1
1774	$x + 0,246.y + 0,3505.z + 0,9365.u + 963.\mu' = - 28,6$	2
1774	$x + 0,248.y + 0,4624.z + 0,8867.u + 1034.\mu' = - 35,0$	1
1775	$x + 0,259.y + 0,8729.z + 0,4879.u + 1134.\mu' = - 9,2$	2
1776	$x + 0,268.y + 0,9985.z + 0,0550.u + 956.\mu' = - 31,8$	2
1777	$x + 0,270.y + 0,9977.z - 0,0677.u + 882.\mu' = - 5,0$	2
1777	$x + 0,273.y + 0,9813.z - 0,1924.u + 805.\mu' = - 9,7$	2
1777	$x + 0,279.y + 0,8674.z - 0,4976.u + 545.\mu' = - 1,1$	1
1778	$x + 0,281.y + 0,8005.z - 0,5993.u + 456.\mu' = + 9,9$	1
1778	$x + 0,284.y + 0,7157.z - 0,6984.u + 347.\mu' = - 3,3$	2
1778	$x + 0,290.y + 0,4560.z - 0,8895.u + 126.\mu' = + 1,0$	1
1779	$x + 0,292.y + 0,3471.z - 0,9378.u + 50.\mu' = + 15,5$	1
1780	$x + 0,303.y - 0,2173.z - 0,9761.u - 207.\mu' = - 14,9$	2
1780	$x + 0,305.y - 0,3443.z - 0,9384.u - 245.\mu' = - 12,2$	1
1781	$x + 0,314.y - 0,7133.z - 0,7009.u - 246.\mu' = - 11,2$	5
1782	$x + 0,322.y - 0,9461.z - 0,3238.u - 80.\mu' = - 21,9$	1
1782	$x + 0,325.y - 0,9802.z - 0,1981.u - 8.\mu' = - 17,5$	3
1782	$x + 0,327.y - 0,9974.z - 0,0722.u + 73.\mu' = - 9,7$	1
1783	$x + 0,333.y - 0,9695.z + 0,2450.u + 282.\mu' = - 19,0$	1
1783	$x + 0,336.y - 0,9229.z + 0,3720.u + 372.\mu' = - 13,1$	3

Années.	Équations de condition des Tables de Jupiter.	Nombre d'observations.
1783	$x + 0,338.y - 0,8710.z + 0,4889.u + 451''.\mu' = + 4''3$	1
1784	$x + 0,344.y - 0,6713.z + 0,7362.u + 620.\mu' = - 6,1$	1
1784	$x + 0,347.y - 0,5703.z + 0,8214.u + 670.\mu' = - 1,4$	1
1784	$x + 0,349.y - 0,4615.z + 0,8871.u + 705.\mu' = + 19,4$	1
1785	$x + 0,358.y - 0,0225.z + 0,9998.u + 735.\mu' = + 19,2$	1
1785	$x + 0,360.y + 0,1042.z + 0,9946.u + 721.\mu' = - 6,2$	1
1786	$x + 0,369.y + 0,5316.z + 0,8470.u + 576.\mu' = + 2,1$	1
1787	$x + 0,371.y + 0,6312.z + 0,7757.u + 522.\mu' = + 6,3$	1
1787	$x + 0,377.y + 0,8583.z + 0,5132.u + 342.\mu' = - 16,6$	1
1787	$x + 0,379.y + 0,9089.z + 0,4170.u + 287.\mu' = - 11,6$	1
1788	$x + 0,382.y + 0,9539.z + 0,2999.u + 224.\mu' = - 6,5$	1
1788	$x + 0,388.y + 0,9998.z - 0,0207.u + 75.\mu' = - 26,3$	2
1789	$x + 0,390.y + 0,9892.z - 0,1464.u + 22.\mu' = + 4,8$	3
1789	$x + 0,392.y + 0,9635.z - 0,2677.u - 17.\mu' = + 0,2$	2
1790	$x + 0,401.y + 0,7508.z - 0,6606.u - 134.\mu' = - 9,4$	4
1790	$x + 0,404.y + 0,6628.z - 0,7488.u - 152.\mu' = + 10,8$	4
1790	$x + 0,410.y + 0,3899.z - 0,9208.u - 168.\mu' = + 9,0$	2
1791	$x + 0,412.y + 0,2722.z - 0,9622.u - 164.\mu' = + 14,3$	4
1792	$x + 0,423.y - 0,2937.z - 0,9559.u - 66.\mu' = + 6,1$	3
1792	$x + 0,425.y - 0,4201.z - 0,9075.u - 38.\mu' = + 15,5$	2
1793	$x + 0,431.y - 0,6794.z - 0,7338.u + 65.\mu' = + 13,8$	1
1793	$x + 0,434.y - 0,7665.z - 0,6423.u + 110.\mu' = + 9,9$	1
1793	$x + 0,436.y - 0,8430.z - 0,5378.u + 153.\mu' = + 9,5$	1
1794	$x + 0,445.y - 0,9927.z - 0,1194.u + 314.\mu' = - 11,8$	2
1794	$x + 0,447.y - 1,0000.z + 0,0094.u + 352.\mu' = - 1,6$	2
1795	$x + 0,453.y - 0,9466.z + 0,3224.u + 426.\mu' = - 25,8$	3
1795	$x + 0,456.y - 0,8955.z + 0,4450.u + 445.\mu' = - 29,6$	4
1795	$x + 0,458.y - 0,8336.z + 0,5523.u + 458.\mu' = - 5,5$	2
1796	$x + 0,464.y - 0,6098.z + 0,7926.u + 450.\mu' = - 8,6$	1
1796	$x + 0,467.y - 0,5024.z + 0,8647.u + 438.\mu' = - 7,5$	2
1796	$x + 0,469.y - 0,3825.z + 0,9240.u + 421.\mu' = + 4,4$	1
1797	$x + 0,475.y - 0,0658.z + 0,9991.u + 355.\mu' = + 6,1$	1
1797	$x + 0,478.y + 0,0575.z + 0,9984.u + 323.\mu' = - 5,3$	3
1797	$x + 0,480.y + 0,1798.z + 0,9836.u + 294.\mu' = + 19,6$	2
1798	$x + 0,486.y + 0,4907.z + 0,8713.u + 220.\mu' = + 14,0$	3
1798	$x + 0,489.y + 0,5975.z + 0,8019.u + 196.\mu' = + 20,7$	3
1799	$x + 0,491.y + 0,6994.z + 0,7147.u + 179.\mu' = + 15,4$	1
1799	$x + 0,497.y + 0,8952.z + 0,4456.u + 159.\mu' = - 20,7$	1
1799	$x + 0,499.y + 0,9392.z + 0,3435.u + 163.\mu' = + 13,6$	4
1800	$x + 0,502.y + 0,9729.z + 0,2311.u + 170.\mu' = + 24,0$	1
1800	$x + 0,508.y + 0.9943.z - 0,1063.u + 224.\mu' = - 3,0$	2
1801	$x + 0,510.y + 0,9746.z - 0,2242.u + 249.\mu' = + 8,6$	5
1801	$x + 0,513.y + 0,9379.z - 0,3465.u + 289.\mu' = + 1,5$	3
1801	$x + 0,519.y + 0,7775.z - 0,6289.u + 386.\mu' = + 4,1$	2
1802	$x + 0,521.y + 0,6963.z - 0,7177.u + 413.\mu' = - 7,3$	5
1802	$x + 0,524.y + 0,5948.z - 0,8039.u + 443.\mu' = + 3,1$	4
1802	$x + 0,530.y + 0,3242.z - 0,9460.u + 471.\mu' = + 12,3$	1
1803	$x + 0,532.y + 0,1955.z - 0,9807.u + 461.\mu' = + 9,0$	6
1804	$x + 0,541.y - 0,2499.z - 0,9682.u + 371.\mu' = + 18,0$	1
1804	$x + 0,543.y - 0,3686.z - 0,9296.u + 242.\mu' = + 25,1$	2
1804	$x + 0,545.y - 0,4805.z - 0,8769.u + 147.\mu' = + 36,7$	3
1805	$x + 0,554.y - 0,8151.z - 0,5794.u - 276.\mu' = + 36,5$	6
1805	$x + 0,556.y - 0,8775.z - 0,4795.u - 401.\mu' = + 37,0$	2
1806	$x + 0,563.y - 0,9868.z - 0,1618.u - 797.\mu' = + 36,0$	2
1806	$x + 0,565.y - 0,9992.z - 0,0399.u - 951.\mu' = + 27,3$	7
1806	$x + 0,567.y - 0,9962.z + 0,0875.u - 1093.\mu' = + 34,7$	3

Années.	Équations de condition des Tables de Jupiter.	Nombre d'observations.
1807	$x + 0{,}576.y - 0{,}8571.z + 0{,}5244.u - 1550''.\mu' = - 3''3$	6
1807	$x + 0{,}578.y - 0{,}7833.z + 0{,}6216.u - 1640.\mu' = + 16{,}8$	1
1808	$x + 0{,}587.y - 0{,}4315.z + 0{,}9021.u - 1770.\mu' = - 25{,}3$	2
1808	$x + 0{,}589.y - 0{,}3180.z + 0{,}9481.u - 1775.\mu' = - 24{,}7$	5
1809	$x + 0{,}595.y + 0{,}0071.z + 1{,}0000.u - 1604.\mu' = - 31{,}6$	5
1809	$x + 0{,}598.y + 0{,}1376.z + 0{,}9905.u - 1495.\mu' = - 33{,}5$	2
1810	$x + 0{,}600.y + 0{,}2711.z + 0{,}9625.u - 1354.\mu' = - 21{,}5$	2
1810	$x + 0{,}606.y + 0{,}5574.z + 0{,}8303.u - 952.\mu' = - 1{,}0$	6
1810	$x + 0{,}609.y + 0{,}6597.z + 0{,}7516.u - 773.\mu' = + 0{,}1$	2
1811	$x + 0{,}611.y + 0{,}7468.z + 0{,}6651.u - 590.\mu' = - 4{,}8$	5
1811	$x + 0{,}617.y + 0{,}9227.z + 0{,}3855.u - 99.\mu' = + 4{,}7$	3
1811	$x + 0{,}620.y + 0{,}9636.z + 0{,}2672.u + 67.\mu' = + 4{,}5$	6
1812	$x + 0{,}623.y + 0{,}9889.z + 0{,}1486.u + 236.\mu' = + 7{,}4$	3
1812	$x + 0{,}628.y + 0{,}9876.z - 0{,}1569.u + 569.\mu' = - 8{,}4$	3
1813	$x + 0{,}631.y + 0{,}9537.z - 0{,}3008.u + 699.\mu' = - 7{,}3$	6
1813	$x + 0{,}633.y + 0{,}9117.z - 0{,}4108.u + 784.\mu' = + 4{,}6$	4
1813	$x + 0{,}640.y + 0{,}7170.z - 0{,}6977.u + 934.\mu' = - 15{,}3$	1
1814	$x + 0{,}642.y + 0{,}6374.z - 0{,}7705.u + 971.\mu' = - 6{,}5$	6
1814	$x + 0{,}644.y + 0{,}5374.z - 0{,}8434.u + 960.\mu' = + 2{,}8$	1
1815	$x + 0{,}650.y + 0{,}2380.z - 0{,}9713.u + 874.\mu' = + 13{,}7$	1
1815	$x + 0{,}653.y + 0{,}1171.z - 0{,}9932.u + 805.\mu' = + 2{,}3$	5
1815	$x + 0{,}655.y - 0{,}0199.z - 0{,}9998.u + 724.\mu' = + 1{,}5$	2
1816	$x + 0{,}661.y - 0{,}3258.z - 0{,}9455.u + 455.\mu' = + 20{,}3$	4
1816	$x + 0{,}663.y - 0{,}4399.z - 0{,}8980.u + 325.\mu' = + 21{,}5$	5
1816	$x + 0{,}666.y - 0{,}5595.z - 0{,}8288.u + 177.\mu' = + 27{,}6$	3
1817	$x + 0{,}672.y - 0{,}7902.z - 0{,}6128.u - 9.\mu' = + 24{,}3$	2
1817	$x + 0{,}674.y - 0{,}8656.z - 0{,}5008.u - 381.\mu' = + 30{,}9$	6
1817	$x + 0{,}676.y - 0{,}9132.z - 0{,}4075.u - 498.\mu' = + 33{,}9$	4
1818	$x + 0{,}685.y - 0{,}9998.z + 0{,}0377.u - 1048.\mu' = + 32{,}7$	6
1818	$x + 0{,}687.y - 0{,}9845.z + 0{,}1751.u - 1186.\mu' = + 37{,}8$	2
1819	$x + 0{,}696.y - 0{,}8091.z + 0{,}5877.u - 1466.\mu' = + 17{,}7$	7
1819	$x + 0{,}698.y - 0{,}7293.z + 0{,}6842.u - 1489.\mu' = + 14{,}9$	3
1820	$x + 0{,}707.y - 0{,}3592.z + 0{,}9332.u - 1346.\mu' = - 7{,}4$	10
1820	$x + 0{,}710.y - 0{,}2040.z + 0{,}9790.u - 1207.\mu' = - 2{,}4$	1

Années	Équations de condition des Tables de Saturne.	Nombre d'observat.
1747	$x + 0,003.y + 0,9442.z - 0,3294.u + 1301''.\mu + 3''.\mu'' = - 2''7$	3
1748	$x + 0,013.y + 0,8511.z - 0,5250.u + 1824.\mu - 15.\mu'' = - 10,7$	2
1749	$x + 0,024.y + 0,7142.z - 0,7001.u + 2246.\mu - 31.\mu'' = + 3,4$	2
1751	$x + 0,041.y + 0,4025.z - 0,9155.u + 2763.\mu - 51.\mu'' = + 17,0$	1
1751	$x + 0,044.y + 0,3470.z - 0,9378.u + 2818.\mu - 53.\mu'' = + 16,0$	2
1752	$x + 0,052.y + 0,1887.z - 0,9821.u + 2932.\mu - 58.\mu'' = + 12,2$	2
1752	$x + 0,054.y + 0,1300.z - 0,9991.u + 2962.\mu - 60.\mu'' = + 10,5$	3
1752	$x + 0,056.y + 0,0956.z - 0,9994.u + 2978.\mu - 60.\mu'' = - 6,5$	2
1753	$x + 0,063.y - 0,0333.z - 0,9994.u + 3017.\mu - 62.\mu'' = - 4,0$	1
1753	$x + 0,065.y - 0,0850.z - 0,9964.u + 3025.\mu - 62.\mu'' = - 16,6$	3
1754	$x + 0,075.y - 0,3026.z - 0,9531.u + 3018.\mu - 61.\mu'' = - 7,0$	2
1754	$x + 0,078.y - 0,3489.z - 0,9372.u + 3004.\mu - 60.\mu'' = - 23,9$	3
1755	$x + 0,086.y - 0,5045.z - 0,8635.u + 2943.\mu - 56.\mu'' = - 10,8$	3
1756	$x + 0,096.y - 0,6811.z - 0,7321.u + 2811.\mu - 47.\mu'' = - 11,0$	2
1756	$x + 0,097.y - 0,7049.z - 0,7093.u + 2786.\mu - 45.\mu'' = - 12,4$	2
1757	$x + 0,106.y - 0,8230.z - 0,5681.u + 2617.\mu - 33.\mu'' = - 13,3$	6
1757	$x + 0,108.y - 0,8521.z - 0,5233.u + 2556.\mu - 25.\mu'' = - 28,4$	4
1758	$x + 0,117.y - 0,9268.z - 0,3753.u + 2345.\mu - 14.\mu'' = - 10,9$	3
1758	$x + 0,120.y - 0,9490.z - 0,3148.u + 2254.\mu - 8.\mu'' = - 16,4$	2
1759	$x + 0,127.y - 0,9867.z - 0,1629.u + 1990.\mu + 10.\mu'' = - 7,6$	3
1759	$x + 0,130.y - 0,9937.z - 0,1119.u + 1886.\mu + 15.\mu'' = - 6,4$	2
1760	$x + 0,137.y - 0,9984.z + 0,0580.u + 1517.\mu + 36.\mu'' = + 0,1$	3
1760	$x + 0,140.y - 0,9944.z + 0,1072.u + 1404.\mu + 42.\mu'' = + 8,5$	2
1761	$x + 0,147.y - 0,9724.z + 0,2715.u + 946.\mu + 65.\mu'' = + 0,4$	4
1762	$x + 0,150.y - 0,9445.z + 0,3284.u + 787.\mu + 73.\mu'' = - 0,8$	2
1762	$x + 0,158.y - 0,8793.z + 0,4754.u + 311.\mu + 93.\mu'' = + 19,5$	3
1763	$x + 0,160.y - 0,8510.z + 0,5255.u + 146.\mu + 99.\mu'' = + 20,7$	4
1763	$x + 0,166.y - 0,7788.z + 0,6270.u - 230.\mu + 114.\mu'' = + 0,2$	2
1763	$x + 0,168.y - 0,7548.z + 0,6563.u - 311.\mu + 118.\mu'' = + 21,6$	5
1764	$x + 0,170.y - 0,7210.z + 0,6930.u - 469.\mu + 126.\mu'' = + 25,0$	3
1764	$x + 0,178.y - 0,5871.z + 0,8092.u - 866.\mu + 137.\mu'' = + 22,6$	1
1765	$x + 0,181.y - 0,5489.z + 0,8360.u - 982.\mu + 150.\mu'' = + 26,5$	2
1765	$x + 0,189.y - 0,3985.z + 0,9175.u - 1337.\mu + 151.\mu'' = + 2,1$	5
1766	$x + 0,191.y - 0,3501.z + 0,9369.u - 1427.\mu + 153.\mu'' = + 27,2$	1
1766	$x + 0,197.y - 0,2353.z + 0,9719.u - 1633.\mu + 153.\mu'' = - 9,6$	1
1766	$x + 0,200.y - 0,1863.z + 0,9827.u - 1710.\mu + 153.\mu'' = + 14,3$	1
1767	$x + 0,202.y - 0,1374.z + 0,9907.u - 1780.\mu + 153.\mu'' = + 8,3$	1
1767	$x + 0,208.y - 0,0148.z + 1,0000.u - 1928.\mu + 149.\mu'' = - 19,3$	1
1767	$x + 0,210.y + 0,0322.z + 0,9996.u - 1981.\mu + 147.\mu'' = + 4,6$	3
1768	$x + 0,212.y + 0,0830.z + 0,9966.u - 2027.\mu + 144.\mu'' = + 3,1$	3
1769	$x + 0,220.y + 0,2514.z + 0,9679.u - 2153.\mu + 133.\mu'' = - 8,1$	3
1769	$x + 0,228.y + 0,4139.z + 0,9104.u - 2226.\mu + 116.\mu'' = - 1,4$	1
1770	$x + 0,231.y + 0,4590.z + 0,8883.u - 2233.\mu + 111.\mu'' = - 1,5$	2
1770	$x + 0,233.y + 0,5001.z + 0,8660.u - 2243.\mu + 105.\mu'' = - 22,8$	1
1770	$x + 0,239.y + 0,6030.z + 0,7965.u - 2243.\mu + 90.\mu'' = - 12,6$	1
1771	$x + 0,241.y + 0,6425.z + 0,7664.u - 2235.\mu + 83.\mu'' = - 13,1$	1
1772	$x + 0,251.y + 0,7940.z + 0,6080.u - 2159.\mu + 52.\mu'' = - 7,0$	3
1773	$x + 0,261.y + 0,9085.z + 0,4180.u - 2004.\mu + 21.\mu'' = - 9,2$	2
1773	$x + 0,263.y + 0,9292.z + 0,3697.u - 1967.\mu + 18.\mu'' = + 15,5$	1
1774	$x + 0,272.y + 0,9782.z + 0,2082.u - 1793.\mu - 9.\mu'' = + 1,1$	1
1774	$x + 0,280.y + 0,9999.z + 0,0400.u - 1580.\mu - 28.\mu'' = + 20,9$	1
1775	$x + 0,282.y + 1,0000.z - 0,0130.u - 1504.\mu - 35.\mu'' = + 10,7$	1
1776	$x + 0,292.y + 0,9737.z - 0,2280.u - 1166.\mu - 55.\mu'' = - 6,5$	1
1777	$x + 0,301.y + 0,9194.z - 0,3933.u - 870.\mu - 70.\mu'' = + 3,7$	1
1777	$x + 0,303.y + 0,9003.z - 0,4356.u - 787.\mu - 73.\mu'' = + 22,5$	2
1777	$x + 0,305.y + 0,8760.z - 0,4820.u - 695.\mu - 75.\mu'' = + 13,8$	1

Années	Équations de condition des Tables de Saturne.	Nombre d'observat.
1778	$x + 0,311.y + 0,8065.z - 0,5913.u - 470''.\mu - 82''.\mu'' = +27''0$	1
1778	$x + 0,313.y + 0,7828.z - 0,6222.u - 395.\mu - 83.\mu'' = +19,5$	1
1779	$x + 0,321.y + 0,6661.z - 0,7559.u - 102.\mu - 86.\mu'' = +18,3$	1
1779	$x + 0,324.y + 0,6300.z - 0,7769.u - 22.\mu - 88.\mu'' = +16,3$	1
1780	$x + 0,334.y + 0,4433.z - 0,8964.u + 320.\mu - 86.\mu'' = +13,3$	2
1782	$x + 0,352.y + 0,0690.z - 0,9977.u + 717.\mu - 74.\mu'' = -9,7$	1
1782	$x + 0,355.y + 0,0190.z - 0,9998.u + 747.\mu - 71.\mu'' = +3,1$	1
1783	$x + 0,367.y - 0,2513.z - 0,9678.u + 869.\mu - 55.\mu'' = -20,0$	2
1784	$x + 0,375.y - 0,4100.z - 0,9123.u + 912.\mu - 41.\mu'' = -33,0$	1
1784	$x + 0,378.y - 0,4568.z - 0,8896.u + 921.\mu - 38.\mu'' = -27,0$	1
1785	$x + 0,386.y - 0,5987.z - 0,8010.u + 926.\mu - 27.\mu'' = -14,6$	2
1786	$x + 0,396.y - 0,7595.z - 0,6506.u + 861.\mu - 3.\mu'' = -4,3$	1
1787	$x + 0,406.y - 0,8831.z - 0,4689.u + 691.\mu + 18.\mu'' = +11,7$	1
1788	$x + 0,417.y - 0,9643.z - 0,2646.u + 470.\mu + 20.\mu'' = -6,3$	4
1788	$x + 0,419.y - 0,9766.z - 0,2146.u + 404.\mu + 44.\mu'' = +5,6$	2
1789	$x + 0,427.y - 0,9990.z - 0,0474.u + 149.\mu + 58.\mu'' = -6,2$	5
1789	$x + 0,429.y - 1,0000.z + 0,0023.u + 67.\mu + 62.\mu'' = +1,0$	2
1790	$x + 0,437.y - 0,9855.z + 0,1706.u - 226.\mu + 74.\mu'' = -10,8$	3
1790	$x + 0,440.y - 0,9750.z + 0,2223.u - 310.\mu + 78.\mu'' = -14,4$	3
1791	$x + 0,448.y - 0,9233.z + 0,3838.u - 651.\mu + 88.\mu'' = +11,0$	4
1792	$x + 0,455.y - 0,8453.z + 0,5340.u - 977.\mu + 97.\mu'' = -18,8$	1
1792	$x + 0,458.y - 0,8159.z + 0,5782.u - 1082.\mu + 98.\mu'' = -7,2$	3
1793	$x + 0,460.y - 0,7871.z + 0,6168.u - 1171.\mu + 100.\mu'' = +3,1$	2
1793	$x + 0,466.y - 0,7070.z + 0,7072.u - 1387.\mu + 103.\mu'' = -29,3$	2
1793	$x + 0,469.y - 0,6685.z + 0,7437.u - 1467.\mu + 103.\mu'' = -6,7$	2
1794	$x + 0,471.y - 0,6332.z + 0,7740.u - 1555.\mu + 103.\mu'' = +5,0$	3
1794	$x + 0,476.y - 0,5352.z + 0,8445.u - 1734.\mu + 104.\mu'' = -0,8$	3
1794	$x + 0,479.y - 0,4915.z + 0,8708.u - 1801.\mu + 103.\mu'' = -5,8$	4
1795	$x + 0,481.y - 0,4474.z + 0,8942.u - 1863.\mu + 102.\mu'' = +3,9$	2
1795	$x + 0,487.y - 0,3357.z + 0,9420.u - 1986.\mu + 100.\mu'' = -0,7$	1
1795	$x + 0,489.y - 0,2880.z + 0,9580.u - 2027.\mu + 97.\mu'' = +17,0$	2
1796	$x + 0,491.y - 0,2397.z + 0,9708.u - 2061.\mu + 97.\mu'' = -2,8$	1
1796	$x + 0,497.y - 0,1213.z + 0,9927.u - 2118.\mu + 94.\mu'' = +0,9$	1
1796	$x + 0,500.y - 0,0645.z + 0,9980.u - 2131.\mu + 90.\mu'' = +16,1$	1
1797	$x + 0,502.y - 0,0184.z + 1,0000.u - 2136.\mu + 88.\mu'' = -1,6$	1
1797	$x + 0,508.y + 0,1023.z + 0,9922.u - 2120.\mu + 82.\mu'' = +23,4$	1
1797	$x + 0,510.y + 0,1551.z + 0,9886.u - 2103.\mu + 81.\mu'' = +5,9$	2
1798	$x + 0,512.y + 0,2004.z + 0,9797.u - 2082.\mu + 76.\mu'' = +5,7$	2
1798	$x + 0,518.y + 0,3171.z + 0,9484.u - 2009.\mu + 70.\mu'' = -9,2$	1
1799	$x + 0,520.y + 0,3642.z + 0,9312.u - 1973.\mu + 66.\mu'' = -6,4$	1
1799	$x + 0,523.y + 0,4083.z + 0,9127.u - 1933.\mu + 63.\mu'' = +16,4$	1
1799	$x + 0,528.y + 0,5164.z + 0,8563.u - 1825.\mu + 55.\mu'' = +17,1$	1
1800	$x + 0,531.y + 0,5582.z + 0,8297.u - 1779.\mu + 52.\mu'' = +5,4$	2
1800	$x + 0,533.y + 0,6008.z + 0,7995.u - 1731.\mu + 48.\mu'' = +7,8$	1
1800	$x + 0,539.y + 0,6925.z + 0,7216.u - 1616.\mu + 40.\mu'' = +10,8$	2
1801	$x + 0,541.y + 0,7312.z + 0,6835.u - 1575.\mu + 37.\mu'' = +5,6$	3
1801	$x + 0,544.y + 0,7631.z + 0,6463.u - 1517.\mu + 34.\mu'' = -8,9$	1
1802	$x + 0,552.y + 0,8603.z + 0,5098.u - 1351.\mu + 23.\mu'' = -29,7$	5
1802	$x + 0,554.y + 0,8858.z + 0,4630.u - 1305.\mu + 19.\mu'' = -18,0$	3
1802	$x + 0,560.y + 0,9352.z + 0,3540.u - 1162.\mu + 13.\mu'' = -37,1$	2
1803	$x + 0,562.y + 0,9511.z + 0,3090.u - 1100.\mu + 11.\mu'' = -32,1$	4
1804	$x + 0,572.y + 0,9958.z + 0,0933.u - 719.\mu - 1.\mu'' = -27,5$	4
1804	$x + 0,575.y + 0,9997.z + 0,0388.u - 618.\mu - 4.\mu'' = -23,4$	1
1805	$x + 0,583.y + 0,9918.z - 0,1285.u - 238.\mu - 12.\mu'' = -28,1$	9
1806	$x + 0,593.y + 0,9400.z - 0,3417.u + 307.\mu - 22.\mu'' = -21,1$	6
1807	$x + 0,601.y + 0,8644.z - 0,5030.u + 751.u - 30.\mu'' = -17,5$	1

Années	Équations de condition des Tables de Saturne.	Nombre d'observat.
1807	$x + 0{,}603.y + 0{,}8426.z - 0{,}5385.u + 858''.\mu - 32''.\mu'' = - 17''3$	7
1808	$x + 0{,}611.y + 0{,}7424.z - 0{,}6701.u + 1243.\mu - 37.\mu'' = - 20{,}4$	2
1808	$x + 0{,}614.y + 0{,}7044.z - 0{,}7096.u + 1376.\mu - 42.\mu'' = + 8{,}4$	6
1809	$x + 0{,}621.y + 0{,}5758.z - 0{,}8172.u + 1723.\mu - 49.\mu'' = - 0{,}8$	1
1809	$x + 0{,}624.y + 0{,}5316.z - 0{,}8466.u + 1826.\mu - 51.\mu'' = + 18{,}9$	7
1810	$x + 0{,}632.y + 0{,}3756.z - 0{,}9268.u + 2127.\mu - 59.\mu'' = + 13{,}4$	2
1810	$x + 0{,}634.y + 0{,}3357.z - 0{,}9418.u + 2190.\mu - 61.\mu'' = + 21{,}4$	8
1810	$x + 0{,}636.y + 0{,}3064.z - 0{,}9520.u + 2239.\mu - 62.\mu'' = + 25{,}2$	2
1811	$x + 0{,}642.y + 0{,}1708.z - 0{,}9858.u + 2331.\mu - 68.\mu'' = + 13{,}6$	2
1811	$x + 0{,}645.y + 0{,}1213.z - 0{,}9926.u + 2494.\mu - 71.\mu'' = + 18{,}5$	8
1812	$x + 0{,}653.y - 0{,}0539.z - 0{,}9986.u + 2688.\mu - 80.\mu'' = + 16{,}5$	2
1812	$x + 0{,}655.y - 0{,}1049.z - 0{,}9945.u + 2728.\mu - 82.\mu'' = + 30{,}9$	5
1812	$x + 0{,}657.y - 0{,}1479.z - 0{,}9890.u + 2764.\mu - 84.\mu'' = + 10{,}7$	3
1813	$x + 0{,}665.y - 0{,}3160.z - 0{,}9489.u + 2886.\mu - 91.\mu'' = + 20{,}9$	5
1813	$x + 0{,}668.y - 0{,}3624.z - 0{,}9320.u + 2914.\mu - 93.\mu'' = - 2{,}8$	4
1814	$x + 0{,}676.y - 0{,}5140.z - 0{,}8577.u + 2989.\mu - 99.\mu'' = + 9{,}5$	6
1814	$x + 0{,}678.y - 0{,}5555.z - 0{,}8315.u + 3006.\mu - 110.\mu'' = - 3{,}9$	4
1815	$x + 0{,}686.y - 0{,}6883.z - 0{,}7254.u + 3011.\mu - 120.\mu'' = + 5{,}3$	5
1815	$x + 0{,}688.y - 0{,}7254.z - 0{,}6883.u + 3010.\mu - 121.\mu'' = + 8{,}5$	3
1816	$x + 0{,}696.y - 0{,}8304.z - 0{,}5571.u + 3002.\mu - 124.\mu'' = + 11{,}5$	5
1816	$x + 0{,}699.y - 0{,}8584.z - 0{,}5129.u + 2974.\mu - 124.\mu'' = - 0{,}6$	3
1817	$x + 0{,}707.y - 0{,}9326.z - 0{,}3608.u + 2895.\mu - 128.\mu'' = + 13{,}1$	5
1818	$x + 0{,}717.y - 0{,}9887.z - 0{,}1496.u + 2702.\mu - 124.\mu'' = + 1{,}2$	6
1819	$x + 0{,}727.y - 0{,}9975.z + 0{,}0705.u + 2406.\mu - 122.\mu'' = + 24{,}4$	9
1820	$x + 0{,}738.y - 0{,}9576.z + 0{,}2880.u + 1976.\mu - 118.\mu'' = + 32{,}4$	5

I I.

TABLES D'URANUS.

Les observations sur lesquelles on peut fonder des Tables de la planète Uranus, composent deux séries qu'il importe de distinguer. Les premières, antérieures à la découverte de la planète, sont dues au hasard, qui la fit observer comme *étoile fixe*. On en compte dix-sept; savoir: une de Mayer, une de Bradley, trois de Flamsteed et douze de Lemonnier. Généralement elles se ressentent des imperfections des instrumens et de quelques circonstances particulières qui ont dû nuire à leur exactitude. Néanmoins, on les considère comme très précieuses, à cause de l'étendue qu'elles donnent à l'arc parcouru par Uranus, depuis le tems où remontent ces observations. Les secondes, beaucoup plus nombreuses, datent de 1781, année de la découverte de la planète, et forment une suite non interrompue d'observations exécutées avec des instrumens beaucoup plus perfectionnés.

L'idée qui se présente naturellement est celle de faire concourir les deux séries à la détermination des élémens elliptiques. J'ai donc fait le calcul des observations anciennes, en les réduisant, selon les besoins, d'après le Catalogue de M. Piazzi, ou d'après celui de Bradley, publié par M. Bessel. J'ai pris ensuite, parmi les observations modernes, toutes les oppositions et quadratures qui sont dans le précieux recueil de Maskelyne et celles que M. Pond, son successeur, a continuées jusqu'en 1815; et enfin, celles qui sont dans les registres de l'Observatoire de Paris, depuis 1800 à 1819. Les Tables et le Catalogue employés pour réduire ces dernières sont les mêmes que ceux qui ont servi pour Jupiter et Saturne.

J'ai fait usage des formules des perturbations qui sont dans la Mécanique céleste, en y introduisant les nouvelles masses de Jupiter et de Saturne. Des Tables provisoires ayant été construites, j'ai formé 77 équations de condition entre les corrections des élémens elliptiques de la planète. Mais les valeurs auxquelles j'ai été conduit pour ces élémens, ont été loin de répondre à l'espoir que j'avais conçu de mon travail. Voici le tableau des erreurs qu'on trouve en comparant les observations aux Tables définitives qui seraient le produit de la combinaison des deux systèmes d'observations.

Années.	Erreurs.	Années.	Erreurs.	Années.	Erreurs.	Années.	Erreurs.	Années	Erreurs.
1690	+ 98″7	1783	+ 16″7	1792	— 13″0	1803	— 44″5	1814	+ 41″3
1712	+ 62,0	1784	+ 19,4	1793	— 19,5	1804	— 27,8	1815	+ 41,2
1715	— 4,5	1785	+ 6,7	1794	— 13,3	1805	— 38,2	1815	+ 47,6
1750	— 124,0	1785	+ 6,5	1794	— 18,5	1806	— 23,1	1816	+ 49,1
1750	— 101,4	1785	+ 12,5	1795	— 20,6	1806	— 8,5	1816	+ 57,7
1753	— 69,8	1786	+ 11,7	1795	— 25,8	1807	— 26,5	1817	+ 52,9
1756	— 75,7	1786	+ 10,5	1796	— 13,0	1807	— 0,9	1818	+ 56,7
1764	— 23,8	1787	+ 12,1	1796	— 35,0	1808	— 14,1	1819	+ 76,2
1769	+ 10,9	1788	— 8,1	1797	— 18,9	1809	— 19,6		
1771	+ 50,9	1788	+ 8,9	1797	— 37,9	1810	— 5,9		
1781	+ 17,8	1789	— 1,4	1798	— 37,6	1811	+ 9,3		
1781	+ 22,9	1789	+ 23,5	1799	— 53,4	1811	+ 1,0		
1782	+ 27,6	1790	+ 14,8	1799	— 45,4	1812	+ 0,1		
1782	+ 17,7	1790	— 16,9	1800	— 25,8	1812	+ 22,0		
1782	+ 13,9	1791	— 12,6	1801	— 44,3	1813	+ 16,6		
1783	+ 24,9	1791	— 5,1	1802	— 49,7	1813	+ 42,4		
1783	+ 24,8	1792	— 7,6	1802	— 34,2	1814	+ 27,9		

Il est difficile d'admettre que les observations modernes comportent de telles erreurs. On ne peut, non plus, les rejeter sur la théorie, ni sur l'oubli de quelque terme important. Cette théorie est connue, et les soins que j'ai mis à mes calculs ne permettent pas qu'on s'arrête sur ce dernier point. Ce serait donc sur l'exactitude des observations anciennes que le doute retomberait. En effet, il est difficile de s'en défendre, quand on discute les circonstances dans lesquelles elles ont été faites : l'observation de Bradley est unique, le passage n'a été observé qu'au cinquième fil et la hauteur n'a été estimée qu'en degrés et minutes. La même remarque s'applique à l'observation de Mayer. Les observations de Flamsteed sont jugées depuis longtems, et l'on sait que ses instrumens n'étaient ni bien exécutés, ni exactement placés dans le méridien. Quant à celles de Lemonnier, on peut voir dans la Connaissance des Tems pour 1821 ce qu'il est permis d'en penser.

D'après ces considérations, j'ai supprimé les dix-sept observations anciennes et formé de nouvelles Tables avec les seules observations modernes. On peut voir dans le tableau suivant des équations de condition, avec quelle approximation ces dernières sont représentées ; une seule va à 32″,4 centésimales, ou 10″ sexagésimales, et toutes les autres sont généralement beaucoup plus petites. Mais les observations anciennes sont moins bien satisfaites, et l'une des erreurs s'élève jusqu'à 227″,7, ou 73″,8 sexagésimales.

Telle est donc l'alternative que présente la formation des Tables de la planète Uranus, que si l'on combine les observations anciennes avec les modernes, les premières seront passablement représentées, tandis que les secondes ne le seront pas avec la précision qu'elles comportent ; et que si l'on rejette les unes pour ne conserver que les autres, il en résultera des Tables qui auront toute l'exactitude désirable relativement aux observations modernes, mais qui ne pourront satisfaire convenablement aux observations anciennes. Il fallait se décider entre ces deux partis; j'ai dû m'en tenir au second, comme étant celui qui réunit le plus de probabilités en faveur de la vérité, et je laisse aux tems à venir le soin de faire connaître si la difficulté de concilier les deux systèmes tient réellement à l'inexactitude des observations anciennes, ou si elle dépend de quelque action étrangère et inaperçue, qui aurait agi sur la planète.

Maintenant, en conservant la notation adoptée pour les Tables de Jupiter et de Saturne, on aura de même la formule suivante pour type des équations de condition :

$$(1+2e\cos\varphi)\,x+t(1+2e\cos\varphi)\,y+z\sin\varphi-u\cos\varphi=dV''.$$

En désignant par V″ la longitude héliocentrique d'Uranus, pour la même époque que pour Jupiter et Saturne, j'ai trouvé la formule suivante :

$$V''=\varphi''+154'',63.t.$$

I......... $\left\{\begin{array}{l}+(59427'',54-t.0'',3216)\sin(\varphi''-\varpi'')\\+(\ 1733,14-t.0,0188)\sin 2(\varphi''-\varpi'')\\+(\ \ 70,08-t.0,0011)\sin 3(\varphi''-\varpi'')\\+(\ \ \ 3,25-t.0,0001)\sin 4(\varphi''-\varpi'')\\+(\ \ \ 0,16-t.0,0000)\sin 5(\varphi''-\varpi'').\end{array}\right.$

II......... $\left\{\begin{array}{l}+68'',55\sin(\varphi'-\varphi''+23^\circ,56)-12'',49.\sin 2(\varphi'-\varphi'')\\-\ 2'',55\sin 3(\varphi'-\varphi'')-0'',72\sin 4(\varphi'-\varphi'')-0'',24\sin 5(\varphi'-\varphi'').\end{array}\right.$

III......... $\left\{\begin{array}{l}-(436'',41-t.0'',034)\sin(\varphi'-2\varphi''+79^\circ,28+t.48'',7)\\-\ 5'',07\sin(2\varphi'-4\varphi''+42^\circ,87).\end{array}\right.$

IV......... $+160'',92\sin(\varphi-\varphi'')-0'',59\sin 2(\varphi-\varphi'')$.

V......... $-\ 10,60.\sin(\varphi-2\varphi''-16^\circ,50)$.

VI......... $+\ 7,79.\sin(2\varphi'-3\varphi''+25^\circ,92)$.

VII......... $+\ 4,07.\sin(\varphi'+5^\circ,09)$.

VIII......... $+\ 3,89.\sin(2\varphi-\varphi''-11^\circ,49)$.

IX......... $+\ 3,81.\sin(\varphi+14^\circ,87)$.

X......... $+\ 2,86.\sin(2\varphi'-5\varphi''+75^\circ,99)$.

XI......... $+\ 2,55.\sin(2\varphi'-\varphi''-81^\circ,89)$.

XII......... $+\ 1,38.\sin(3\varphi'-4\varphi''+26^\circ,24)$.

La réduction à l'écliptique est

$$-29'',04\sin(2V''-2\theta'').$$

Le rayon vecteur r'' d'Uranus est donné par la formule

$$r''=19,212098-t.0,00000023.$$

$$\text{I.}\ldots\ldots\left\{\begin{array}{l} -\,(0{,}89488 - t.0{,}00000483).\cos\ (\varphi'' - \varpi'') \\ -\,(0{,}02088 - t.0{,}00000023).\cos 2(\varphi'' - \varpi'') \\ -\,(0{,}00073 - t.0{,}00000001).\cos 3(\varphi'' - \varpi'') \\ -\,(0{,}00003 - t.0{,}00000000).\cos 4(\varphi'' - \varpi''). \end{array}\right.$$

$$\text{II.}\ldots\ldots\left\{\begin{array}{l} +\,0{,}00339.\cos\ (\varphi' - \varphi'' + 5°{,}59) \\ +\,0{,}00039.\cos 2(\varphi' - \varphi'') + 0{,}00009.\cos 3(\varphi' - \varphi''). \end{array}\right.$$

$$\text{III.}\ldots\ldots\ +\,0{,}00581.\cos\ (\varphi' - 2\varphi'' + 82°{,}31).$$

$$\text{IV.}\ldots\ldots\ +\,0{,}00489.\cos\ (\varphi - \varphi'') + 0{,}00002.\cos 2(\varphi - \varphi'').$$

$$\text{VI.}\ldots\ldots\ +\,0{,}00058.\cos\ (2\varphi' - 3\varphi'' + 56°{,}71).$$

$$\text{VII—VI.}\ldots\ldots\ -\,0{,}00072.\cos\ (3\varphi'' - \varphi' + 83°{,}35).$$

Enfin la distance polaire Δ'' est égale à

$$\Delta'' = 100° - (0°{,}86062 + t.0''{,}0964)\sin(V'' - \theta'').$$

$$\text{III.}\ldots\ldots\ -\,8''{,}6.\sin(\varphi' - 2\varphi'' - 60°{,}16).$$

$$\text{VII.}\ldots\ldots\ +\,2{,}71.\sin(\varphi' + 60°{,}16).$$

$$\text{IX.}\ldots\ldots\ +\,1{,}89.\sin(\varphi + 59°{,}68).$$

Années.	Équations de condition des Tables d'Uranus.	Nombre d'observations.
1690	$0{,}9812.x - 0{,}8915.y - 0{,}9821.z + 0{,}1888.u = +\ 132''7$	1
1712	$1{,}0920.x - 0{,}7579.y - 0{,}1691.z - 0{,}9856.u = +\ 202{,}7$	1
1715	$1{,}0927.x - 0{,}7267.y + 0{,}0496.z - 0{,}9988.u = +\ 135{,}6$	2
1750	$0{,}9151.x - 0{,}2837.y + 0{,}4173.z + 0{,}9089.u = -\ 227{,}7$	1
1750	$0{,}9147.x - 0{,}2817.y + 0{,}4079.z + 0{,}9130.u = -\ 206{,}4$	1
1753	$0{,}9084.x - 0{,}2525.y + 0{,}1946.z + 0{,}9809.u = -\ 186{,}6$	1
1756	$0{,}9066.x - 0{,}2276.y - 0{,}0147.z + 0{,}9999.u = -\ 203{,}5$	1
1764	$0{,}9209.x - 0{,}1630.y - 0{,}5316.z + 0{,}8470.u = -\ 151{,}5$	1
1769	$0{,}9456.x - 0{,}1201.y - 0{,}8125.z + 0{,}5829.u = -\ 99{,}1$	8
1771	$0{,}9721.x - 0{,}0957.y - 0{,}9140.z + 0{,}4058.u = -\ 46{,}9$	1
1781	$1{,}0288.x + 0{,}0076.y - 0{,}9512.z - 0{,}3087.u = -\ 17{,}2$	3
1781	$1{,}0303.x + 0{,}0100.y - 0{,}9458.z - 0{,}3248.u = -\ 10{,}3$	5
1782	$1{,}0316.x + 0{,}0123.y - 0{,}9408.z - 0{,}3387.u = -\ 4{,}7$	4
1782	$1{,}0354.x + 0{,}0180.y - 0{,}9253.z - 0{,}3790.u = -\ 10{,}3$	2
1782	$1{,}0369.x + 0{,}0205.y - 0{,}9185.z - 0{,}3954.u = -\ 13{,}0$	3
1783	$1{,}0381.x + 0{,}0227.y - 0{,}9133.z - 0{,}4077.u = -\ 1{,}0$	2
1783	$1{,}0418.x + 0{,}0288.y - 0{,}8943.z - 0{,}4477.u = +\ 2{,}7$	2
1783	$1{,}0433.x + 0{,}0313.y - 0{,}8860.z - 0{,}4638.u = -\ 3{,}8$	4
1784	$1{,}0448.x + 0{,}0335.y - 0{,}8776.z - 0{,}4794.u = +\ 0{,}4$	3
1784	$1{,}0480.x + 0{,}0393.y - 0{,}8579.z - 0{,}5136.u = -\ 9{,}0$	1
1785	$1{,}0494.x + 0{,}0421.y - 0{,}8484.z - 0{,}5293.u = -\ 7{,}7$	3
1785	$1{,}0508.x + 0{,}0442.y - 0{,}8338.z - 0{,}5443.u = -\ 0{,}5$	2
1785	$1{,}0541.x + 0{,}0508.y - 0{,}8148.z - 0{,}5798.u = +\ 2{,}3$	1
1786	$1{,}0551.x + 0{,}0530.y - 0{,}8060.z - 0{,}5920.u = +\ 2{,}1$	1
1786	$1{,}0565.x + 0{,}0554.y - 0{,}7962.z - 0{,}6040.u = +\ 5{,}2$	2
1787	$1{,}0608.x + 0{,}0640.y - 0{,}7589.z - 0{,}6512.u = -\ 10{,}8$	4

Années.	Équations de condition pour les Tables d'Uranus.	Nombre d'observations.
1788	$1,0660.x + 0,0752.y - c,7073.z - 0,7069.u = + 11''7$	3
1788	$1,0668.x + 0,0769.y - 0,6986.z - 0,7155.u = + 2,9$	3
1789	$1,0708.x + 0,0862.y - 0,6525.z - 0,7579.u = + 32,2$	3
1789	$1,0718.x + 0,0886.y - 0,6398.z - 0,7685.u = + 24,0$	3
1790	$1,0752.x + 0,0975.y - 0,5927.z - 0,8054.u = - 4,6$	4
1790	$1,0790.x + 0,1063.y - 0,5455.z - 0,8381.u = + 4,0$	3
1791	$1,0792.x + 0,1088.y - 0,5301.z - 0,8479.u = + 12,0$	5
1791	$1,0819.x + 0,1174.y - 0,4804.z - 0,8771.u = + 12,7$	2
1792	$1,0827.x + 0,1201.y - 0,4645.z - 0,8857.u = + 4,9$	4
1792	$1,0851.x + 0,1287.y - 0,4120.z - 0,9111.u = + 4,2$	3
1793	$1,0857.x + 0,1315.y - 0,3961.z - 0,9182.u = + 10,8$	6
1794	$1,0883.x + 0,1438.y - 0,3252.z - 0,9456.u = + 8,3$	2
1794	$1,0899.x + 0,1513.y - 0,2709.z - 0,9627.u = + 8,2$	3
1795	$1,0903.x + 0,1541.y - 0,2531.z - 0,9674.u = + 3,3$	3
1795	$1,0915.x + 0,1626.y - 0.1966.z - 0,9804.u = + 16,4$	2
1796	$1,0919.x + 0,1654.y - 0,1792.z - 0,9838.u = - 1,9$	2
1796	$1,0927.x + 0,1740.y - 0,1213.z - 0,9926.u = + 12,8$	1
1797	$1,0929.x + 0,1767.y - 0,1046.z - 0,9945.u = - 5,9$	3
1797	$1,0933.x + 0,1852.y - 0,0455.z - 0,9990.u = - 5,3$	1
1798	$1,0933.x + 0,1877.y - 0,0286.z - 0,9996.u = - 20,3$	5
1799	$1,0933.x + 0,1989.y + 0,0471.z - 0,9989.u = - 12,8$	5
1799	$1,0929.x + 0,2068.y + 0,1018.z - 0,9948.u = + 6,3$	2
1800	$1,0927.x + 0,2098.y + 0,1225.z - 0,9924.u = - 12,5$	5
1801	$1,0915.x + 0,2206.y + 0,1971.z - 0,9804.u = - 19,2$	4
1802	$1,0903.x + 0,2290.y + 0,2547.z - 0,9670.u = - 4,9$	3
1802	$1,0899.x + 0,2314.y + 0,2711.z - 0,9625.u = - 15,1$	6
1803	$1,0877.x + 0,2433.y + 0,3422.z - 0,9393.u = - 2,3$	4
1804	$1,0850.x + 0,2523.y + 0,4137.z - 0,9104.u = - 14,5$	6
1805	$1,0819.x + 0,2626.y + 0,4809.z - 0,8768.u = - 2,7$	7
1806	$1,0791.x + 0,2703.y + 0,5309.z - 0,8475.u = + 8,5$	1
1806	$1,0782.x + 0,2725.y + 0,5468.z - 0,8373.u = - 10,6$	5
1807	$1,0752.x + 0,2800.y + 0,5930.z - 0,8053.u = + 11,6$	1
1807	$1,0742.x + 0,2835.y + 0,6075.z - 0,7943.u = - 2,1$	6
1808	$1,0696.x + 0,2922.y + 0,6660.z - 0,7460.u = - 13,3$	5
1809	$1,0648.x + 0,3015.y + 0,7203.z - 0,6936.u = - 4,5$	8
1810	$1,0595.x + 0,3106.y + 0,7708.z - 0,6369.u = + 3,8$	6
1811	$1,0551.x + 0,3179.y + 0,8071.z - 0,5904.u = - 9,4$	2
1811	$1,0538.x + 0,3198.y + 0,8172.z - 0,5763.u = - 5,9$	3
1812	$1,0493.x + 0,3268.y + 0,8491.z - 0,5284.u = + 4,7$	2
1812	$1,0479.x + 0,3287.y + 0,8583.z - 0,5121.u = - 2,4$	8
1813	$1,0431.x + 0,3354.y + 0,8869.z - 0,4619.u = + 17,8$	2
1813	$1,0416.x + 0,3373.y + 0,8951.z - 0,4456.u = + 1,6$	5
1814	$1,0368.x + 0,3444.y + 0,9189.z - 0,3946.u = - 11,9$	2
1814	$1,0352.x + 0,3458.y + 0,9261.z - 0,3769.u = + 7,7$	4
1815	$1,0302.x + 0,3519.y + 0,9462.z - 0,3237.u = + 8,0$	3
1815	$1,0287.x + 0,3539.y + 0,9515.z - 0,3075.u = + 8,7$	5
1816	$1,0236.x + 0,3600.y + 0,9676.z - 0,2525.u = + 9,7$	3
1816	$1,0218.x + 0,3818.y + 0,9724.z - 0,2335.u = + 2,8$	7
1817	$1,0149.x + 0,3697.y + 0,9871.z - 0,1598.u = - 2,1$	5
1818	$1,0099.x + 0,3781.y + 0,9965.z - 0,0843.u = + 9,4$	7
1819	$1,0009.x + 0,3878.y + 1,0000.z - 0,0091.u = - 0,6$	7
1820	$0,9940.x + 0,3926.y + 0,9979.z + 0,0640.u = + 0,3$	6
1821	$0,9870.x + 0,3996.y + 0,9903.z + 0,1390.u = - 4,2$	5

Explication et usage des Tables.

Dans la construction de mes Tables, j'ai adopté la division du cercle en 400 degrés, du degré en 100 minutes et de la minute en 100 secondes. J'ai également adopté la division du jour en 10 heures, de l'heure en 100 minutes et de la minute en 100 secondes. Les époques moyennes sont fixées au minuit moyen qui sépare le 31 décembre du 1er janvier de chaque année.

La Table I contient les époques des moyens mouvemens de Jupiter, depuis 1750 jusqu'en 1900. La longitude moyenne de la planète et celles du périhélie et du nœud se trouvent dans les colonnes 2, 3 et 4. Les argumens des perturbations sont dans les colonnes suivantes, sous les chiffres romains II, III, etc. Les équations dont les coefficiens sont considérables supposent la circonférence divisée en 10,000 parties et les autres en 1000 parties seulement.

La Table II, page 10, donne les moyens mouvemens pour les siècles passés et à venir, ou ce qu'il faut ajouter aux époques de la Table I, depuis 1801 jusqu'en 1900 inclusivement, pour avoir celles des années correspondantes dans les autres siècles. Elle remonte à vingt-trois siècles avant notre ère et s'étend à onze siècles après l'époque actuelle. Le supplément placé au bas de cette page, peut servir à prolonger la même Table de vingt siècles.

On a supposé, dans la première Table, la précession des équinoxes uniforme de 154″,63; mais cette supposition n'est pas exacte, puisque la précession est variable d'un siècle à l'autre. Cette variation est donnée par la formule suivante (Mécanique céleste, tome III, page 158):

$$d\Psi = t.0'',9627 + 3^\circ,1102\,[1 - \cos(t.99'',1227) - 1^\circ,4282 \sin(t.43'',0446)];$$

t exprimant ici le nombre d'années juliennes écoulées depuis 1750.

Cette correction de précession est commune à la longitude moyenne et à celles du périhélie et du nœud. La correction du périhélie contient de plus le terme du second ordre $+ t^2.0'',000618$, également donné par la théorie.

La Table III contient toutes les corrections, ainsi que la variation de la plus grande équation du centre, dépendante d'un terme proportionnel au carré du tems.

On trouve dans les Tables IV et V les moyens mouvemens pour le premier jour de chaque mois. L'année commune ou bissextile indique celle des deux Tables que l'on doit employer.

La Table VI contient les moyens mouvemens pour chaque jour du mois. Ces mêmes mouvemens pour les heures, les minutes et les secondes, sont compris dans les Tables VII et VIII.

On a placé dans la Table IX les corrections des parties proportionnelles, pour avoir égard aux différences secondes. La Table X est composée des parties décimales de l'année, de dix en dix jours.

La grande inégalité de Jupiter se trouve dans la Table XI; elle a été calculée rigoureusement, de dix en dix ans, depuis 1550 jusqu'en 1900. Cette Table renferme, en outre, les corrections des argumens des perturbations.

Dans la Table XII, on trouve l'équation du centre et sa variation séculaire, calculée pour tous les degrés de son argument, qui est l'anomalie moyenne ou l'argument Ier. Elle est sous la forme positive. On a retranché de tous les termes la constante 0°,22116, égale à la somme de toutes les constantes particulières ajoutées aux équations de la longitude, dépendantes des perturbations. L'équation séculaire est additive à l'équation du centre, après 1800; elle change de signe si elle est calculée pour une époque antérieure.

Les équations des perturbations de la longitude sont comprises dans les Tables suivantes.

La Table XXVII donne les rayons vecteurs pour 1800, ainsi que la variation séculaire. On a retranché la constante 0,00732, égale à la somme des constantes ajoutées aux équations des perturbations.

Les distances de Jupiter au pôle boréal de l'écliptique sont également pour 1800, ainsi que la variation séculaire; l'une et l'autre sont contenues dans la Table XXXVII. L'argument est *longitude vraie dans l'orbite moins la longitude du nœud.* Toutes ces distances sont diminuées de la constante 18″,4. Les perturbations sont contenues dans les Tables suivantes.

La Table XLII donne la réduction à l'écliptique, ainsi que le log. du cosinus de la latitude héliocentrique.

La Table XLIII contient la nutation lunaire, dont l'argument est N, donné par les Tables du Soleil. La nutation solaire, dépendante du double de la longitude du Soleil, est renfermée dans la Table LXIV.

L'aberration, commune à toutes les planètes, se trouve dans la Table XLV, excepté le terme qui dépend du périgée du Soleil, qui a été réuni, pour chaque planète, au terme dépendant de la longitude géocentrique.

Les Tables XLVI et XLVII contiennent l'aberration de Jupiter. A la suite de ces Tables, j'ai placé celles de Saturne et d'Uranus. Elles ne sont pas à leur place, mais pour éviter la réimpression des Tables de nutation et d'aberration communes à toutes les planètes, j'ai dû les mettre ici.

Les formules que j'ai employées sont :

$$\text{Nutation lunaire} = -\ 55'',6 \sin N,$$
$$\text{——— solaire} = +\ \ 3,3 \sin 2\odot.$$

Aberrat. de Jupiter $= +62'',50\cos(G - \odot) + 27'',47\cos(H - G) + 1'',67\cos(G + 32^\circ)$,
—— de Saturne $= +62,50\cos(G' - \odot) + 20,31\cos(H' - G') + 0,24\cos(G' - 33^\circ)$,
—— d'Uranus $= +62,50\cos(G'' - \odot) + 14,29\cos(H'' - G'') - 1,00\cos(G'' - 69^\circ)$,

dans lesquelles $\odot$ désigne la longitude du Soleil, G la longitude géocentrique de la planète et H sa longitude héliocentrique.

Les formules ordinaires de nutation et d'aberration servent pour réduire les longitudes observées en longitudes apparentes, ou comptées de l'équinoxe apparent; mais comme il est plus naturel de compter les longitudes de l'équinoxe moyen, on a changé les signes des formules précédentes, afin de rendre les calculs plus uniformes.

L'inclinaison des orbites des trois planètes étant peu considérable, l'aberration en latitude est insensible; cependant, si l'on veut y avoir égard, les Tables de la longitude pourront servir, en ajoutant 100° aux argumens $(H - G)$ et G. La somme de ces deux termes, multipliée par le sinus de la latitude, donnera l'aberration demandée.

Soit D la distance de la Terre à une planète, R le rayon vecteur du Soleil, r le rayon vecteur de la planète, G sa longitude géocentrique; la formule suivante exprimera le rapport des distances accourcies de la planète au Soleil et à la Terre,

$$\frac{r}{D} = \frac{r}{\cos(\odot - G) + \sqrt{r^2 - R^2 + \cos^2(\odot - G)}}.$$

La Table XLVIII est calculée en supposant $R = 1$ et r égal à la distance moyenne de la planète au Soleil. Les logarithmes de cette Table sont utiles pour trouver approximativement la parallaxe horizontale de Jupiter et son demi-diamètre.

Les Tables LIV et LV sont nécessaires pour convertir les degrés sexagésimaux en degrés centésimaux, et les heures sexagésimales en heures décimales.

Les Tables de Saturne et d'Uranus étant disposées de la même manière que celles de Jupiter, nous nous dispenserons d'en parler. Seulement nous ferons remarquer que, relativement à celles d'Uranus, nous n'avons pas donné de Table particulière pour l'inégalité de la précession, parce qu'en calculant la longitude de cette planète, on peut prendre dans la Table III, page 16, ou dans la Table correspondante, page 54, la précession de la longitude, l'appliquer à la longitude moyenne et l'ajouter de même au périhélie et au nœud.

Exemple du calcul d'un lieu de Jupiter.

Le 3 novembre 1819, on a observé le passage du centre de Jupiter, à la lunette méridienne, à $20^h\,46'\,23'',46$ de la pendule, qui était à peu près réglée sur le tems sidéral. L'avance de la pendule, donnée par le passage de cinq étoiles du Catalogue de Maskelyne, a été trouvée de $18'',66$; le passage en tems sidéral a donc eu lieu à $20^h\,46'\,4'',80$. Ce tems, converti en degrés, a donné l'a cension droite de Jupiter égale à $311^\circ\,31'\,12'',0$.

La distance du centre de Jupiter au zénit, corrigée de l'erreur de collimation, de la parallaxe et de la réfraction, s'est trouvée de 70° 45′ 36″,0. En supposant la latitude de l'Observatoire de 48° 50′ 13″,1, on aura 18° 55′ 22″,9 pour la déclinaison australe de la planète. On calculera par les formules connues, la longitude et la latitude, et l'on aura en nouvelle division du cercle, 343°,15417 pour la longitude comptée de l'équinoxe apparent, et 0°,98340 pour la latitude australe, ou 100°,98340 pour la distance polaire de la planète.

La longitude 343°,15417, est comptée de l'équinoxe apparent; c'est-à-dire affectée de la nutation et de l'aberration de la planète. Pour la réduire à l'équinoxe moyen, il faut tenir compte de ces corrections. Les Tables XLIII, ... et XLVII, donnent 43″,0 à ajouter à la longitude observée. On a donc 343°,15847 pour la longitude comptée de l'équinoxe moyen.

Le tems sidéral de l'observation 20^h 46′ 4″,80, donne 17^h 57′ 30″,5 pour le tems moyen correspondant, ou 7^h,4827, compté de minuit.

Le 3 novembre, à 17^h 57′ 30″,5, tems moyen, la longitude vraie du Soleil, calculée par les Tables de M. Delambre, et corrigée de l'aberration, était, pour cet instant, 7^s 10° 30′ 6″,2, ou en degrés centésimaux, 245°,00191 = ☉. On avait pour le log. du rayon vecteur, ou log R = 9,9961768.

Ayant maintenant la longitude et la distance polaire observées de Jupiter, et la longitude du Soleil, on cherchera par les Tables la longitude héliocentrique et la distance polaire, et par suite la longitude géocentrique. Ce calcul est facile; il suffira d'en suivre les détails sur le tableau suivant, pages xxiv et xxv.

Avant de terminer, nous ferons remarquer que les Tables des deux grandes inégalités de Jupiter et de Saturne, ne peuvent servir que pour les 350 années comprises entre 1550 et 1900. Si l'on a besoin de les calculer pour une époque antérieure, il faut recourir aux formules des pages 2 et 3 de l'Introduction, dans lesquelles on mettra pour t le tems écoulé entre la date de l'observation et l'année 1800, époque des Tables.

Proposons-nous, par exemple, de calculer les erreurs relatives de ces deux planètes, correspondantes à la conjonction observée par Jbn-Jounis, astronome arabe, dans l'année 1007 de l'ère vulgaire. Cette observation, réduite au calendrier julien, fut faite le 31 octobre vers les six heures du matin, au Caire (1). Jbn-Jounis trouva la longitude géocentrique de Saturne plus grande que celle de Jupiter, d'environ 24′ sexagésimales, et sa latitude également plus grande que celle de Jupiter, d'environ 40′. (Notices des manuscrits publiés par l'Institut, tome VII, page 226.)

La longitude du soleil, correspondante au 31 octobre 1007, à 3^h 34′ de tems moyen,

---

Le 31 octobre 1007, le Soleil se leva, au Caire, à 6^h 35′, et en supposant que l'observation ait été faite 50′ de tems avant le lever du Soleil, on aura pour l'instant de l'observation 3^h 34′ tems moyen à Paris.

est égale à $7^s\ 12°\ 55'\ 46''$, ou 247°,6993 en degrés décimaux, et l'on a pour log. du rayon vecteur, 9,9944473.

L'intervalle de tems compris entre le 31 oct. 1007 et le commencement de 1800, est de 792^{ans},20. On a donc $t = -792,2$. Substituant cette valeur dans $\epsilon + nt$, $\epsilon' + n't +$ etc., il vient les quantités suivantes :

$$\epsilon + nt = 178°,0386;$$
$$\epsilon' + n't = 179,4441;$$
$$\epsilon'' + n''t = 21,1175.$$

Et par suite,

$$5\epsilon' - 2\epsilon + 5n't - 2nt = 141°,1433;$$
$$3\epsilon'' - \epsilon' + 3n''t - n't = 283,9084.$$

On aura encore,

$$(3662'',403 - t.\ 0'',1071 + t^2.0'',000103) = +\ 3811'',9;$$
$$-\ (8866,202 - t.\ 0,2477 + t^2.0,000252) = -\ 9220,5;$$
$$+\ (4°,6311 - t.235,811 + t^2.0,039) = 25°,7649;$$
$$+\ (4,6219 - t.236,644 + t^2.0,041) = 25,9431;$$

d'où résulte, pour la grande inégalité de Jupiter,

$$+\ 3811'',9 \sin(166°,91) - 37'',1 \sin(333°,82) = +\ 1925'',4,$$

et pour celle de Saturne,

$$-\ 9220'',5 \sin(167°,09) + 98'',3 \sin(334°,18) + 104'',2 \sin(188°,83) = -\ 4623'',2.$$

Maintenant, on peut achever le calcul avec les Tables.

On prendra dans la Table I, la longitude moyenne, etc., correspondante à l'année 1807, et dans la Table II, vis-à-vis — 800^{ans}, la longit. et les argumens des perturbations.

La Table III donnera, pour l'an 1007, la variation séculaire de la précession, pour la longitude, le périhélie et le nœud, ainsi que la correction de la plus grande équation du centre, qui doit être multipliée par le sinus de l'anomalie moyenne.

On écrira ensuite, au-dessous, les grandes inégalités; la somme sera la longitude moyenne corrigée.

Quant aux corrections des argumens des perturbations dépendantes des grandes inégalités, on pourra toujours se dispenser de les calculer directement; car il suffira de chercher dans les Tables XI de la grande inégalité, les corrections qu'on trouve vis-à-vis, en observant toutefois de changer les signes, si la grande inégalité est de signe contraire.

Le reste du calcul héliocentrique étant en tout semblable à celui que nous avons donné pour Jupiter, nous nous bornerons à en rapporter les résultats. (*Voyez* le deuxième tableau.)

Dans ce tableau, on a la longitude héliocentrique de Jupiter, égale à 169°,7960, et celle de Saturne, 174°,7031. Connaissant la longitude et la latitude héliocentrique, on trouvera facilement la longitude et la latitude géocentriques.

La longitude géocentrique de Jupiter, déduite des Tables, comptée de l'équinoxe apparent, est. . . . . 179°,9803
Celle de Saturne. . . . . 180 ,4994

La différence est égale à. . . . . 0 ,5191
Différence observée, 24′ sexagésimales, ou. . . . . 0 ,4444

Donc erreur relative des Tables. . . . . 0 ,0747
Ou erreur suivant l'ancienne division. . . . . 4′ 2″

La distance polaire géoc. de Jupiter, correspondante. . . . . . . = 98°,7594
Celle de Saturne. . . . . 97 ,8836

La différence. . . . . 0 ,8758
Différence observée, 40′, ou. . . . . 0 ,7407

Donc erreur des Tables. . . . . 0 ,1351
Erreur, suivant l'ancienne division. . . . . 7′ 18″

Ces erreurs sont dans les limites que comportent l'imperfection des observations anciennes.

Calcul d'un lieu complet de Jupiter, pour le 3 Novembre 1819,

Date.	Longitude moyenne.	Périhélie.	Nœud.	Argum. II.	Argum. III.
Inégalité de précession.....	.... 2″3	.... 6″	.... 2″		
1819.....................	351°89′64,3	12°69′60	109°56′69	8422	8578
Novembre..................	28.07.92,6	1.46	88	419	137
3^j.....................	0.18.47,3	1	1	3	1
7^h.....................	6.46,6			1	0
48′ 27″...................	0.44,5			31	52
Grande inégalité..........	0.35.74,4				
		— 12.71.13	109.57.60	8876	8768
Long. moyenne corrigée....	360.58.72,0	360.58.72	353.76.85		
Équation du centre.......	395.10.98,7	347.87.59	246.19.25		
Arg. II, Table XIII....	2.83,4	Argument Ier, ou anom. moyenne.	Argument XVII, ou arg. de latitude.		
III, Table XIV....	84,0				
IV, Table XV....	1.18,1				
V, Table XVI...	23,6				
VI, Table XVII...	40,5				
VII, Table XVIII..	7,4				
VIII, Table XIX...	55,1				
IX, Table XX....	61,0				
X, Table XXI...	1,7				
XI, Table XXII..	31,6				
XII, Table XXIII..	2,2				
XIII, Table XXIV..	3,8				
XIV, Table XXV..	0,0				
XV, Table XXVI..	1,9				
Longitude sur l'orbite......	355.36.85,0				
Réd. à l'éclipt., Table XLI..	— 83,1				
Longitude héliocentrique...	355.76.01,9				
Longitude de la Terre......	45.00.19,1				
Angle au Soleil, ou S.....	89.24.17,2				
Angle T + P.............	110.75.81,8				
½ (T + P)............	55.37.90,9				
½ (T — P)............	42.77.57,2				
Angle à la Terre, ou T...	98.15.48,1				
Longitude du Soleil.......	245.00.19,1				
Longit. géocentr. de Jupiter.	343.15.67,2				
Longitude observée........	343.15.84,7				
Erreur géocent. des Tables..	+ 17,5				

Argument Ier, Table XII..	295°05′64″0
Partie proportionnelle......	+ 5.65,9
Différences secondes.......	— 0,6
Variation séculaire........	— 30,6
Équation du centre.....	395°10′98″7

Argument Ier, Table XXVII.....	5,03370
Partie proportionnelle...........	— 270
Variation séculaire.............	— 20
Rayon vecteur elliptique.......	5,03090
Argument II, Table XXVIII....	358
III, Table XXIX.....	14
IV, Table XXX.......	163
V, Table XXXI.....	139
VI, Table XXXII.....	0
VII, Table XXXIII....	21
IX, Table XXXIV....	14
X, Table XXXV.....	0
XVI, Table XXXVI....	25
Rayon vecteur.................. r =	5,03824

Log. r = 0,7022789
Arg. XVII, Table XLII..... 9,9999495 = cos λ
Complément de log. R...... 0,0038232

Log. tang M............. = 0,7060516
M = 87° 63′ 15″,4
— 50

(M—50°) = 37.63.15,4 tang = 9,8268335
½ (T + P)... tang = 0,0737429

tang ½ (T — P) .... = 9,9005764
donc ½ (T — P)... = 42°77′57″2

à $7^h\,48'\,27''$ tems moyen à Paris, compté de minuit.

Argum. IV.	Argum. V.	Argum. VI.	Argum. VII.	Argum. VIII.	Argum. IX.	Argum. X.	Argum. XI.	Argum. XII.	Argum. XIV.	Argum. XV.
7005	5588	542	511	128	985	334	670	355	226	121
556	693	98	154	15	28	139	112	196	182	61
4	5	1	1	0	0	1	1	1	1	0
1	2									
83	236	11	7	— 8	— 2	15	4	11	17	1
7649	6424	652	673	135 —877	011	539	787	563 —652	426	183
				285 = XVI.				911 = XIII.		

Distance polaire.

Arg. XVII, Table XXXVII...	100° 96′ 39″ 1
Partie proportionnelle.........	+ 32,8
Variation séculaire............	— 9,2
	100.96.62,7
Arg. IV, Table XXXVIII.....	5,5
V, Table XXXIX......	22,3
III, Table XL..........	3,3
IX, Table XLI..........	3,0
Distance polaire héliocent... =	100.96.96,8
Latitude héliocentrique λ.... =	0.96.96,8 A
Tang. λ......... =	8,1827460
Sin. T.......... =	9,9998176
Compl. sin. S.......... =	0,0062690
Tang. latit. géoc...............	8,1888326
Lat. ou γ = 0° 98′ 33″,6 dist. pol. =	100° 98′ 32″ 8
Distance observée....... =	100.98.34,0
Erreur des Tables...... =	+ 1,2

Nutation et aberration.

Arg. N = 973, Table XLIII	+ 9″3
Arg. longit. du ⊙, Table XLIV	+ 3,4
Arg. (G — ⊙), Table XLV	+ 1,8
Arg. (H — G), Table XLVI	+ 27,0
Arg. G........, Table XLVII	+ 1,5
Aberrat. et nutat...........	+ 43,0
Longit. observée de ♃.........	334° 15′ 41,7
Longit. géoc. équinoxe moyen...	343.15.84,7
Log. sin. γ.......... =	8,18883
Compl. log. sin. λ.......... =	1,81730
	0,00613
Log. parallaxe moyenne........	0,71520
Log. parallaxe horizontale......	0,72133 = 5″,3
	0,00613
Log. ½ diamètre de ♃..........	1,77090
	1,77703
Demi-diamètre... =	59″,9.

Calcul des erreurs héliocentriques.

Longit. géoc. observée de ♃ =	343° 15′ 84″ 7		
Longit. du Soleil.......... =	245.00.19,1		
Angle à la Terre T′..........	098.15.65,6	sin. =	9,9998177
Log. tang. M.............			0,7060516
Log. sin. P′, ou parallaxe annuelle..........			9,2937661
Donc P′............ = +	12° 60′ 33″ 8		
Longit. observée...... =	343.15.84,7		
Longit. hélioc. observ.......	355.76.18,5		
Longit. des Tables..........	355.76.01,9		
Erreur héliocentrique........	+ 16,6		

Angle à la Terre T′ =	98° 15′ 65″ 6
P′ =	12.60.33,8
P′ + T′.....	110.75.99,4
S′.....	89.24.00,6
Sin. S′ = —	9,9937670
Sin. T′ =	9,9998177
Différence =	0,0060503
Tang. lat. observ.......	8,1888846
Tang. lat. hélioc........	8,1828249
ou dist. polaire.... =	100° 96′ 98″ 0
Tables.... =	100.96.96,8
Erreur de la dist. pol. hélioc.	+ 1″,2.

Calcul de la longitude héliocentrique de Jupiter, pour le

	Longitude moyenne.	Périhélie.	Nœud.	Argum. II.	Argum. III.
Années { 1807	327° 05′ 63″ 6	12° 48′ 60″	109° 43′ 98″	2379	6608
Années { —800	211.77.04,7	385.99.59	391.52.52	7184	8677
Octobre	25.21.59,1	1.31	79	377	123
31 jours	2.77.09,8	0.14	09	41	13
1^h 60′	1.47,8	5.50	210	16	28
Variation séculaire	2.10,5	398.55.14	100.99.48	9997	5449
Grande inégalité	+ 0.19.25,4	167.04.20	169.80.29		
	167.04.20,4	168.49.06	68.80.81		
Équation du centre	2.47.63,3	Argument Ier.	Argument XVII.		
Perturbations	0.28.45,7				
Longit. sur l'orbite	169.80.29,4				
Réduct. à l'écliptique	— 69,6				
Longit. hélioc. de ♃	169.79.59,8				

2° 58′ 38″ 7
—4.00,3 partie proport.
—6.62,3 sécul.
— 12,8 dimin. sécul.
2.47.63,3 équat. du centre.

Arg. II	764″ 9	Arg. IX	31″ 6
III	481,4	X	1,0
IV	443,4	XI	6,4
V	994,5	XII	4,8
VI	13,1	XIII	3,7
VII	55,6	XIV	0,7
VIII	43,8	XV	0,8
			2845,7 perturbations.

Calcul de la Longitude héliocentrique de Saturne,

	Longitude moyenne.	Périhélie.	Nœud.	Argum. II.	Argum. III.
Années { 1807	231° 90′ 20″ 1	99° 19′ 32″	124° 43′ 89″	2379	6608
Années { —800	324.83.54,4	382.86.58	392.41.01	7184	8677
Octobre	10.16.09,3	1.60	71	377	123
31 jours	1.11.65,9	18	8	41	14
1^h 60′	0.59,3		0	16	28
Variation séculaire	2.10,5	4.82	2.10		
Grande inégalité	— 0.46.23,2	82.12.50	116.87.79	9997	5450
	167.57.96,3	167.57.96	174.73.24		
Équation du centre	6.96.41,7	85.45.46	57.85.45		
Perturbations	0.18.86,1	Argument Ier.	Argument XVIII.		
Longit. sur l'orbite	174.73.24,1				
Réduct. à l'écliptique	— 2.92,7				
Longit. hélioc. de ♄	174.70.31,4				

Arg. II	248″ 6	Arg. X	7″ 5
III	1331,2	XI	18,1
IV	13,1 — 38″,4 sécul.	XII	0,5
V	41,0	XIII	7,4
VI	119,4	XIV	5,7
VII	2,8	XV	24,4
VIII	71,2	XVI	4,9
IX	26,0	XVII	2,7
			1886,1 perturbations.

6° 64′ 78″ 2
+ 81,6 partie proport.
+0.31.27,6 sécul.
— 45,7 dimin. sécul.
6.96.41,7 équat. du cent.

31 *Octobre* 1007, *à* 1ʰ 60′ *tems moyen à Paris.*

Argum. IV.	Argum. V.	Argum. VI.	Argum. VII.	Argum. VIII.	Argum. IX.	Argum. X.	Argum. XI.	Argum. XII.	Argum. XIV.	Argum. XV.
8991	5603	136	291	917	578	394	054	531	612	252
5775	4387	307	998	968	841	030	277	712	751	082
500	622	88	138	13	25	125	100	176	163	54
55	68	10	15	1	3	14	11	20	18	6
45	73	5	3	— 3	— 1	7	2	5	8	1
5366	0753	546	445	896	446	550	444	444	552	395
				545				— 546		
				351 = XVI.				898 = XIII.		

5,41762
+ 86 partie proportionnelle.
— 570 séculaire.
+ 547 perturbations.

5,41825 = r ou rayon vecteur.

Log. r = 0,7338591
Cos. λ = 9,9999105

Log. r cos. λ = 0,7337696.

98°71′84″5
— 88,1 partie proportionnelle.
— 4.48,4 séculaire.
+ 2,3 perturbations.

98.66.50,3 = distance polaire.
λ = 1.33.49,7 = latitude hélioc. de ♃.

pour le 31 *octobre* 1007, *à* 1ʰ 60′ *tems moyen à Paris.*

Argum. IV.	Argum. V.	Argum. VI.	Argum. VII.	Argum. VIII.	Argum. IX.	Argum. X.	Argum. XI.	Argum. XIII.	Argum. XIV.	Argum. XV.	Argum. XVI.
3226	916	898	816	063	136	053	558	014	466	451	607
7209	987	602	561	661	307	277	468	363	249	883	569
245	13	49	63	24	88	101	62	16	24	8	58
27	1	5	8	13	10	11	6	2	3	1	6
57	— 3	4	0	12	6	2	7	— 1	— 2	— 1	— 3
0764	914	558	448	763	547	444	101	392	740	342	237
			101					— 342			
			347 = XII.					030 = XVII.			

9,41161
+ 380 partie proportionnelle.
— 282 séculaire.

9,41259
+ 4050 perturbations.

9,45309 = r' ray. vect.

log r' = 0,9755740
cos λ' = 9,9997434

log r' cos λ'...... 0,9753174

97°83′46″9
— 2.30,4 partie proportionnelle.
— 2.99,2 séculaire.

97.78.17,3
+ 16,8 perturbations.

97.78.34,1 = distance polaire.
λ' = 2.21.65,9 = latitude héliocent. de ♄.

ERRATA.

Introduction, page vj, ligne 4 en remontant, *effacez* une seule s'élève à 45″

Page 41 des Tables. Aberration d'Uranus, argument G, vis-à-vis 175°, *changez* le signe — en + et le signe + en —

TABLES
DE JUPITER.

TABLE I. ÉPOQUES DES MOYENS

Ces Époques sont pour le Minuit moyen qui sépare

Années.	Longitude moyenne.	Périhélie.	Nœud.	Argument II.	Argument III.	Argument IV.
1750	4° 18′ 14″ 9	11° 48′ 84″	108° 83′ 62″	3678	7251	0928
1751	37.89.50,7	11.50.59	108.84.67	4181	7415	1596
1752.B	71.60.86,5	11.52.34	108.85.73	4684	7579	2263
1753	105.41.46,0	11.54.10	108.86.79	5189	7743	2932
1754	139.12.81,7	11.55.84	108.87.85	5692	7907	3600
1755	172.84.17,6	11.57.59	108.88.91	6195	8072	4267
1756.B	206.55.53,4	11.59.34	108.89.97	6698	8236	4934
1757	240.36.12,9	11.61.10	108.91.03	7203	8400	5604
1758	274.07.48,7	11.62.84	108.92.09	7706	8564	6271
1759	307.78.84,5	11.64.59	108.93.15	8209	8728	6938
1760.B	341.50.20,3	11.66.34	108.94.21	8712	8892	7606
1761	375.30.79,8	11.68.09	108.95.26	9217	9057	8275
1762	9.02.15,6	11.69.85	108.96.32	9720	9221	8942
1763	42.73.51,4	11.71.60	108.97.38	0223	9385	9610
1764.B	76.44.87,2	11.73.34	108.98.44	0726	9549	0277
1765	110.25.46,7	11.75.10	108.99.50	1231	9713	0946
1766	143.96.82,5	11.76.85	109.00.56	1734	9877	1613
1767	177.68.18,3	11.78.60	109.01.62	2237	0041	2281
1768.B	211.39.54,1	11.80.35	109.02.68	2742	0205	2948
1769	245.20.13,6	11.82.10	109.03.74	3245	0370	3617
1770	278.91.49,4	11.83.85	109.04.79	3748	0534	4285
1771	312.62.85,2	11.85.60	109.05.85	4252	0698	4952
1772.B	346.34.21,0	11.87.35	109.06.91	4755	0862	5619
1773	380.14.80,5	11.89.10	109.07.97	5259	1027	6289
1774	13.86.16,3	11.90.85	109.09.03	5762	1191	6956
1775	47.57.52,1	11.92.60	109.10.09	6266	1355	7623
1776.B	81.28.87,9	11.94.35	109.11.15	6769	1519	8291
1777	115.09.47,4	11.96.10	109.12.21	7273	1683	8960
1778	148.80.83,2	11.97.85	109.13.27	7777	1847	9627
1779	182.52.19,0	11.99.60	109.14.33	8280	2012	0294

MOUVEMENS DE JUPITER.

le 31 Décembre et le premier Janvier de chaque année.

Années	Argument V.	Argument VI.	Argument VII.	Argum. VIII.	Argum. IX.	Argum. X.	Argum. XI.	Argum. XII.	Argum. XIV.	Argum. XV.
1750	8179	461	746	918	643	828	378	114	196	126
1751	9011	578	931	935	677	996	513	349	414	198
1752	9842	695	116	953	711	163	648	584	639	270
1753	0676	812	301	970	744	331	782	820	850	343
1754	1508	929	486	988	778	498	917	055	067	415
1755	2339	046	671	005	812	666	052	291	285	488
1756	3170	163	856	023	846	833	186	526	503	560
1757	4004	280	041	040	880	001	321	761	721	632
1758	4836	398	226	058	914	168	455	997	939	705
1759	5667	515	411	075	948	336	590	232	157	777
1760	6499	632	596	093	982	503	725	467	374	850
1761	7333	749	781	111	016	671	859	703	592	922
1762	8164	866	966	128	050	838	994	938	810	994
1763	8995	983	151	146	084	005	129	174	028	067
1764	9827	100	336	163	118	173	263	409	246	139
1765	0661	217	521	181	152	340	398	644	463	212
1766	1492	334	706	198	186	508	533	880	681	284
1767	2324	452	891	216	220	675	667	115	899	356
1768	3155	569	076	233	254	843	802	350	117	429
1769	3989	686	261	251	288	010	937	586	335	501
1770	4820	803	446	268	322	178	071	821	553	574
1771	5652	920	631	286	355	345	206	056	770	646
1772	6483	037	816	304	389	513	341	292	988	718
1773	7317	154	001	321	423	680	475	527	206	791
1774	8149	271	186	339	457	848	610	763	424	863
1775	8980	388	371	356	491	015	745	998	642	935
1776	9812	506	556	374	525	183	879	233	860	007
1777	0645	623	741	391	559	350	014	469	077	080
1778	1477	740	926	409	593	518	149	704	295	152
1779	2308	857	111	4[illegible]6	627	685	283	939	513	225

Années.	Longitude moyenne.	Périhélie.	Nœud.	Argument II.	Argument III.	Argument IV.
1780.B	216°23′54″8	12°01′35″	109°15′39″	8783	2176	0962
1781	250.04.14,3	12.03.10	109.16.44	9288	2340	1631
1782	283.75.50,1	12.04.85	109.17.50	9791	2504	2298
1783	317.46.85,9	12.06.60	109.18.56	0294	2668	2966
1784.B	351.18.21,7	12.08.35	109.19.62	0797	2832	3633
1785	384.98.81,2	12.10.10	109.20.68	1302	2997	4302
1786	18.70.17,0	12.11.85	109.21.74	1805	3161	4969
1787	52.41.52,8	12.13.60	109.22.80	2308	3325	5637
1788.B	86.12.88,6	12.15.35	109.23.86	2811	3489	6304
1789	119.93.48,1	12.17.10	109.24.92	3316	3653	6973
1790	153.64.83,9	12.18.85	109.25.96	3819	3818	7641
1791	187.36.19,7	12.20.60	109.27.03	4322	3982	8308
1792.B	221.07.55,5	12.22.35	109.28.09	4825	4146	8976
1793	254.88.15,0	12.24.11	109.29.15	5330	4310	9645
1794	288.59.50,8	12.25.85	109.30.21	5833	4474	0312
1795	322.30.86,6	12.27.60	109.31.27	6336	4638	0979
1796.B	356.02.22,4	12.29.35	109.32.33	6839	4802	1647
1797	389.82.81,9	12.31.11	109.33.39	7344	4967	2316
1798	23.54.17,7	12.32.85	109.34.45	7847	5131	2983
1799	57.25.53,5	12.34.60	109.35.51	8350	5295	3651
1800.C	90.96.89,3	12.36.36	109.36.57	8855	5459	4318
1801	124.68.25,1	12.38.10	109.37.62	9358	5623	4985
1802	158.39.60,9	12.39.85	109.38.68	9861	5787	5653
1803	192.10.96,7	12.41.60	109.39.74	0364	5951	6320
1804.B	225.82.32,5	12.43.36	109.40.80	0868	6115	6988
1805	259.62.92,0	12.45.10	109.41.86	1372	6280	7657
1806	293.34.27,8	12.46.86	109.42.92	1875	6444	8324
1807	327.05.63,6	12.48.60	109.43.98	2379	6608	8991
1808.B	360.76.99,4	12.50.35	109.45.04	2882	6772	9659
1809	394.57.58,9	12.52.10	109.46.10	3386	6936	0327
1810	28.28.94,7	12.53.85	109.47.16	3890	7100	0995
1811	62.00.30,5	12.55.60	109.48.21	4393	7264	1663
1812.B	95.71.66,3	12.57.35	109.49.27	4896	7428	2330
1813	129.52.25,8	12.59.11	109.50.33	5400	7593	2999
1814	163.23.61,6	12.60.85	109.51.39	5904	7757	3667
1815	196.94.97,4	12.62.60	109.52.45	6407	7921	4334
1816.B	230.66.33,2	12.64.35	109.53.51	6910	8085	5001
1817	264.46.92,7	12.66.11	109.54.57	7415	8251	5670
1818	298.18.28,5	12.67.85	109.55.63	7919	8414	6337
1819	331.89.64,3	12.69.60	109.56.69	8422	8578	7005

Années	Argument V.	Argument VI.	Argument VII.	Argum. VIII.	Argum. IX.	Argum. X.	Argum. XI.	Argum. XII.	Argum XIV.	Argum. XV.
1780	3140	974	296	444	661	853	418	175	731	297
1781	3974	091	481	461	695	020	553	410	949	369
1782	4805	208	666	479	729	187	687	645	166	440
1783	5636	325	851	496	763	355	822	881	384	512
1784	6468	443	036	514	797	522	957	116	602	585
1785	7302	560	221	532	831	690	091	352	820	657
1786	8133	677	406	549	865	857	226	587	038	729
1787	8965	794	591	566	897	025	361	822	256	802
1788	9796	911	777	584	933	192	495	058	473	874
1789	0630	028	961	602	967	360	630	293	691	947
1790	1461	145	146	619	001	527	765	528	909	019
1791	2293	262	331	637	034	695	899	764	127	091
1792	3124	379	516	654	068	862	034	999	345	164
1793	3958	497	701	672	102	030	169	234	563	236
1794	4789	614	886	689	136	197	303	470	780	309
1795	5621	731	071	707	170	365	438	705	998	381
1796	6452	848	257	724	204	532	573	941	216	453
1797	7286	965	441	742	238	699	707	176	434	526
1798	8118	082	626	760	272	867	842	411	652	598
1799	8949	199	811	777	306	034	977	647	870	671
1800	9781	316	996	795	340	202	111	882	087	743
1801	0612	433	181	812	374	369	246	117	305	817
1802	1443	551	366	830	408	537	381	353	523	890
1803	2275	668	551	847	442	704	515	588	741	962
1804	3106	785	736	865	476	872	650	823	959	035
1805	3940	902	921	882	510	039	785	059	176	107
1806	4772	019	106	900	544	207	919	295	394	180
1807	5603	136	291	917	578	374	054	531	612	252
1808	6435	253	476	935	612	542	188	766	830	324
1809	7268	370	661	952	646	709	323	001	048	397
1810	8100	488	846	970	680	877	456	237	266	469
1811	8931	605	031	988	713	044	592	471	483	542
1812	9763	722	216	005	747	212	727	706	701	614
1813	0597	839	401	023	781	379	862	943	920	686
1814	1428	956	586	040	815	546	996	178	137	759
1815	2260	073	771	058	849	714	131	413	355	831
1816	3091	190	956	075	883	881	266	649	572	904
1817	3925	307	141	093	917	049	400	884	790	976
1818	4756	424	326	110	951	216	535	120	008	048
1819	5588	542	511	128	985	384	670	355	226	121

Années.	Longitude moyenne.	Périhélie.	Nœud.	Argument II.	Argument III.	Argument IV.
1820.B	365°61′00″1	12°71′35″	109°57′75″	8926	8742	7673
1821	399.41.59,6	12.73.11	109.58.80	9430	8906	8342
1822	33.12.95,4	12.74.86	109.59.86	9933	9070	9009
1823	66.84.31,2	12.76.61	109.60.92	0436	9235	9677
1824.B	100.55.67,0	12.78.35	109.61.98	0940	9399	0344
1825	134.36.26,5	12.80.11	109.63.04	1444	9563	1013
1826	168.07.62,3	12.81.86	109.64.10	1947	9727	1680
1827	201.78.98,1	12.83.61	109.65.16	2451	9891	2347
1828.B	235.50.33,9	12.85.36	109.66.22	2954	0055	3015
1829	269.30.93,4	12.87.11	109.67.28	3458	0211	3684
1830	303.02.29,2	12.88.86	109.68.34	3962	0384	4352
1831	336.73.65,0	12.90.61	109.69.39	4465	0548	5019
1832.B	370.45.00,8	12.92.36	109.70.45	4968	0712	5686
1833	4.25.60,3	12.94.11	109.71.51	5473	0876	6356
1834	37.96.96,1	12.95.86	109.72.57	5976	1040	7023
1835	71.68.31,9	12.97.61	109.73.63	6479	1205	7690
1836.B	105.39.67,7	12.99.36	109.74.69	6982	1370	8358
1837	139.20.27,2	13.01.11	109.75.75	7487	1534	9027
1838	172.91.63,0	13.02.86	109.76.81	7990	1698	9694
1839	206.62.98,8	13.04.61	109.77.87	8493	1862	0362
1840.B	240.34.34,6	13.06.36	109.78.93	8996	2026	1029
1841	274.14.94,1	13.08.11	109.79.98	9501	2190	1698
1842	307.86.29,9	13.09.86	109.81.04	0004	2354	2366
1843	341.57.65,7	13.11.61	109.82.10	0507	2518	3033
1844.B	375.29.01,5	13.13.36	109.83.16	1010	2682	3700
1845	9.09.61,0	13.15.11	109.84.22	1515	2847	4370
1846	42.80.96,8	13.16.86	109.85.28	2018	3011	5037
1847	76.52.32,6	13.18.61	109.86.34	2521	3175	5704
1848.B	110.23.68,4	13.20.36	109.87.40	3024	3339	6372
1849	144.04.27,9	13.22.11	109.88.46	3529	3504	7041
1850	177.75.63,7	13.23.86	109.89.52	4032	3668	7708
1851	211.46.99,5	13.25.62	109.90.57	4536	3832	8376
1852.B	245.18.35,3	13.27.36	109.91.63	5039	3996	9043
1853	278.98.94,8	13.29.12	109.92.69	5543	4160	9712
1854	312.70.30,6	13.30.87	109.93.75	6047	4324	0379
1855	346.41.66,4	13.32.62	109.94.81	6550	4488	1047
1856.B	380.13.02,2	13.34.37	109.95.87	7053	4652	1714
1857	13.93.61,7	13.36.12	109.96.93	7557	4817	2383
1858	47.64.97,5	13.37.87	109.97.99	8061	4981	3051
1859	81.36.33,3	13.39.62	109.99.05	8564	5145	3718

Années	Argument V.	Argument VI.	Argument VII.	Argum. VIII.	Argum. IX.	Argum. X.	Argum. XI.	Argum. XII.	Argum. XIV.	Argum. XV.
1820	6419	659	696	145	019	551	804	590	444	193
1821	7253	776	881	163	053	719	939	826	662	266
1822	8084	893	066	180	087	886	074	061	879	338
1823	8916	010	251	198	121	054	208	296	097	410
1824	9747	127	436	216	155	221	343	532	315	483
1825	0581	244	621	233	189	389	478	767	533	555
1826	1413	361	806	251	223	556	612	002	751	628
1827	2244	478	991	268	257	724	747	238	968	700
1828	3076	596	176	286	291	891	882	473	186	772
1829	3909	713	361	303	325	059	016	708	404	845
1830	4741	830	546	321	358	226	151	944	622	917
1831	5572	947	731	338	391	393	285	178	840	990
1832	6404	064	916	356	425	561	420	413	058	062
1833	7238	184	101	373	460	728	555	649	275	134
1834	8069	298	286	391	494	896	689	884	493	207
1835	8900	415	471	408	528	063	824	120	711	279
1836	9732	533	656	426	562	231	959	355	929	352
1837	0566	650	841	444	596	398	093	590	147	424
1838	1397	767	026	461	630	566	228	826	364	496
1839	2228	884	211	479	664	733	363	061	582	569
1840	3060	001	397	496	698	901	497	296	800	641
1841	3894	118	581	514	732	068	632	532	018	714
1842	4725	235	766	531	766	236	767	767	236	786
1843	5556	352	951	549	800	403	901	002	454	858
1844	6388	469	137	566	834	571	036	238	671	931
1845	7222	587	321	584	868	738	171	473	889	003
1846	8054	704	506	601	902	906	305	708	107	076
1847	8885	821	691	619	936	073	440	944	324	148
1848	9717	938	876	637	970	240	574	179	543	220
1849	0550	055	062	654	003	408	709	415	760	293
1850	1382	172	246	672	037	576	844	650	978	365
1851	2213	289	431	690	071	743	979	885	196	438
1852	3045	406	616	707	105	911	113	121	414	510
1853	3878	523	801	725	139	078	248	356	632	582
1854	4710	640	986	742	173	246	383	591	850	655
1855	5541	758	171	760	207	413	517	827	068	727
1856	6373	875	356	777	241	581	652	062	285	800
1857	7207	992	541	795	275	748	787	297	503	872
1858	8038	109	726	812	309	915	921	533	721	944
1859	8870	226	911	830	345	082	056	768	939	017

Années.	Longitude moyenne.	Périhélie.	Nœud.	Argument II.	Argument III.	Argument IV.
1860.B	115°07′69″1	13°41′37″	110°00′11″	9067	5309	4385
1861	148.88.28,6	13.43.13	110.01.16	9572	5473	5054
1862	182.59.64,4	13.44.88	110.02.22	0075	5638	5722
1863	216.31.00,2	13.46.74	110.03.28	0578	5802	6389
1864.B	250.02.36,0	13.48.38	110.04.34	1082	5966	7056
1865	283.82.95,5	13.50.13	110.05.40	1586	6130	7727
1866	317.54.31,3	13.51.88	110.06.46	2090	6294	8393
1867	351.25.67,1	13.53.63	110.07.52	2592	6458	9060
1868.B	384.97.02,9	13.55.38	110.08.58	3096	6622	9728
1869	18.77.62,4	13.57.14	110.09.64	3600	6787	0397
1870	52.48.98,2	13.58.89	110.10.70	4104	6951	1064
1871	86.20.34,0	13.60.64	110.11.75	4607	7115	1732
1872.B	119.91.69,8	13.62.39	110.12.81	5109	7279	2399
1873	153.72.29,3	13.64.15	110.13.87	5614	7443	3068
1874	187.43.65,1	13.65.90	110.14.93	6118	7607	3736
1875	221.15.00,9	13.67.66	110.15.99	6621	7772	4403
1876.B	254.86.36,7	13.69.41	110.17.05	7124	7936	5070
1877	288.66.96,2	13.71.16	110.18.11	7629	8100	5739
1878	322.38.32,0	13.72.92	110.19.17	8132	8264	6407
1879	356.09.67,8	13.74.67	110.20.23	8635	8428	7074
1880.B	389.81.03,6	13.76.43	110.21.29	9138	8592	7742
1881	23.61.63,1	13.78.18	110.22.34	9641	8757	8411
1882	57.32.98,9	13.79.93	110.23.40	0146	8921	9078
1883	91.04.34,7	13.81.68	110.24.46	0649	9085	9745
1884.B	124.75.70,5	13.83.43	110.25.52	1153	9249	0413
1885	158.56.30,0	13.85.18	110.26.58	1656	9413	1082
1886	192.27.65,8	13.86.93	110.27.64	2159	9578	1749
1887	225.99.01,6	13.88.68	110.28.70	2662	9742	2417
1888.B	259.70.37,4	13.90.44	110.29.76	3166	9906	3084
1889	293.50.96,9	13.92.18	110.30.82	3670	0070	3753
1890	327.22.32,7	13.93.94	110.31.98	4173	0234	4421
1891	360.93.68,5	13.95.68	110.33.03	4677	0398	5088
1892.B	394.65.04,3	13.97.44	110.34.09	5180	0562	5755
1893	28.45.63,8	13.99.18	110.35.15	5684	0727	6425
1894	62.16.99,6	14.00.94	110.36.21	6188	0891	7092
1895	95.88.35,4	14.02.69	110.37.27	6691	1055	7759
1896.B	129.59.71,2	14.04.44	110.38.33	7194	1219	8427
1897	163.40.30,7	14.06.20	110.39.39	7699	1384	9096
1898	197.11.66,5	14.07.94	110.40.45	8202	1548	9763
1899	230.83.03,3	14.09.69	110.41.51	8705	1712	0431
1900.C	264.54.38,1	14.11.44	110.42.57	9208	1876	1098

Années	Argument V.	Argument VI.	Argument VII.	Argum. VIII.	Argum. IX.	Argum. X.	Argum. XI.	Argum. XII.	Argum. XIV.	Argum. XV.
1860	9701	344	096	847	377	250	190	004	157	089
1861	0535	460	281	865	410	418	325	239	374	162
1862	1366	577	466	882	444	585	460	474	592	234
1863	2198	694	651	900	478	753	595	710	810	305
1864	3029	812	836	917	512	920	729	945	028	379
1865	3863	929	021	935	546	088	864	180	246	451
1866	4695	046	206	952	580	255	999	416	464	524
1867	5526	163	391	970	614	423	133	651	681	596
1868	6357	280	576	988	648	590	268	887	899	668
1869	7191	397	761	005	682	758	403	122	117	741
1870	8023	514	946	023	716	925	537	357	335	813
1871	8854	632	131	040	751	093	672	593	553	886
1872	9686	749	316	058	785	260	807	828	770	958
1873	0519	866	501	075	819	427	941	064	988	030
1874	1351	983	686	093	853	595	076	299	206	103
1875	2182	100	871	110	867	762	211	534	424	175
1876	3014	217	056	128	921	930	345	770	642	248
1877	3848	334	241	145	955	097	480	005	860	320
1878	4679	451	426	163	989	265	615	240	077	392
1879	5511	568	611	180	023	432	749	476	295	465
1880	6342	685	796	198	057	600	884	711	513	537
1881	7174	803	981	215	090	767	019	946	731	610
1882	8005	920	166	233	124	935	153	182	949	682
1883	8836	037	351	250	158	102	288	417	166	754
1884	9668	154	536	268	192	270	423	653	384	827
1885	0501	271	721	285	226	437	557	888	602	899
1886	1333	388	906	303	260	605	692	123	820	972
1887	2164	505	091	320	294	772	827	359	038	044
1888	2996	622	276	338	328	940	961	594	255	116
1889	3830	740	461	355	362	107	096	829	473	189
1890	4661	857	646	373	396	275	231	065	691	261
1891	5492	974	831	390	430	442	365	300	909	334
1892	6324	091	016	408	463	609	500	536	127	406
1893	7169	208	201	426	496	777	635	771	345	478
1894	7989	325	386	443	531	944	769	006	563	551
1895	8821	442	571	460	565	112	904	242	780	623
1896	9652	559	756	478	599	279	039	477	998	696
1897	0486	677	941	495	633	447	173	712	216	768
1898	1318	794	126	513	666	614	308	948	434	840
1899	2149	911	311	531	700	782	443	183	652	913
1900	2980	028	496	548	734	949	577	419	870	985

TABLE II. Mouvemens moyens de Jupiter, pour les siècles
du dix-neuvième siècle, c'est-à-dire aux
sivement, pour avoir celles des années

Années.	Longitude moyenne.	Périhélie.	Nœud.	Argument II.	Argument III.	Argument IV.
a. J. C.						
— 2300	6°76′ 18″7	359°73′ 51″	375°63′ 33″	1866	2437	4059
2200	180.42.91,4	361.48.58	376.69.27	2221	8853	0840
2100	354.09.63,5	363.23.66	377.75.21	2576	5269	7621
2000	127.76.35,9	364.98.73	378.81.15	2930	1685	4403
1900	301.43.08,3	366.73.81	379.87.09	3285	8101	1184
— 1800	75.09.80,7	368.48.88	380.93.03	3639	4517	7965
1700	248.76.53,1	370.23.96	381.98.97	3994	0933	4745
1600	22.43.25,5	371.99.04	383.04.91	4348	7349	1527
1500	196.09.97,9	373.74.11	384.10.85	4702	3765	8308
1400	369.76.70,3	375.49.19	385.16.79	5056	0181	5089
— 1300	143.43.42,7	377.24.27	386 22.73	5410	6597	1869
1200	317.10.15,1	378.99.34	387.28.76	5764	3013	8650
1100	90.76.87,5	380.74.42	388.34.70	6118	9429	5431
1000	264.43 59,9	382.49.48	389.40.64	6476	5845	2212
900	38.10.32,3	384.24.53	390.46.58	6830	2261	8993
— 800	211.77.04,7	385.99.59	391.52.52	7184	8677	5775
700	385.43.77,1	387.74.45	392.58.46	7538	5093	2555
600	159.10.49,5	389.49.71	393.64.40	7892	1509	9337
500	332.77.21,9	391.24.77	394.70.34	8246	7925	6117
400	106.43.94,3	392.99.82	395.76.28	8600	4341	2899
—J. 300	280.10 66,7	394.74.88	396.82.22	8954	0757	9679
G. 300	279.18.30,1	394.74.84	396.82.19	8940	0752	9661
200	52.85.02,5	396.49.89	397.88.13	9294	7168	6442
— 100	226.42.51,3	398.24.95	398.94.06	9647	3584	3221
+ 100	173.57.48,7	1.75.05	1.05.94	0353	6416	6779
+ 200	347.24 21,1	3.50.11	2.11.88	0707	2832	3560
300	120.81.69,8	5.25.16	3.17.78	1060	9248	0339
400	294.39.18,5	7.00.24	4.23.72	1413	5664	7118
500	67.96.67,2	8.75.30	5.29.66	1766	2080	3897
600	241.63.39,6	10.50.44	6.35.60	2120	8496	0678
+ 700	15.20.88,3	12.25.49	7.41.54	2473	4913	7457
800	188.78.37,0	14.00.54	8.47.48	2826	1330	4236
900	362.35.85,7	15.75.69	9.53.42	3179	7747	1015
1000	136.02.58,1	17.50.65	10.59.36	3533	4163	7796
+ 1100	309.60.06,8	19.25.70	11.65.30	3886	0580	4779

Supplément à la Table précédente. (Siècles antérieur

Années.	Longitude moyenne.	Périhélie.	Nœud.	Argument II.	Argument III.	Argument IV.
100	226.33.27,6	398.24.94	398.94.06	9645	3584	3219
200	52.66.55,2	396.49.89	397.88.32	9291	7167	6438
300	278.99.82,8	394.74.82	396.82.38	8937	0751	9657
400	105.33.10,4	392.99.76	395 76.64	8582	4334	2876
500	231.66.38,0	391.24.70	394.70.70	8228	7918	6095
600	157.99.65,5	389.49.64	393.64.76	7874	1502	9314
700	384.32.93,3	387.74.58	392.59.02	7519	5085	2533
800	210.66.20,8	385.99.52	391.53.08	7164	8668	5752
1000	263.32.76,0	382.49.40	389.40.60	6455	5836	2190
2000	126.65.52,0	364.98.80	378.81.20	2910	1672	4380

passés et futurs, ou Table de ce qu'il faut ajouter aux époques époques de la Table première, depuis 1801 jusqu'à 1900 inclu- correspondantes dans les autres siècles.

Années	Argum. V.	Argum. VI.	Argum. VII.	Argum. VIII.	Argum. IX.	Argum. X.	Argum. XI.	Argum. XII.	Argum. XIV.	Argum. XV.
−2300	6312	627	488	658	916	825	287	657	021	482
2200	9517	339	988	412	311	572	753	194	803	722
2100	2722	051	488	166	706	319	219	731	585	962
2000	5927	763	989	920	101	066	685	268	367	202
1900	9132	475	490	674	496	813	151	805	149	442
−1800	2337	187	991	428	891	560	617	342	931	682
1700	5542	899	491	182	286	307	083	879	713	922
1600	8747	611	991	936	681	054	549	416	495	162
1500	1952	323	491	690	076	801	015	953	277	402
1400	5157	035	992	444	471	548	481	490	059	642
−1300	8362	747	493	198	866	295	947	027	841	882
1200	1567	459	994	952	261	042	413	564	623	122
1100	4772	171	495	706	656	789	879	101	405	362
1000	7977	883	996	460	051	536	345	638	187	602
900	1182	595	497	214	446	283	811	175	969	842
− 800	4387	307	998	968	841	030	277	712	751	082
700	7592	019	499	722	236	777	743	249	533	322
600	0797	731	1000	476	631	524	209	786	315	562
500	4002	443	501	230	026	271	675	323	097	802
400	7207	155	002	984	421	018	141	860	879	042
− 300	0412	867	503	738	816	765	607	397	661	282
300	0389	864	498	738	815	760	603	390	655	280
200	3594	576	999	494	210	507	069	927	437	520
− 100	6797	288	500	246	605	254	535	464	219	760
+ 100	3203	712	500	754	395	746	435	536	781	240
+ 200	6408	424	001	508	790	493	900	073	563	480
300	9611	136	501	262	185	239	336	609	344	720
400	2814	848	001	016	580	985	771	145	125	960
500	6017	560	501	770	975	731	206	681	906	200
600	9222	272	002	524	370	478	672	218	688	440
+ 700	2425	984	502	278	765	224	107	754	469	680
800	5628	696	002	032	160	970	542	290	250	920
900	8831	408	502	786	555	716	977	826	031	160
1000	2036	120	003	540	950	463	443	363	813	400
+1100	5239	832	503	294	345	209	878	899	594	640

au dix-neuvième, années Juliennes.)

Années	Argum. V.	Argum. VI.	Argum. VII.	Argum. VIII.	Argum. IX.	Argum. X.	Argum. XI.	Argum. XII.	Argum. XIV.	Argum. XV.
100	6795	288	499	246	605	253	534	463	218	760
200	3589	576	998	492	210	506	068	926	436	520
300	0384	864	497	738	815	759	602	389	654	280
400	7178	152	996	984	420	012	136	852	872	040
500	3973	440	495	230	025	265	670	315	090	800
600	0768	728	994	476	630	518	204	778	308	560
700	7562	016	493	722	235	771	738	241	526	320
800	4356	304	992	968	840	024	272	704	744	080
1000	7946	880	990	460	050	530	340	630	180	600
2000	5892	760	980	920	100	060	680	260	360	200

TABLE III.

Variations séculaires de la précession des Équinoxes, du Périhélie, du Nœud et de la plus grande Équation du centre de Jupiter.

Années.	Correction de la Longitude.	Differ.	Correction du Périhélie.	Differ.	Correction du Nœud.	Differ.	Correction de la plus grande équat. du centre.	Differ.
— 300	+ 15′ 70″ 7	1′ 47″ 9	+ 41′ 68″	3′ 95″	+ 15′ 71″	1′ 48″	— 2′ 04″ 4	19″ 5
— 200	14.22,8	1.40,7	37.73	3.76	14.23	1.41	1.84,9	18,5
— 100	12.82,1	1.33,5	33.97	3.56	12.82	1.33	1.66,4	17,5
0	11.48,6	1.26,3	30.41	3.36	11.49	1.27	1.48,9	16,5
+ 100	10.22,3		27.05		10.22		1.32,4	
		1.19,3		3.17		1.19		15,6
200	+ 9.03,0	1.11,5	+ 23.88	2.97	+ 9.03	1.11	— 1.16,8	14,6
300	7.91,5	1.04,7	20.91	2.78	7.92	1.05	1.02,2	13,6
400	6.86,8	97,3	18.13	2.58	6.87	97	0.88,6	12,6
500	5.89,5	89,9	15.55	2.38	5.90	90	0.76,0	11,7
600	4.99,6		13.17		5.00		0.64,3	
		82,5		2.18		83		10,7
700	+ 4.17,1	75,1	+ 10.99	1.99	+ 4.17	76	— 0.53,6	9,7
800	3.42,0	67,7	9.00	1.79	3.41	67	0.43,9	8,8
900	2.74,3	59,7	7.21	1.60	2.74	59	0.35,1	7,7
1000	2.14,6	52,8	5.61	1.39	2.15	53	0.27,4	6,9
1100	1.61,8		4.22		1.62		0.20,5	
		46,3		1.20		46		5,8
1200	+ 1.15,5	37,8	+ 3.02	99	+ 1.16	38	— 0.14,7	4,9
1300	0.77,7	30,3	2.03	80	0.78	31	0.09,8	3,8
1400	0.47,4	23,1	1.23	60	0.47	23	0.06,0	3,0
1500	0.24,3	15,3	0.63	40	0.24	15	0.03,0	1,9
1600	0.09,0		0.23		0.09		0.01,1	
		7,9		20		08		1,0
1700	+ 0.01,1	1,1	+ 0.03	03	+ 0.01	01	— 0.00,1	0,1
1750	0.00,0	0,8	0.00	02	0.00	01	0.00,0	0,1
1800	0.00,8	7,2	0.02	20	0.01	07	0.00,1	1,0
1900	0.08,0	14,9	0.22	39	0.08	15	0.01,1	1,9
2000	0.22,9		0.61		0.23		0.03,0	
		22,1		60		22		3,0
2100	+ 0.45,0	30,1	+ 1.21	79	+ 0.45	30	— 0.06,0	3,8
2200	0.75,1	37,4	2.00	99	0.75	38	0.09,8	4,9
2300	1.12,5	44,9	2.99	1.19	1.13	44	0.14,7	5,8
2400	1.57,4	52,6	4.18	1.14	1.57	53	0.20,5	6,9
2500	2.10,0		5.58		2.10		0.27,4	
		60,0		1.59		60		7,7
2600	+ 2.70,0	67,8	+ 7.17	1.79	+ 2.70	68	— 0.35,1	8,8
2700	3.37,8	74,5	8.96	1.98	3.38	74	0.43,9	9,7
2800	4.12,3	82,7	10.94	2.18	4.12	83	0.53,6	10,8
2900	4.95,0	88,9	13.12	2.38	4.95	89	0.64,4	11,6
3000	5.83,9		15.50		5.84		0.76,0	

TABLE IV.

Moyens mouvemens de Jupiter pour les mois, années communes.

Mois.	Longitude moyenne.	Périh.	N.	Arg. II.	Arg. III.	Arg. IV.	Arg. V.	Arg. VI.	Arg. VII.	Arg. VIII.	Arg. IX.	Arg. X.	Arg. XI.	Arg. XII	Arg. XIV	Arg. XV.
Janvier.	0° 0′ 0″0	0′ 0″	0″0	0	0	0	0	0	0	0	0	0	0	0	0	0
Février.	2.86.33,5	0.14,8	9,0	43	14	57	71	10	16	1	3	14	11	20	19	6
Mars...	5.44.95,9	0.28,3	17,1	81	27	108	134	19	30	3	6	27	22	38	35	12
Avril...	8.31.29,4	0.43,2	26,1	124	41	165	205	29	46	4	8	41	33	58	54	18
Mai....	11.08.39,2	0.57,5	34,8	165	54	220	273	39	61	6	11	55	44	77	73	24
Juin....	13.94.72,7	0.72,4	43,8	208	68	276	344	49	76	7	14	69	55	97	90	30
Juillet..	16.71.82,5	0.86,8	52,4	250	81	331	413	58	91	9	17	83	67	117	108	36
Août...	19.58.16,0	1.01,6	61,4	292	95	388	483	68	107	10	20	97	78	137	127	42
Sept...	22.44.49,4	1.16,4	70,4	335	109	445	554	78	123	12	23	111	89	157	145	48
Octobr..	25.21.59,1	1.30,8	79,1	377	123	500	622	88	138	13	25	125	100	176	163	54
Novem.	28.07.92,6	1.45,7	88,1	419	137	556	693	98	154	15	28	139	112	196	182	61
Décem.	30.85.02,3	1.60,0	96,8	461	150	611	761	107	169	16	31	153	123	216	200	66

TABLE V.

Moyens mouvemens de Jupiter pour les mois, années bissextiles.

Mois.	Longitude moyenne.	Périh.	N.	Arg. II.	Arg. III.	Arg. IV.	Arg. V.	Arg. VI.	Arg. VII.	Arg. VIII.	Arg. IX.	Arg. X.	Arg. XI.	Arg. XII.	Arg. XIV	Arg. XV.
Janvier	0° 0′ 0″0	0′ 0″0	0″0	0	0	0	0	0	0	0	0	0	0	0	0	0
Février.	2.86.33,5	0.14,8	9,0	43	14	57	71	10	16	1	3	14	11	20	19	6
Mars...	5.54.19,6	0.28,8	17,4	83	27	110	137	19	31	3	6	27	22	39	36	12
Avril...	8.40.53,1	0.43,5	56,4	125	41	167	207	29	44	4	8	42	33	59	54	18
Mai....	11.17.62,8	0.58,0	35,1	167	54	221	276	39	62	6	11	55	45	78	72	24
Juin....	14.03.96,3	0.72,8	44,0	210	68	278	346	49	77	7	14	70	56	9[illegible]	91	30
Juillet..	16.81.05,9	0.87,2	52,7	251	82	333	415	59	92	9	17	83	67	117	109	36
Août...	19.67.39,4	1.02,1	61,7	294	96	390	485	68	108	10	20	98	78	137	127	42
Sept....	22.53.73,0	1.16,9	70,7	336	110	446	556	78	124	12	23	112	90	157	146	49
Octobre	25.30.82,6	1.31,3	79,4	378	123	501	624	88	139	13	25	126	101	177	164	55
Novem.	28.17.16,1	1.46,1	88,4	421	137	558	695	98	155	15	28	140	112	197	183	61
Décem.	30.94.25,8	1.60,5	97,0	462	151	613	763	108	170	16	31	153	123	216	200	67

TABLE VI.

Moyens mouvemens de Jupiter pour les jours.

Jours.	Longitude moyenne.	Périh.	Nœud.	Arg. II.	Arg. III.	Arg. IV.	Arg. V.	Arg. VI.	Arg. VII.	Arg. VIII.	Arg. IX.	Arg. X.	Arg. XI.	Arg. XII.	Arg. XIV	Arg. XV.
1	0° 0′ 0″0	0″0	0″0	0	0	0	0	0	0	0	0	0	0	0	0	0
2	0. 9.23,7	0,5	0,3	1	0	2	2	0	1	0	0	0	0	1	1	0
3	0.18 47,3	0,9	0,6	3	1	4	5	1	1	0	0	1	1	1	1	0
4	0.27.71,0	1,4	0,9	4	1	5	7	1	2	0	0	1	1	2	2	1
5	0.36.94,6	1,8	1,2	6	2	7	9	1	2	0	0	2	1	3	2	1
6	0.46.18,3	2,3	1,5	7	2	9	10	2	3	0	0	2	2	3	3	1
7	0.55.42,9	2,7	1,7	8	3	11	14	2	3	0	1	3	2	4	4	1
8	0.64.65,6	3,2	2,0	10	3	13	16	2	4	0	1	3	3	5	4	1
9	0 73.89,3	3,6	2,3	11	4	15	18	3	4	0	1	4	3	5	5	2
10	0.83.12,9	4,1	2,6	12	4	16	21	3	5	0	1	4	3	6	5	2
11	0.92.36,3	4,5	2,9	14	5	18	23	3	5	0	1	5	4	7	6	2
12	1.01.60,2	5,0	3,2	15	5	20	25	4	6	1	1	5	4	7	7	2
13	1.10.83,9	5,4	3,5	16	5	22	27	4	6	1	1	6	5	8	7	2
14	1.20.07,6	5,9	3,8	17	6	24	30	4	7	1	1	6	5	8	8	3
15	1.29.31,2	6,3	4,1	19	6	26	32	4	7	1	1	6	5	9	8	3
16	1.38.54,9	6,8	4,4	21	7	27	34	5	8	1	1	7	6	10	9	3
17	1.47.78,5	7,2	4.6	22	7	29	36	5	8	1	2	7	6	10	10	3
18	1.57.02,2	7,7	4,9	23	8	31	39	5	9	1	2	8	6	11	10	3
19	1.66.25,8	8,1	5,2	25	8	33	41	6	9	1	2	8	7	12	11	4
20	1.75.49,6	8,6	5,5	26	9	35	43	6	10	1	2	9	7	12	11	4
21	1.84.73,3	9,0	5,8	28	9	37	46	6	10	1	2	9	7	13	12	4
22	1.93.96,9	9,5	6,1	29	9	38	48	7	11	1	2	10	8	14	13	4
23	2.03.20,6	9,9	6,4	30	10	40	50	7	11	1	2	10	8	14	13	5
24	2.12.44,2	10,4	6,7	32	10	42	52	7	12	1	2	11	9	15	14	5
25	2.21.67,9	10,8	7,0	33	11	44	55	8	12	1	2	11	9	16	14	5
26	2.30.91,6	11,3	7,3	35	11	46	57	8	13	1	2	12	9	16	15	5
27	2.40.15,2	11,7	7,5	36	12	48	59	8	13	1	2	12	10	17	16	5
28	2.49.38,9	12,2	7,8	37	12	49	62	9	14	1	3	12	10	18	16	6
29	2.58.62,5	12,6	8,1	39	13	51	64	9	14	1	3	13	10	18	17	6
30	2.67.86,2	13,1	8,4	40	13	53	66	9	15	1	3	13	11	19	17	6
31	2.77.09,8	13,5	8,7	41	13	55	68	10	15	1	3	14	11	20	18	6

TABLE VII. Moyens mouvemens de Jupiter pour les heures.

Heur.	Longitud. moyenne.	Péri-hélie	N.	Arg. II.	Arg. III.	Arg. IV.	Arg. V.
1	0′ 92″4	0″0	0″0	0	0	0	0
2	1.84,7	0,1	0,1	0	0	0	0
3	2.77,1	0,1	0,1	0	0	1	1
4	3.69,5	0,2	0,1	0	0	1	1
5	4.61,8	0,2	0,2	1	0	1	1
6	5.54,2	0,3	0,2	1	0	1	1
7	6.46,6	0,3	0,2	1	0	1	2
8	7.38,9	0,4	0,2	1	0	1	2
9	8.21,3	0,4	0,3	1	0	1	2
10	9.23,7	0,5	0,3	1	0	1	2

TABLE VIII. Moyens mouvemens pour les minutes et les secondes.

Min.	Lon-gitud.	Min.	Lon-gitud.	Min.	Lon-gitud.	Min.	Lon-gitude.
1	0″9	26	24″0	51	47″1	76	70″2
2	1,8	27	24,9	52	48,0	77	71,1
3	2,8	28	25,9	53	49,0	78	72,0
4	3,7	29	26,8	54	49,9	79	73,0
5	4,6	30	27,7	55	50,8	80	73,9
6	5,5	31	28,6	56	51,7	81	74,8
7	6,5	32	29,6	57	52,6	82	75,7
8	7,4	33	30,5	58	53,6	83	76,7
9	8,3	34	31,4	59	54,5	84	77,6
10	9,2	35	32,3	60	55,4	85	78,5
11	10,2	36	33,2	61	56,3	86	79,4
12	11,1	37	34,2	62	57,3	87	80,4
13	12,0	38	35,1	63	58,2	88	81,3
14	13,0	39	36,0	64	59,1	89	82,2
15	13,9	40	36,9	65	60,0	90	83,1
16	14,8	41	37,9	66	61,0	91	84,1
17	15,7	42	38,8	67	61,9	92	85,0
18	16,6	43	39,7	68	62,8	93	85,9
19	17,5	44	40,6	69	63,7	94	86,8
20	18,5	45	41,6	70	64,6	95	87,7
21	19,4	46	42,5	71	65,6	96	88,7
22	20,3	47	43,4	72	66,5	97	89,6
23	21,2	48	44,3	73	67,4	98	90,5
24	22,2	49	45,3	74	68,3	99	91,4
25	23,1	50	46,2	75	69,3	100	92,4

TABLE IX. Corrections des parties proportionnelles.

Années.

Secondes différenc.	1. / 9.	2. / 8.	3. / 7.	4. / 6.	5. / 5.
1	— 0″0	— 0″1	— 0″1	— 0″1	— 0″1
2	— 0,1	— 0,2	— 0,2	— 0,2	— 0,3
3	— 0,1	— 0,2	— 0,3	— 0,4	— 0,4
4	— 0,2	— 0,3	— 0,4	— 0,5	— 0,5
5	— 0,2	— 0,4	— 0,5	— 0,6	— 0,6
6	— 0,3	— 0,5	— 0,6	— 0,7	— 0,8
7	— 0,3	— 0,6	— 0,7	— 0,8	— 0,9
8	— 0,4	— 0,6	— 0,8	— 1,0	— 1,0
9	— 0,4	— 0,7	— 0,9	— 1,1	— 1,1
10	— 0,5	— 0,8	— 1,1	— 1,2	— 1,3
11	— 0,5	— 0,9	— 1,2	— 1,3	— 1,4
12	— 0,5	— 1,0	— 1,3	— 1,4	— 1,5
13	— 0,6	— 1,0	— 1,4	— 1,6	— 1,6
14	— 0,6	— 1,1	— 1,5	— 1,7	— 1,8
15	— 0,7	— 1,2	— 1,6	— 1,8	— 1,9
16	— 0,7	— 1,3	— 1,7	— 1,9	— 2,0
17	— 0,8	— 1,4	— 1,8	— 2,0	— 2,1
18	— 0,8	— 1,4	— 1,9	— 2,2	— 2,3
19	— 0,9	— 1,5	— 2,0	— 2,3	— 2,4
20	— 0,9	— 1,6	— 2,1	— 2,5	— 2,6

TABLE X. Parties décimales de l'année, de dix en dix jours.

Jours.	Décimal.	Jours.	Décimal
10 Janvier..	0,03	29 Juillet...	0,58
20.........	0,05	8 Août....	0,60
30.........	0,08	18.........	0,63
9 Février..	0,11	28.........	0,66
19.........	0,14	7 Septemb.	0,68
1 Mars....	0,16	17.........	0,71
11.........	0,19	27.........	0,74
21.........	0,22	7 Octobre..	0,77
31.........	0,25	17.........	0,79
10 Avril....	0,27	27.........	0,82
20.........	0,30	6 Novemb.	0,85
30.........	0,33	16.........	0,88
10 Mai.....	0,36	26.........	0,90
20.........	0,38	6 Decemb..	0,93
30.........	0,41	16.........	0,96
9 Juin.....	0,44	26.........	0,99
19.........	0,47	31.........	1,00
29.........	0,49		
9 Juillet...	0,52		
19.........	0,55		

TABLE XI.

Grande inégalité de Jupiter avec la correction des Argumens qui règlent les autres inégalités.

Années.	Équation.	Différences premières	Différences secondes	Arg. II.	Arg. III.	Arg. IV.	Arg. V.	Arg. VI.	Arg. VII	Arg. VIII.	Arg. IX.	Arg. X.	Arg. XI.	Arg. XII.	Arg. XIV	Arg. XV
1550	− 0′ 43″7	+2′ 43″0		− 1	− 1	− 2	− 2	− 1	−1	+ 1	+0	− 1	− 0	− 1	− 1	−0
1560	+ 1.99,3	2.42,5	− 0″5	+ 2	+ 3	+ 5	+ 7	0	0	0	0	0	0	0	0	0
1570	4.41,8	2.40,6	1,9	4	6	10	16	+ 1	+1	− 1	−0	+ 1	+ 0	+ 1	+ 1	+0
1580	6.82,4	2.37,5	3,1	6	10	16	25	1	1	1	0	2	0	1	2	0
1590	9.19,9		4,2	8	13	21	35	2	2	2	1	3	1	2	3	0
		2.33,3	5,0													
1600	+11.53,2	2 28,3	6,0	10	17	27	44	3	2	− 2	−1	4	1	3	4	0
1610	13.81,5	2.22,3	7,0	12	20	32	52	4	2	3	1	5	1	4	6	1
1620	16.03,8	2.15,3	8,0	14	23	37	61	5	3	3	1	6	1	4	7	1
1630	18.19,1	2.07,3		16	27	43	69	5	3	3	1	7	2	5	8	1
1640	20.26,4		8,8	17	30	47	77	6	4	4	1	8	2	5	9	1
		1.98,5	9,7													
1650	+22.24,9	1.88,8	10,6	19	33	52	85	7	4	− 4	−1	8	2	6	10	1
1660	24.13,7	1.78,2	11,3	21	35	56	92	7	4	4	1	9	2	6	11	1
1670	25.91,9	1.66,9	12,2	22	38	60	99	8	5	5	2	10	3	7	12	1
1680	27.58,8	1.54,7		24	40	64	105	9	5	6	2	11	3	8	13	1
1690	29.13,5		12,9	25	43	68	111	9	6	6	2	12	3	8	14	1
		1.41,8	13,3													
1700	+30.55,3	1.28,5	14,2	26	45	71	116	9	6	− 6	−2	12	3	9	15	1
1710	31.83,8	1.14,3	14,7	27	47	74	121	10	6	7	2	13	4	9	15	1
1720	32.98,1	99,6	15,2	28	49	77	126	10	7	7	2	13	4	9	15	1
1730	33.97,7	84,4		29	50	79	130	10	7	7	2	14	4	10	15	1
1740	34.82,1		15,6	30	51	81	133	10	7	7	2	14	4	10	16	1
		68,8	16,0													
1750	+35.50,9	52,8	16,2	31	52	82	135	11	7	− 7	−2	15	4	10	16	1
1760	36.03,7	36,6	16,6	31	53	84	137	11	7	8	2	15	4	10	17	1
1770	36.40,3	20,0	16,6	32	54	85	139	11	7	8	2	15	4	10	17	1
1780	36 60,3	+ 3,4		32	54	86	139	11	7	8	2	15	4	11	17	1
1790	36.63,7		16,6	32	54	86	139	11	7	8	2	15	4	11	17	1
		− 13,2	16,9													
1800	+36.50,5	30,1	16,7	31	54	85	139	11	7	− 8	−2	15	4	11	17	1
1810	36.20,4	46,8	16,4	31	53	84	138	11	7	8	2	15	4	11	17	1
1820	35.73,6	63,2	16,4	31	52	83	136	11	7	8	2	15	4	11	17	1
1830	35.10,4	79,6		30	51	81	133	10	7	8	2	15	4	11	17	1
1840	34.30,8		16,1	29	50	79	130	10	7	7	2	15	4	11	16	1
		95,7	15,6													
1850	+33.35,1	1.11,3	15,0	28	49	77	126	10	7	− 7	−2	15	4	10	16	1
1860	32.23,8	1.26,3	14,6	27	47	74	122	10	7	7	2	14	4	10	15	1
1870	30.97,5	1.40,9	13,9	26	45	71	117	10	6	6	2	14	4	9	15	1
1880	29.56,6	1.54,8	13,5	25	43	68	112	9	6	6	2	14	4	8	14	1
1890	28.01,8	1.68,3		24	41	65	106	9	6	6	2	13	4	8	13	1
1900	26.33,5			22	38	60	99	8	5	5	2	12	4	7	12	1

TABLE XII.

Équation de Jupiter dans son Orbite pour 1800, avec la Variation séculaire.

Argument I (Longitude corrigée. — Périhélie.), ou Anomalie moyenne.

Deg.	Équation.	Différences premières.	Différences secondes.	Variation séculaire.	Deg	Équation.	Différences premières.	Différences secondes.	Variation séculaire.
0	399° 77′ 88″4	+10′ 24″8		+ 0″0	50	4° 30′ 36,1	+ 6′ 71″8		+1′ 50″3
1	399.88.13,2	10.24,4	− 0″4	3,5	51	4.37.07,9	6.58,9	− 12″9	1.52,4
2	399.98.37,6	10.23,8	0,6	7,0	52	4.43.66,8	6.46,1	12,8	1.54,5
3	0.08.61,4	10.22,9	0,9	10,4	53	4.50.12,9	6.32,9	13,2	1.56,5
4	0.18.84,3	10.21,7	1,2	13,9	54	4.56.45,8	6.19,7	13,2	1.58,5
5	0.29.06,0	10.20,2	1,5	17,3	55	4.62.65,5	6.06,4	13,3	1.60,4
6	0.39.26,2	10.18,4	1,8	20,8	56	4.68.71,9	5.93,7	13,7	1.62,3
7	0.49.44,6	10.16,2	2,2	24,2	57	4.74.64,6	5.79,1	13,6	1.64,1
8	0.59.60,8	10.13,9	2,7	27,7	58	4.80.43,7	5.65,4	13,7	1.65,9
9	0.69.74,7	10.11,1	2,8	31,1	59	4.86.09,1	5.51,5	13,9	1.67,6
10	0.79.85,8	10.08,1	3,0	34,5	60	4.91.60,6	5.37,5	14,0	1.69,3
11	0.89.93,9	10.04,7	3,4	37,9	61	4.96.98,1	5.23,3	14,2	1.70,9
12	0.99.98,6	10.01,2	3,5	41,3	62	5.02.21,4	5.09,1	14,2	1.72,5
13	1.09.99,8	9.97,5	3,9	44,7	63	5.07.30,5	4.94,8	14,3	1.74,0
14	1.19.97,1	9.93,1	4,2	48,1	64	5.12.25,3	4.80,4	14,4	1.75,5
15	1.29.90,2	9.88,5	4,6	51,4	65	5.17.05,6	4.65,8	14,6	1.76,9
16	1.39 78,7	9.83,9	4,6	54,8	66	5.21.71,1	4.51,2	14,6	1.78,3
17	1.49.62,6	9.78,8	5,1	58,1	67	5.26.22,4	4.36,6	14,6	1.79,6
18	1.59.41,4	9.73,4	5,4	61,4	68	5.30.59,5	4.21,8	14,8	1.80,9
19	1.69.14,8	9.67,8	5,6	64,6	69	5.34.81,3	4.06,9	14,9	1.82,1
20	1.78.82,6	9.61,8	6,0	67,9	70	5.38.88,0	3.92,0	14,9	1.83,3
21	1.88.44,4	9.55,8	6,0	71,1	71	5.42.80,0	3.77,0	15,0	1.84,4
22	1.98.00,2	9.49,4	6,4	74,3	72	5.46.57,0	3.62,0	15,0	1.85,4
23	2.07.49,6	9.42,6	6,8	77,5	73	5.50.19,0	3.46,9	15,1	1.86,4
24	2.16.92,2	9.35,6	7,0	80,6	74	5.53.65,9	3.31,9	15,0	1.87,4
25	2.26.27,8	9.28,4	7,2	83,7	75	5.56.97,8	3.16,6	15,3	1.88,3
26	2.35.56,2	9.20,2	7,6	86,8	76	5.60.14,4	3.01,4	15,2	1.89,1
27	2.44.77,0	9.13,1	7,7	89,9	77	5.63.15,8	2.86,1	15,3	1.89,9
28	2.53.90,1	9.05,0	8,1	92,9	78	5.66.01,9	2.70,8	15,3	1.90,7
29	2.62.95,1	8.96,8	8,2	95,9	79	5.68.72,7	2.55,5	15,3	1.91,4
30	2.71.91,9	8.88,3	8,5	98,9	80	5.71.28,2	2.40,2	15,3	1.92,1
31	2.80.80,2	8.79,5	8,8	1′ 01,8	81	5.73.68,4	2.24,8	15,4	1.92,7
32	2.89.59,7	8.70,4	9,1	1.04,7	82	5.75.93,2	2.09,5	15,3	1.93,2
33	2.98.30,1	8.61,2	9,2	1.07,6	83	5.78.02,7	1 94,0	15,5	1.93,7
34	3.06.91,3	8.51,8	9,4	1.10,4	84	5.79.96,7	1.78,6	15,5	1.94,1
35	3.15.43,1	8.42,1	9,7	1.13.2	85	5.81.75,3	1.63,3	15,2	1.94,5
36	3.23.85,2	8.32,1	10,0	1.16,6	86	5.83.38,6	1.47,9	15,4	1.94,9
37	3.32.17,3	8.22,0	10,1	1.18,7	87	5.84.86,5	1.32,6	15,3	1.95,2
38	3.40.39,3	8.11,6	10,4	1.21,4	88	5.86.19,1	1.17,1	15,5	1.95,4
39	3.48.50,9	8.01,0	10,6	1.24,0	89	5.87.36,2	1.01,7	15,4	1.95,6
40	3.56.51,9	7.90,2	10,8	1.26,6	90	5.88.37,9	86,4	15,3	1.95,7
41	3.64.42,1	7.79,2	11,0	1.29,2	91	5.89.24,3	71,1	15,3	1.95,8
42	3.72.21,3	7.68,1	11,1	1.31,7	92	5.89.95,4	55,9	15,2	1.95,9
43	3.79.89,4	7.56,6	11,5	1.34,2	93	5.90.51,3	40,5	15,4	1.95,8
44	3.87.46,0	7.45,0	11,6	1.36,6	94	5.90.91,8	25,3	15,2	1.95,8
45	3.94.91,0	7.33,3	11,7	1.39,0	95	5.91.17,1	+ 10,1	15,3	1.95,7
46	4.02.24,3	7.21,3	12,0	1.41,4	96	5.91.27,2	− 5,0	15,1	1.95,5
47	4.09.45,6	7.09,2	12,1	1.43,7	97	5.91.22,2	20,1	15,1	1.95,3
48	4.16.54,8	6.96,9	12,3	1.45,9	98	5.91.02,1	35,2	15,1	1.95,1
49	4.23.51,7	+ 6.84,4	− 12,5	1.48,1	99	5.90.66,9	50,3	− 15,1	1.94,8
50	4.30.36,1			+1.50,3	100	5.90.16,6			+1.94,4

Constante retranchée..... 0° 22′ 11″6.

Équation de Jupiter dans son Orbite pour 1800, avec la Variation séculaire.

Argument I, ou Anomalie moyenne.

Deg.	Équation.	Différences premières.	Différences secondes.	Variation séculaire.	Deg.	Équation.	Différences premières.	Différences secondes.	Variation séculaire.
100	5°90′16,6	— 65″2		+1′94,4	150	3°93′47″5	— 6′83″0		+1′26″8
101	5.89.51,4	80,0	— 14″8	1.94,1	151	3.86.64,5	6.92,0	— 9″0	1.24,7
102	5.88.71,4	94,8	14,8	1.93,6	152	3.79.72,5	7.00,5	8,5	1.22,5
103	5.87.76,6	1′09,7	14,9	1.93,2	153	3.72.72,0	7.09,0	8,5	1.20,3
104	5.86.66,9	1.24,5	14,8	1.92,6	154	3.65.63,0	7.17,4	8,4	1.18,0
105	5.85.42,4	1.39,1	14,6	1.92,0	155	3.58.45,6	7.25,6	8,2	1.15,8
106	5.84.03,3	1.53,6	14,5	1.91,4	156	3.51.20,0	7.33,5	7,9	1.13,5
107	5.82.49,7	1.68,0	14,5	1.90,8	157	3.43.86,5	7.41,4	7,9	1.11,2
108	5.80.81,7	1.82,5	14,4	1.90,1	158	3.36.45,1	7.49,0	7,6	1.08,9
109	5.78.99,2	1.96,8	14,3	1.89,3	159	3.28.96,1	7.56,6	7,6	1.06,6
110	5.77.02,4	2.11,0	14,2	1.88,5	160	3.21.39,5	7.63,8	7,2	1.04,2
111	5.74.91,4	2.25,2	14,2	1.87,7	161	3.13.75,7	7.71,0	7,2	1.01,9
112	5.72.66,2	2.39,2	14,0	1.86,8	162	3.06.04,7	7.77,9	6,9	99,5
113	5.70.27,0	2.53,2	14,0	1.85,9	163	2.98.26,8	7.84,8	6,9	97,1
114	5.67.73,8	2.67,2	13,9	1.85,0	164	2.90.42,0	7.91,3	6,5	94,7
115	5.65.06,6	2.80,8	13,7	1.83,9	165	2.82.50,7	7.97,8	6,5	92,2
116	5.62.25,9	2.94,5	13,7	1.82,9	166	2.74.52,9	8.04,1	6,3	89,8
117	5.59.31,4	3.08,0	13,5	1.81,8	167	2.66.48,8	8.10,1	6,0	87,3
118	5.56.23,4	3.21,4	13,4	1.80,7	168	2.58.38,7	8.16,0	5,9	84,8
119	5.53.02,0	3.34,9	13,5	1.79,5	169	2.50.22,7	8.21,9	5,9	82,3
120	5.49.67,1	3.48,1	13,2	1.78,3	170	2.42.00,8	8.27,3	5,4	79,7
121	5.46.19,0	3.61,2	13,1	1.77,1	171	2.33.73,5	8.32,7	5,4	77,2
122	5.42.57,8	3.74,1	12,9	1.75,8	172	2.25.40,8	8.37,9	5,2	74,8
123	5.38.83,7	3.87,1	13,0	1.74,5	173	2.17.02,9	8.42,9	5,0	72,2
124	5.34.96,6	3.99,8	12,7	1.73,2	174	2.08.60,0	8.47,7	4,8	69,6
125	5.30.96,8	4.12,4	12,6	1.71,8	175	2.00.12,3	8.52,4	4,7	67,0
126	5.26.84,4	4.24,9	12,5	1.70,4	176	1.91.59,9	8.56,8	4,4	64,4
127	5.22.59,5	4.37,4	12,5	1.68,9	177	1.83.03,1	8.61,1	4,3	61,8
128	5.18.22,1	4.49,6	12,2	1.67,4	178	1.74.42,0	8.65,3	4,2	59,2
129	5.13.72,5	4.61,7	12,1	1.65,9	179	1.65.76,7	8.69,1	3,8	56,6
130	5.09.10,8	4.73,7	12,0	1.64,4	180	1.57.07,6	8.72,9	3,8	54,0
131	5.04.37,1	4.85,6	11,7	1.62,8	181	1.48.34,7	8.76,5	3,6	51,3
132	4.99.51,5	4.97,3	11,6	1.61,3	182	1.39.58,2	8.79,6	3,1	48,6
133	4.94.54,2	5.08,9	11,5	1.59,5	183	1.30.78,6	8.83,0	3,4	46,0
134	4.89.45,4	5.20,4	11,2	1.57,8	184	1.21.95,6	8.85,9	2,9	43,4
135	4.84.25,0	5.31,6	11,1	1.56,1	185	1.13.09,7	8.88,8	2,9	40,7
136	4.78.93,4	5.42,7	11,0	1.54,3	186	1.04.20,9	8.91,3	2,5	38,0
137	4.73.50,7	5.53,7	11,0	1.52,5	187	0.95.29,6	8.93,8	2,5	35,3
138	4.67.97,0	5.64,7	10,8	1.50,7	188	0.86.35,8	8.96,1	2,3	32,6
139	4.62.32,3	5.75,5	10,4	1.49,9	189	0.77.39,7	8.98,1	2,0	29,9
140	4.56.56,8	5.85,9	10,4	1.47,0	190	0.68.41,6	8.99,9	1,8	27,2
141	4.50.70,9	5.96,3	10,3	1.45,1	191	0.59.41,7	9.01,6	1,7	24,5
142	4.44.74,6	6.06,6	10,2	1.43,1	192	0.50.40,1	9.03,1	1,5	21,8
143	4.38.68,0	6.16,8	9,8	1.41,2	193	0.41.37,0	9.04,6	1,5	19,1
144	4.32.51,2	6.26,6	9,7	1.39,2	194	0.32.32,4	9.05,6	1,0	16,4
145	4.26.24,6	6.36,3	9,9	1.37,2	195	0.23.26,8	9.06,5	0,9	13,6
146	4.19.88,3	6.46,2	9,7	1.35,2	196	0.14.20,3	9.07,3	0,8	10,9
147	4.13.42,1	6.55,7	9,5	1.33,1	197	0.05.13,0	9.07,9	0,7	8,2
148	4.06.86,4	6.64,9	9,2	1.31,1	198	399.96.05,1	9.08,3	0,4	5,5
149	4.00.21,5	— 6.74,0	— 9,1	1.29,0	199	399.86.96,8	— 9.08,4	— 0,1	2,7
150	3.93.47,5			+1.26,8	200	399.77.88,4			+ 0,0

Équation de Jupiter dans son Orbite pour 1800, avec la Variation séculaire.

Argument I, ou Anomalie moyenne.

Deg.	Équation.	Différences premières.	Différences secondes.	Variation séculaire.
200	399°77′88″4	− 9′08″4		− 0″0
201	399.68.80,0	9.08,2	+ 0″2	2,7
202	399.59.71,8	9.07,9	0,3	5,5
203	399.50.63,9	9.07,3	0,6	8,2
204	399.41.56,6	9.06,5	0,8	10,9
205	399.32.50,1	9.05,6	0,9	13,6
206	399.23.44,5	9.04,5	1,1	16,4
207	399.14.40,0	9.03,2	1,3	19,1
208	399.05.36,8	9.01,6	1,6	21,8
209	398.96.35,2	8.99,9	1,7	24,5
210	398.87.35,3	8.98,2	1,7	27,2
211	398.78.37,1	8.96,0	2,2	29,9
212	398.69.41,1	8.93,8	2,2	32,6
213	398.60.47,3	8.91,4	2,4	35,3
214	398.51.55,9	8.88,7	2,7	38,0
215	398.42.67,2	8.85,9	2,8	40,7
216	398.33.81,3	8.83,0	2,9	43,4
217	398.24.98,3	8.79,8	3,2	46,0
218	398.16.18,5	8.76,4	3,4	48,6
219	398.07.42,1	8.72,8	3,6	51,3
220	397.98.69,3	8.69,0	3,8	54,0
221	397.90.00,3	8.65,2	3,8	56,6
222	397.81.35,1	8.61,3	3,9	59,2
223	397.72.73,8	8.56,8	4,5	61,8
224	397.64.17,0	8.52,4	4,4	64,4
225	397.55.64,6	8.47,7	4,7	67,0
226	397.47.16,9	8.43,0	4,7	69,6
227	397.38.73,9	8.37,8	5,2	72,2
228	397.30.36,1	8.32,7	5,1	74,8
229	397.22.03,4	8.27,4	5,3	77,2
230	397.13.76,0	8.21,8	5,6	79,7
231	397.05.54,2	8.16,0	5,8	82,3
232	396.97.38,2	8.10,1	5,9	84,8
233	396.89.28,1	8.04,1	6,0	87,3
234	396.81.24,0	7.97,8	6,3	89,8
235	396.73.26,2	7.91,3	6,5	92,2
236	396.65.34,9	7.84,8	6,5	94,7
237	396.57.50,1	7.77,9	6,9	97,1
238	396.49.72,2	7.71,0	6,9	99,5
239	396.42.01,2	7.63,8	7,2	1′01,9
240	396.34.37,4	7.56,6	7,2	1.04,2
241	396.26.80,8	7.49,0	7,6	1.06,6
242	396.19.31,8	7.41,4	7,6	1.08,9
243	396.11.90,4	7.33,5	7,9	1.11,2
244	396.04.56,9	7.25,6	7,9	1.13,5
245	395.97.31,3	7.17,4	8,2	1.15,8
246	395.90.13,9	7.09,0	8,6	1.18,0
247	395.83.04,9	7.00,5	8,5	1.20,3
248	395.76.04,4	6.92,0	8,5	1.22,5
249	395.69.12,4	− 6.83,0	+ 9,0	1.24,7
250	395.62.29,4			−1.26,8

Deg.	Équation.	Différences premières.	Différences secondes.	Variation séculaire.
250	395°62′29″4	− 6′74″1		−1′26″8
251	395.55.55,3	6.64,8	+ 9″3	1.29,0
252	395.48.90,5	6.55,6	9,2	1.31,1
253	395.42.34,9	6.46,2	9,4	1.33,1
254	395.35.88,7	6.36,4	9,8	1.35,2
255	395.29.52,3	6.26,7	9,7	1.37,2
256	395.23.25,6	6.16,7	10,0	1.39,2
257	395.17.08,9	6.06,6	10,1	1.41,2
258	395.11.02,3	5.96,4	10,2	1.43,1
259	395.05.05,9	5.85,8	10,6	1.45,1
260	394.99.20,1	5.75,4	10,4	1.47,0
261	394.93.44,7	5.64,7	10,7	1.48,9
262	394.87.80,0	5.53,8	10,9	1.50,7
263	394.82.26,2	5.42,7	11,1	1.52,5
264	394.76.83,5	5.31,6	11,1	1.54,3
265	394.71.51,9	5.20,3	11,3	1.56,1
266	394.66.31,6	5.08,9	11,4	1.57,8
267	394.61.22,7	4.97,3	11,6	1.59,5
268	394.56.25,4	4.85,6	11,7	1.61,2
269	394.51.39,8	4.73,7	12,0	1.62,8
270	394.46.66,1	4.61,7	12,0	1.64,4
271	394.42.04,4	4.49,6	12,1	1.65,9
272	394.37.54,8	4.37,4	12,2	1.67,4
273	394.33.17,4	4.24,9	12,5	1.68,9
274	394.28.92,5	4.12,4	12,5	1.70,4
275	394.24.80,1	3 99,8	12,6	1.71,8
276	394.20.80,3	3.87,1	12,7	1.73,2
277	394.16.93,2	3.74,2	12,9	1.74,5
278	394.13.19,0	3.61,1	13,1	1.75,8
279	394.09.57,9	3.48,1	13,0	1.77,1
280	394.06.09,8	3.34,9	13,2	1.78,3
281	394.02.74,9	3.21,4	13,5	1.79,5
282	393.99.53,5	3.08,0	13,4	1.80,7
283	393.96.45,5	2.94,5	13,5	1.81,8
284	393.93.51,0	2.80,8	13,7	1.82,9
285	393.90.70,2	2.67,1	13,7	1.83,9
286	393.88.03,1	2.53,2	13,9	1.85,0
287	393.85.49,9	2.39,2	14,0	1.85,9
288	393.83.10,7	2.25,2	14,0	1.86,8
289	393.80.85,5	2.11,0	14,2	1.87,7
290	393.78.74,5	1.96,8	14,2	1.88,5
291	393.76.77,7	1.82,5	14,3	1.89,3
292	393.74.95,2	1.68,0	14,5	1.90,1
293	393.73.27,2	1.53,7	14,3	1.90,8
294	393.71.73,5	1.39,0	14,7	1.91,4
295	393.70.34,5	1.24,5	14,5	1.92,0
296	393.69.10,0	1.09,7	14,8	1.92,6
297	393.68.00,3	94,8	14,9	1.93,2
298	393.67.05,5	80,1	14,7	1.93,6
299	393.66.25,4	− 65,1	+ 15,0	1.94,1
300	393.65.60,3			−1.94,4

SUITE DE LA TABLE XII.

Équation de Jupiter dans son Orbite pour 1800, avec la Variation séculaire.

Argument I, ou Anomalie moyenne.

Deg.	Équation.	Différences premières.	Différences secondes.	Variation séculaire.	Deg	Équation.	Différences premières.	Différences secondes.	Variation séculaire.
300	393°65'60"3	− 50"3		−1'94"4	350	395°25'40"8	+ 6'84"3		−1'50"3
301	393.65.10,0	35,2	+ 15"1	1.94,8	351	395.32.25,1	6.97,0	+ 12"7	1.48,1
302	393.64.74,8	20,1	15,1	1.95,1	352	395.39.22,1	7.09,2	12,2	1.45,9
303	393.64.54,7	− 5,1	15,0	1.95,3	353	395.46.31,3	7.21,3	12,1	1.43,7
304	393.64.49,6	+ 10,2	15,3	1.95,8	354	395.53.52,6	7.33,2	11,9	1.41,4
305	393.64.59,8	25,3	15,1	1.95,[illegible]	355	395.60.85,8	7.45,1	11,9	1.39,0
306	393.64.85,1	40,5	15,2	1.95,8	356	395.68.30,9	7.56,6	11,5	1.36,6
307	393.65.25,6	55,9	15,4	1.95,8	357	395.75.87,5	7.68,1	11,5	1.34,2
308	393.65.81,5	71,0	15,1	1.95,8	358	395.83.55,6	7.79,2	11,1	1.31,7
309	393.66.52,5	86,4	15,4	1.95,8	359	395.91.34,8	7.90,2	11,0	1.29,2
310	393.67.38,9	1'01,8	15,4	1.95,7	360	395.99.25,0	8.01,0	10,8	1.26,6
311	393.68.40,7	1.17,1	15,3	1.95,6	361	396.07.26,0	8.11,6	10,6	1.24,0
312	393.69.57,8	1.32,5	15,4	1.95,4	362	396.15.37,6	8.21,9	10,3	1.21,4
313	393.70.90,3	1.47,9	15,4	1.95,1	363	396.23.59,5	8.32,2	10,3	1.18,7
314	393.72.38,2	1.63,3	15,4	1.94,9	364	396.31.91,7	8.42,0	9,8	1.16,0
315	393.74.01,5	1.78,6	15,3	1.94,5	365	396.40.33,7	8.51,8	9,8	1.13,2
316	393.75.80,1	1.94,0	15,4	1.94,1	366	396.48.85,5	8.61,3	9,5	1.10,4
317	393.77.74,1	2.09,5	15,5	1.93,7	367	396.57.46,8	8.70,4	9,1	1.07,6
318	393.79.83,6	2.24,9	15,4	1.93,2	368	396.66.17,2	8.79,5	9,1	1.04,7
319	393.82.08,5	2.40,2	15,3	1.92,7	369	396.74.96,7	8.88,3	8,8	1.01,8
320	393.84.48,7	2.55,5	15,3	1.92,1	370	396.83.85,0	8.95,7	8,4	98,9
321	393.87.04,2	2.70,8	15,3	1.91,4	371	396.92.81,7	9.05,1	8,4	95,9
322	393.87.75,0	2.86,1	15,3	1.90,7	372	397.01.86,8	9.13,0	7,9	92,9
323	393.92.61,1	3.01,4	15,3	1.89,9	373	397.10.99,8	9.20,9	7,9	89,9
324	393.95.62,5	3.16,6	15,2	1.89,1	374	397.20.20,7	9.28,3	7,4	86,8
325	393.98.79,1	3.31,8	15,2	1.88,3	375	397.29.49,0	9.37,7	7,4	83,7
326	394.02.10,9	3.46,9	15,1	1.87,4	376	397.38.84,7	9.42,6	6,9	80,6
327	394.05.57,8	3.62,1	15,2	1.86,4	377	397.48.27,3	9.49,4	6,8	77,5
328	394.09.19,9	3.77,0	14,9	1.85,4	378	397.57.76,7	9.55,7	6,3	74,3
329	394.12.96,9	3.92,0	15,0	1.84,4	379	397.67.32,4	9.61,8	6,1	71,1
330	394.16.88,9	4.07,0	15,0	1.83,3	380	397.76.94,2	9.67,9	6,1	67,9
331	394.20.95,9	4.21,7	14,7	1.82,1	381	397.86.62,1	9.73,4	5,5	64,6
332	394.25.17,6	4.36,6	14,9	1.80,9	382	397.97.35,5	9.78,8	5,4	61,4
333	394.29.54,2	4.51,2	14,6	1.79,6	383	398.06.14,3	9.83,9	5,1	58,1
334	394.34.05,4	4.65,8	14,6	1.78,3	384	398.15.98,2	9.88,5	4,6	54,8
335	394.38.71,2	4.80,4	14,6	1.76,9	385	398.25.86,7	9.93,1	4,6	51,4
336	394.43.51,6	4.94,7	14,3	1.75,5	386	398.35.79,8	9.97,2	4,1	48,1
337	394.48.46,3	5.09,2	14,5	1.74,0	387	398.45.77,0	10.01,2	4,0	44,7
338	394.53.55,5	5.23,4	14,2	1.72,5	388	398.55.78,2	10.04,8	3,6	41,3
339	394.58.78,9	5.37,4	14,0	1.70,9	389	398.65.83,0	10.08,1	3,3	37,9
340	394.64.16,3	5.51,4	14,0	1.69,3	390	398.75.91,1	10.11,1	3,0	34,5
341	394.69.67,7	5.65,4	14,0	1.67,3	391	398.86.02,2	10.13,9	2,8	31,1
342	394.75.33,1	5.79,1	13,7	1.65,9	392	398.96.16,1	10.16,2	2,3	27,7
343	394.81.12,2	5.92,8	13,7	1.64,1	393	399.06.32,3	10.18,4	2,2	24,2
344	394.87.05,0	6.06,3	13,5	1.62,3	394	399.16.50,7	10.20,1	1,7	20,8
345	394.93.11,3	6.19,7	13,4	1.60,4	395	399.26.70,8	10.21,7	1,6	17,3
346	394.99.31,0	6.33,0	13,3	1.58,5	396	399.36.92,5	10.23,0	1,3	13,9
347	395.05.64,0	6.46,1	13,1	1.56,5	397	399.47.15,5	10.23,9	0,9	10,4
348	395.12.10,1	6.58,9	12,8	1.54,5	398	399.57.39,4	10.24,3	0,4	7,0
349	395.18.69,0	+ 6.71,8	+ 12,9	1.52,4	399	399.67.63,7	+10.24,7	+ 0,4	3,5
350	395.25.40,8			−1.50,3	400	399.77.88,4			− 0,9

TABLE XIII. Argument II, ou (φ—φ′).						TABLE XIV. Argument III, ou (φ—2φ′).					
Argument.	Équation.	Différences.	Argument.	Équation.	Différences.	Argument.	Équation.	Différences.	Argument.	Équation.	Différences.
0	7′ 67″ 2	+76″ 3	5000	7′ 55″ 1	+85″ 1	0	4′ 18″ 3	+30″ 1	5000	5′ 86″ 9	—23″ 5
100	8.43,5	74,6	5100	8.40,2	84,6	100	4.48,4	28,6	5100	5.63,4	23,6
200	9.18,1	70,8	5200	9.24,8	82,9	200	4.77,0	26,9	5200	5.39,8	23,5
300	9.88,9	65,3	5300	10.07,7	80,2	300	5.03,9	25,2	5300	5.16,3	23,5
400	10.54,2	58,5	5400	10.87,9	76,5	400	5.29,1	23,5	5400	4.92,8	23,3
500	11.12,7	50,3	5500	11.64,4	71,7	500	5.52,6	21,8	5500	4.69,5	23,4
600	11.63,0	41,4	5600	12.36,1	66,0	600	5.74,4	20,4	5600	4.46,1	23,7
700	12.04,4	31,2	5700	13.02,1	59,7	700	5.94,8	19,2	5700	4.22,4	24,1
800	12.35,6	20,9	5800	13.61,8	52,5	800	6.14,0	18,3	5800	3.98,3	24,6
900	12.56,5	+10,6	5900	14.14,3	44,4	900	6.32,3	17,6	5900	3.73,7	25,5
1000	12.67,1	— 0,0	6000	14.58,7	35,7	1000	6.49,9	17,1	6000	3.48,2	26,2
1100	12.67,1	10,2	6100	14.94,4	26,8	1100	6.67,0	16,8	6100	3.22,0	27,1
1200	12.56,9	20,0	6200	15.21,2	17,4	1200	6.83,8	16,5	6200	2.94,9	27,7
1300	12.36,9	29,4	6300	15.38,6	+ 7,9	1300	7.00,3	16,2	6300	2.67,2	28,3
1400	12.07,5	38,2	6400	15.46,5	— 1,7	1400	7.16,5	15,8	6400	2.38,9	28,5
1500	11.69,3	46,3	6500	15.44,8	11,2	1500	7.32,3	15,1	6500	2.10,4	28,2
1600	11.23,0	53,7	6600	15.33,6	20,5	1600	7.47,4	14,3	6600	1.82,2	27,7
1700	10.69,3	60,0	6700	15.13,1	29,3	1700	7.61,7	13,1	6700	1.54,5	25,5
1800	10.09,3	65,6	6800	14.83,8	37,9	1800	7.74,8	11,6	6800	1.28,0	24,8
1900	9.43,7	70,2	6900	14.45,9	45,7	1900	7.86,4	10,0	6900	1.03,2	22,7
2000	8.73,5	73,7	7000	14.00,2	52,8	2000	7.96,4	8,1	7000	80,5	20,4
2100	7.99,8	76,1	7100	13.47,4	59,2	2100	8.04,5	6,1	7100	60,1	17,4
2200	7.23,7	77,6	7200	12.88,2	64,8	2200	8.10,6	4,1	7200	42,7	14,5
2300	6.46,1	77,8	7300	12.23,4	69,4	2300	8.14,7	2,1	7300	28,2	11,4
2400	5.68,3	76,8	7400	11.54,0	73,0	2400	8.16,8	+ 0,4	7400	16,8	8,4
2500	4.91,5	74,3	7500	10.81,0	75,6	2500	8.17,2	— 1,1	7500	8,4	5,4
2600	4.17,2	71,3	7600	10.05,4	77,0	2600	8.16,1	2,4	7600	3,0	2,6
2700	3.45,9	66,6	7700	9.28,4	77,4	2700	8.13,7	3,0	7700	0,4	— 0,4
2800	2.79,3	61,6	7800	8.51,0	76,6	2800	8.10,7	3,7	7800	0,0	+ 1,9
2900	2.17,7	55,3	7900	7.74,4	74,8	2900	8.07,0	3,8	7900	1,9	3,8
3000	1.62,4	48,1	8000	6.99,6	71,7	3000	8.03,2	3,9	8000	5,7	5,4
3100	1.14,3	40,4	8100	6.27,9	67,7	3100	7.99,3	3,6	8100	11,1	6,9
3200	73,9	31,7	8200	5.60,2	62,5	3200	7.95,7	3,4	8200	18,0	8,2
3300	42,2	23,6	8300	4.97,7	56,5	3300	7.92,3	3,2	8300	26,2	9,6
3400	18,6	14,0	8400	4.41,2	49,3	3400	7.89,1	3,1	8400	35,8	10,9
3500	4,6	— 4,6	8500	3.91,9	41,6	3500	7.86,0	3,3	8500	46,7	12,4
3600	0,0	+ 4,9	8600	3.50,3	32,7	3600	7.82,2	3,8	8600	59,1	14,1
3700	4,9	14,4	8700	3.17,6	23,8	3700	7.78,9	4,7	8700	73,2	15,9
3800	19,3	23,7	8800	2.94,4	13,1	3800	7.74,2	5,9	8800	89,1	18,0
3900	43,0	32,1	8900	2.81,3	— 2,7	3900	7.68,3	7,4	8900	1.07,1	20,1
4000	75,1	41,0	9000	2.78,6	+ 8,1	4000	7.60,9	9,2	9000	1.27,2	22,4
4100	1.16,1	49,1	9100	2.86,7	18,7	4100	7.51,7	11,2	9100	1.49,6	24,6
4200	1.65,2	56,4	9200	3.05,4	29,4	4200	7.40,5	13,3	9200	1.74,2	26,7
4300	2.21,6	62,8	9300	3.34,8	40,0	4300	7.27,2	15,4	9300	2.00,9	28,5
4400	2.84,4	68,9	9400	3.74,8	49,1	4400	7.11,8	17,3	9400	2.29,4	30,2
4500	3.53,3	73,9	9500	4.23,9	57,7	4500	6.94,5	19,2	9500	2.59,6	31,3
4600	4.27,2	78,0	9600	4.81,6	64,7	4600	6.75,3	20,6	9600	2.90,9	32,0
4700	5.05,2	81,4	9700	5.46,3	70,4	4700	6.54,7	21,9	9700	3.22,9	32,2
4800	5.86,6	83,5	9800	6.16,7	74,3	4800	6.32,8	22,7	9800	3.55,1	31,9
4900	6.70,1	+85,0	9900	6.91,0	76,2	4900	6.10,1	—23,2	9900	3.87,0	+31,3
5000	7.55,1		10000	7.67,2		5000	5.86,9		10000	4.18,3	

Constante ajoutée...... 773″,7.

Constante ajoutée...... 457″,7.

TABLE XV. Argument IV, ou (2φ—3φ′).

Argument.	Équation.	Différences.	Argument.	Équation.	Différences.
0	26″9	+ 7″8	5000	4′78″2	— 8″5
100	34,7	8,8	5100	4.69,7	9,2
200	43,5	9,6	5200	4.60,5	10,0
300	53,1	10,5	5300	4.50,5	10,7
400	63,6	11,2	5400	4.39,8	11,3
500	74,8	12,1	5500	4.28,5	12,0
600	86,9	12,8	5600	4.16,5	12,6
700	99,7	13,5	5700	4.03,9	13,0
800	1.13,2	14,1	5800	3.90,9	13,6
900	1.27,3	14,6	5900	3.77,3	14,0
1000	1.41,9	15,1	6000	3.63,3	14,4
1100	1.57,0	15,6	6100	3.48,9	14,6
1200	1.72,6	15,9	6200	3.34,3	15,0
1300	1.88,5	16,3	6300	3.19,3	15,2
1400	2.04,8	16,5	6400	3.04,1	15,3
1500	2.21,3	16,6	6500	2.88,8	15,4
1600	2.37,9	16,7	6600	2.73,4	15,5
1700	2.54,6	16,8	6700	2.57,9	15,5
1800	2.71,4	16,6	6800	2.42,4	15,3
1900	2.88,0	16,6	6900	2.27,1	15,4
2000	3.04,6	16,3	7000	2.11,7	15,3
2100	3.20,9	16,0	7100	1.96,4	15,0
2200	3.36,9	15,7	7200	1.81,4	14,7
2300	3.52,6	15,3	7300	1.66,7	14,4
2400	3.67,9	14,8	7400	1.52,3	14,0
2500	3.82,7	14,2	7500	1.38,3	13,6
2600	3.96,9	13,7	7600	1.24,7	13,2
2700	4.10,6	13,0	7700	1.11,5	12,6
2800	4.23,6	12,2	7800	98,9	12,0
2900	4.35,8	11,5	7900	86,9	11,5
3000	4.47,3	10,7	8000	75,4	10,7
3100	4.58,0	9,9	8100	64,7	10,1
3200	4.67,9	8,9	8200	54,6	9,4
3300	4.76,8	8,0	8300	45,2	8,5
3400	4.84,8	7,1	8400	36,7	7,7
3500	4.91,9	6,1	8500	29,0	6,9
3600	4.98,0	5,1	8600	22,1	6,0
3700	5.03,1	4,1	8700	16,1	5,1
3800	5.07,2	3,1	8800	11,0	4,2
3900	5.10,3	2,0	8900	6,8	3,2
4000	5.12,3	+ 1,1	9000	3,6	2,2
4100	5.13,4	— 0,0	9100	1,4	1,2
4200	5.13,4	1,0	9200	0,2	— 0,2
4300	5.12,4	2,1	9300	0,0	+ 0,8
4400	5.10,3	3,0	9400	0,8	1,8
4500	5.07,3	3,9	9500	2,6	2,9
4600	5.03,4	5,0	9600	5,3	3,8
4700	4.98,4	5,9	9700	9,3	4,9
4800	4.92,5	6,7	9800	14,2	5,9
4900	4.85,8	7,6	9900	20,1	6,8
5000	4.78,2		10000	26,9	

Constante ajoutée...... 256″,5.

TABLE XVI. Argument V, ou (3φ—5φ′)

Argument.	Équation.	Différences.	Argument.	Équation.	Différences.
0	9′14″5	+16″6	5000	83″3	16″5
100	9.31,1	14,8	5100	66,8	14,8
200	9.45,9	13,0	5200	52,0	13,1
300	9.58,9	11,3	5300	38,9	11,2
400	9.70,2	9,4	5400	27,7	9,4
500	9.79,6	7,5	5500	18,3	7,5
600	9.87,1	5,5	5600	10,8	5,5
700	9.92,6	3,6	5700	5,3	3,7
800	9.96,2	1,7	5800	1,6	— 1,6
900	9.97,9	— 0,1	5900	0,0	+ 0,1
1000	9.97,8	2,5	6000	0,1	2,5
1100	9.95,3	4,3	6100	2,6	4,3
1200	9.91,0	6,2	6200	6,9	6,1
1300	9.84,8	8,1	6300	13,0	8,1
1400	9.76,7	10,0	6400	21,1	10,0
1500	9.66,7	11,8	6500	31,1	11,9
1600	9.54,9	13,6	6600	43,0	13,6
1700	9.41,3	15,4	6700	56,6	15,4
1800	9.25,9	17,1	6800	72,0	17,1
1900	9.08,8	18,7	6900	89,1	18,7
2000	8.90,1	20,2	7000	1.07,8	20,2
2100	8.69,9	21,7	7100	1.28,0	21,7
2200	8.48,2	23,1	7200	1.49,7	23,0
2300	8.25,1	24,3	7300	1.72,7	24,4
2400	8.00,8	25,6	7400	1.97,1	25,6
2500	7.75,2	26,6	7500	2.22,7	26,6
2600	7.48,6	27,6	7600	2.49,3	27,6
2700	7.21,0	28,5	7700	2.76,9	28,5
2800	6.92,5	29,3	7800	3.05,4	29,3
2900	6.63,2	29,9	7900	3.34,7	29,9
3000	6.33,3	30,5	8000	3.64,6	30,4
3100	6.02,8	30,8	8100	3.95,0	30,9
3200	5.72,0	31,2	8200	4.25,9	31,1
3300	5.40,8	31,3	8300	4.57,0	31,3
3400	5.09,5	31,3	8400	4.88,3	31,4
3500	4.78,2	31,3	8500	5.19,7	31,3
3600	4.46,9	31,1	8600	5.51,0	31,0
3700	4.15,8	30,7	8700	5.82,0	30,8
3800	3.85,1	30,3	8800	6.12,8	30,3
3900	3.54,8	29,7	8900	6.43,1	29,7
4000	3.25,1	29,1	9000	6.72,8	29,0
4100	2.96,0	28,1	9100	7.01,8	28,2
4200	2.67,9	27,4	9200	7.30,0	27,4
4300	2.40,5	26,3	9300	7.57,4	26,2
4400	2.14,2	25,2	9400	7.83,6	25,2
4500	1.89,0	23,9	9500	8.08,8	24,0
4600	1.65,1	22,6	9600	8.32,8	22,6
4700	1.42,5	21,3	9700	8.55,4	21,2
4800	1.21,2	19,7	9800	8.76,6	19,8
4900	1.01,5	18,2	9900	8.96,4	18,1
5000	1.83,3		10000	9.14,5	

Constante ajoutée...... 498″,9.

TABLE XVII. Argument VI, ou $(3\varphi - 4\varphi')$. TABLE XVIII. Argument VII, ou $(3\varphi - 2\varphi')$.

Argument.	Équation.	Différences.	Argument.	Équation.	Différences.	Argument.	Équation.	Différences.	Argument.	Équation.	Différences.
0	89″0		500	5″2		0	31″8		500	43″4	
10	87,6	— 1″4	510	6,6	+ 1″4	10	34,2	+ 2″4	510	41,0	— 2″4
20	86,0	1,6	520	8,2	1,6	20	36,6	2,4	520	38,7	2,3
30	84,3	1,7	530	10,0	1,8	30	38,9	2,3	530	36,3	2,4
40	82,4	1,9	540	11,9	1,9	40	41,2	2,3	540	33,9	2,4
50	80,3	2,1	550	13,9	2,0	50	43,5	2,3	550	31,6	2,3
60	78,2	2,1	560	16,1	2,2	60	45,9	2,4	560	29,3	2,3
70	75,9	2,3	570	18,3	2,2	70	48,2	2,3	570	27,0	2,3
80	73,5	2,4	580	20,7	2,4	80	50,4	2,2	580	24,8	2,2
90	71,0	2,5	590	23,3	2,6	90	52,6	2,2	590	22,6	2,2
100	68,4	2,6	600	25,9	2,6	100	54,8	2,2	600	20,5	2,1
110	65,7	2,7	610	28,5	2,6	110	56,8	2,0	610	18,4	2,1
120	62,9	2,8	620	31,2	2,7	120	58,8	2,0	620	16,4	2,0
130	60,1	2,8	630	34,1	2,9	130	60,8	2,0	630	14,5	1,9
140	57,2	2,9	640	37,0	2,9	140	62,6	1,8	640	12,7	1,8
150	54,3	2,9	650	39,9	2,9	150	64,3	1,7	650	10,9	1,8
160	51,4	2,9	660	42,8	2,9	160	65,9	1,6	660	9,[illegible]	1,6
170	48,4	3,0	670	45,8	3,0	170	67,4	1,5	670	7,8	1,5
180	45,5	2,9	680	48,7	2,9	180	68,7	1,3	680	6,5	1,3
190	42,5	3,0	690	51,7	3,0	190	70,0	1,3	690	5,2	1,3
200	39,6	2,9	700	54,6	2,9	200	71,1	1,1	700	4,1	1,1
210	36,7	2,9	710	57,5	2,9	210	72,1	1,0	710	3,1	1,0
220	33,8	2,9	720	60,4	2,9	220	73,0	0,9	720	2,2	0,9
230	31,0	2,8	730	63,2	2,8	230	73,7	0,7	730	1,5	0,7
240	28,3	2,7	740	66,0	2,8	240	74,3	0,6	740	0,9	0,6
250	25,6	2,7	750	68,6	2,6	250	74,7	0,4	750	0,5	0,4
260	23,0	2,6	760	71,2	2,5	260	75,0	0,3	760	0,2	0,3
270	20,5	2,5	770	73,7	2,5	270	75,2	0,2	770	0,0	— 0,2
280	18,1	2,4	780	76,1	2,4	280	75,2	— 0,0	780	0,0	0,0
290	15,8	2,3	790	78,4	2,3	290	75,0	0,2	790	0,2	+ 0,2
300	13,7	2,1	800	80,5	2,1	300	74,7	0,3	800	0,5	0,3
310	11,7	2,0	810	82,6	2,1	310	74,2	0,5	810	1,0	0,5
320	9,8	1,9	820	84,5	1,9	320	73,6	0,6	820	1,6	0,6
330	8,0	1,8	830	86,2	1,7	330	72,9	0,7	830	2,3	0,7
340	6,5	1,5	840	87,8	1,6	340	72,0	0,9	840	3,2	0,9
350	5,1	1,4	850	89,2	1,4	350	71,0	1,0	850	4,2	1,0
360	3,8	1,3	860	90,4	1,2	360	69,9	1,1	860	5,3	1,1
370	2,7	1,1	870	91,5	1,1	370	68,6	1,3	870	6,6	1,3
380	1,8	0,9	880	92,4	0,9	380	67,2	1,4	880	7,9	1,3
390	1,1	0,7	890	93,1	0,7	390	65,8	1,4	890	9,4	1,5
400	0,5	0,6	900	93,7	0,6	400	64,2	1,6	900	11,0	1,6
410	0,2	0,3	910	94,0	0,3	410	62,4	1,8	910	12,8	1,8
420	0,0	— 0,2	920	94,2	+ 0,2	420	60,6	1,8	920	14,6	1,8
430	0,0	+ 0,0	930	94,2	— 0,0	430	58,6	2,0	930	16,6	2,0
440	0,2	0,2	940	94,0	0,2	440	56,6	2,0	940	18,6	2,0
450	0,6	0,4	950	93,6	0,4	450	54,5	2,1	950	20,7	2,1
460	1,1	0,5	960	93,1	0,5	460	52,4	2,1	960	22,8	2,1
470	1,9	0,8	970	92,3	0,8	470	50,2	2,2	970	25,0	2,2
480	2,8	0,9	980	91,4	0,9	480	47,9	2,3	980	27,3	2,3
490	3,9	1,1	990	90,3	1,1	490	45,7	2,2	990	29,5	2,2
500	5,2	1,3	1000	89,0	1,3	500	43,4	2,3	1000	31,8	2,3

Constante ajoutée...... 47″,1. Constante ajoutée...... 37″,8.

TABLE XIX. Argument VIII, ou $(3\varphi'-\varphi)$.

Argument.	Équation.	Différences.	Argument.	Équation.	Différences.
0	56"1	0"6	500	2"1	0"6
10	56,7	0,6	510	1,5	0,6
20	57,3	0,4	520	0,9	0,4
30	57,7	0,3	530	0,5	0,3
40	58,0	0,1	540	0,2	− 0,2
50	58,1	+ 0,1	550	0,0	+ 0,0
60	58,2	− 0,0	560	0,0	0,0
70	58,2	0,2	570	0,0	0,2
80	58,0	0,3	580	0,2	0,3
90	57,7	0,4	590	0,5	0,4
100	57,3	0,5	600	0,9	0,5
110	56,8	0,6	610	1,4	0,6
120	56,2	0,7	620	2,0	0,7
130	55,5	0,8	630	2,7	0,8
140	54,7	1,0	640	3,5	1,0
150	53,7	1,0	650	4,5	1,0
160	52,7	1,1	660	5,5	1,1
170	51,6	1,2	670	6,6	1,2
180	50,4	1,3	680	7,8	1,3
190	49,1	1,4	690	9,1	1,4
200	47,7	1,5	700	10,5	1,5
210	46,2	1,5	710	12,0	1,5
220	44,7	1,5	720	13,5	1,6
230	43,2	1,7	730	15,1	1,6
240	41,5	1,7	740	16,7	1,6
250	39,8	1,6	750	18,3	1,7
260	38,2	1,7	760	20,0	1,7
270	36,5	1,8	770	21,7	1,8
280	34,7	1,9	780	23,5	1,9
290	32,8	1,8	790	25,4	1,8
300	31,0	1,8	800	27,2	1,8
310	29,2	1,9	810	29,0	1,9
320	27,3	1,8	820	30,9	1,8
330	25,5	1,8	830	32,7	1,8
340	23,7	1,8	840	34,5	1,8
350	21,9	1,7	850	36,3	1,7
360	20,2	1,7	860	38,0	1,7
370	18,5	1,7	870	39,7	1,7
380	16,8	1,6	880	41,4	1,6
390	15,2	1,6	890	43,0	1,6
400	13,6	1,5	900	44,6	1,5
410	12,1	1,4	910	46,1	1,4
420	10,7	1,4	920	47,5	1,4
430	9,3	1,3	930	48,9	1,3
440	8,0	1,3	940	50,2	1,3
450	6,7	1,1	950	51,5	1,1
460	5,6	1,0	960	52,6	1,0
470	4,6	0,9	970	53,6	1,0
480	3,7	0,9	980	54,6	0,8
490	2,8	0,7	990	55,4	0,7
500	2,1		1000	56,1	

Constante ajoutée...... 29",2,

TABLE XX. Argument IX, ou (φ').

Argument.	Équation.	Différences.	Argument.	Équation.	Différences.
0	60"8	+ 0"2	500	12"7	− 2"8
10	61,0	0,3	510	9,9	2,5
20	61,3	0,4	520	7,4	2,2
30	61,7	0,5	530	5,2	1,7
40	62,2	0,6	540	3,5	1,4
50	62,8	0,7	550	2,1	1,1
60	63,5	0,8	560	1,0	0,7
70	64,3	1,0	570	0,3	− 0,3
80	65,3	1,2	580	0,0	+ 0,1
90	66,5	1,3	590	0,1	0,4
100	67,8	1,3	600	0,5	0,7
110	69,1	1,3	610	1,2	1,1
120	70,4	1,4	620	2,3	1,4
130	71,8	1,4	630	3,7	1,7
140	73,2	1,5	640	5,4	2,0
150	74,7	1,4	650	7,4	2,3
160	76,1	1,4	660	9,7	2,4
170	77,5	1,3	670	12,1	2,7
180	78,8	1,2	680	14,8	2,8
190	80,0	1,1	690	17,6	2,9
200	81,1	0,9	700	20,5	2,9
210	82,0	0,7	710	23,4	3,0
220	82,7	0,5	720	26,4	3,0
230	83,2	+ 0,3	730	29,4	3,0
240	83,5	− 0,0	740	32,4	3,0
250	83,5	0,3	750	35,4	2,9
260	83,2	0,5	760	38,3	2,7
270	82,7	0,7	770	41,0	2,7
280	82,0	1,2	780	43,7	2,4
290	80,8	1,5	790	46,1	2,2
300	79,3	1,7	800	48,3	2,1
310	77,6	2,1	810	50,4	1,9
320	75,8	2,6	820	52,3	1,7
330	73,2	2,8	830	54,0	1,5
340	70,4	2,9	840	55,5	1,3
350	67,5	3,2	850	56,8	1,1
360	64,3	3,4	860	57,9	0,8
370	60,9	3,5	870	58,7	0,7
380	57,4	3,7	880	59,4	0,6
390	53,7	3,8	890	60,0	0,4
400	49,9	4,0	900	60,4	0,3
410	45,9	4,0	910	60,7	0,1
420	41,9	4,0	920	60,8	+ 0,1
430	37,9	4,0	930	60,9	− 0,0
440	33,9	3,9	940	60,9	0,1
450	30,0	3,8	950	60,8	0,1
460	26,2	3,7	960	60,7	0,0
470	22,5	3,5	970	60,7	0,0
480	19,0	3,3	980	60,7	0,0
490	15,7	3,0	990	60,7	0,1
500	12,7		1000	60,8	

Constante ajoutée...... 48",1.

TABLE XXI. Argument X, ou $(4\varphi - 5\varphi')$.

Argument.	Équation.	Différences.	Argument.	Équation.	Différences.
0	63"0	1"0	500	5"2	1"1
10	64,0	1,0	510	4,1	1,0
20	65,0	0,8	520	3,1	0,8
30	65,8	0,7	530	2,3	0,7
40	66,5	0,6	540	1,6	0,6
50	67,1	0,5	550	1,0	0,4
60	67,6	0,3	560	0,6	0,4
70	67,9	0,2	570	0,2	0,2
80	68,1	0,0	580	0,0	0,0
90	68,1	0,1	590	0,0	0,1
100	68,0	0,2	600	0,1	0,2
110	67,8	0,3	610	0,3	0,3
120	67,5	0,5	620	0,6	0,5
130	67,0	0,6	630	1,1	0,6
140	66,4	0,8	640	1,7	0,8
150	65,6	0,8	650	2,5	0,8
160	64,8	1,0	660	3,3	1,0
170	63,8	1,1	670	4,3	1,1
180	62,7	1,2	680	5,4	1,2
190	61,5	1,3	690	6,6	1,4
200	60,2	1,5	700	8,0	1,4
210	58,7	1,5	710	9,4	1,5
220	57,2	1,6	720	10,9	1,6
230	55,6	1,7	730	12,5	1,7
240	53,9	1,8	740	14,2	1,8
250	52,1	1,9	750	16,0	1,9
260	50,2	1,9	760	17,9	1,9
270	48,3	1,9	770	19,8	1,9
280	46,4	2,0	780	21,7	2,0
290	44,4	2,1	790	23,7	2,1
300	42,3	2,1	800	25,8	2,1
310	40,2	2,1	810	27,9	2,1
320	38,1	2,1	820	30,1	2,1
330	36,0	2,2	830	32,3	2,2
340	33,8	2,2	840	34,5	2,2
350	31,6	2,1	850	36,5	2,2
360	29,5	2,1	860	38,7	2,1
370	27,4	2,1	870	40,8	2,0
380	25,3	2,0	880	42,8	2,0
390	23,3	2,0	890	44,8	2,0
400	21,3	2,0	900	46,8	2,0
410	19,3	1,9	910	48,8	1,9
420	17,4	1,8	920	50,7	1,8
430	15,6	1,8	930	52,5	1,8
440	13,8	1,7	940	54,3	1,7
450	12,1	1,6	950	56,0	1,6
460	10,5	1,5	960	57,6	1,5
470	9,0	1,4	970	59,1	1,4
480	7,6	1,2	980	60,5	1,3
490	6,4	1,2	990	61,8	1,2
500	5,2		1000	63,0	

Constante ajoutée..... 34",1.

TABLE XXII. Argument XI, ou $(2\varphi - \varphi')$.

Argument.	Équation.	Différences.	Argument.	Équation.	Différences.
0	20"3	1"0	500	11"4	0"9
10	19,3	1,0	510	12,3	1,0
20	18,3	1,0	520	13,3	1,0
30	17,3	1,0	530	14,3	1,0
40	16,3	1,0	540	15,3	1,0
50	15,3	0,9	550	16,3	1,0
60	14,4	1,0	560	17,3	0,9
70	13,4	1,0	570	18,2	1,0
80	12,4	1,0	580	19,2	1,0
90	11,4	0,9	590	20,2	0,9
100	10,5	0,9	600	21,1	1,0
110	9,6	0,9	610	22,1	0,9
120	8,7	0,9	620	23,0	0,8
130	7,8	0,9	630	23,8	0,9
140	6,9	0,8	640	24,7	0,8
150	6,1	0,7	650	25,5	0,8
160	5,4	0,7	660	26,3	0,7
170	4,7	0,7	670	27,0	0,7
180	4,0	0,7.	680	27,7	0,6
190	3,3	0,6	690	28,3	0,6
200	2,7	0,5	700	28,9	0,5
210	2,2	0,5	710	29,4	0,5
220	1,7	0,4	720	29,9	0,4
230	1,3	0,4	730	30,3	0,4
240	0,9	0,3	740	30,7	0,3
250	0,6	0,2	750	31,0	0,2
260	0,4	0,2	760	31,2	0,2
270	0,2	0,1	770	31,4	0,1
280	0,1	0,1	780	31,5	0,1
290	0,0	0,0	790	31,6	0,0
300	0,0	0,1	800	31,6	0,0
310	0,1	0,1	810	31,6	0,1
320	0,2	0,2	820	31,5	0,2
330	0,4	0,2	830	31,3	0,3
340	0,6	0,3	840	31,0	0,3
350	0,9	0,4	850	30,7	0,4
360	1,3	0,4	860	30,3	0,4
370	1,7	0,5	870	29,9	0,5
380	2,2	0,5	880	29,4	0,5
390	2,7	0,6	890	28,9	0,6
400	3,3	0,6	900	28,3	0,6
410	3,9	0,7	910	27,7	0,7
420	4,6	0,7	920	27,0	0,7
430	5,3	0,8	930	26,3	0,8
440	6,1	0,8	940	25,5	0,8
450	6,9	0,8	950	24,7	0,8
460	7,7	0,9	960	23,9	0,9
470	8,6	0,9	970	23,0	0,9
480	9,5	0,9	980	22,1	0,9
490	10,4	1,0	990	21,2	0,9
500	11,4		1000	20,3	

Constante ajoutée..... 15",8.

TABLE XXIII. Argument XII, ou (4φ—3φ′). TAB. XXIV. Arg. XIII, ou (φ+φ′)=arg. XII—arg. VI.

Argument.	Équation.	Différences.	Argument.	Équation.	Différences.	Argument.	Équation.	Différences.	Argument.	Équation.	Différences.
0	3″3	0″2	500	3″6	0″2	0	4″6	0″1	500	0″2	0″1
10	3,5	0,2	510	3,4	0,2	10	4,7	0,0	510	0,1	0,0
20	3,7	0,3	520	3,2	0,2	20	4,7	0,1	520	0,1	0,0
30	4,0	0,2	530	3,0	0,2	30	4,8	0,0	530	0,1	0,1
40	4,2	0,2	540	2,8	0,3	40	4,8	0,0	540	0,0	0,0
50	4,4	0,2	550	2,5	0,2	50	4,8	0,0	550	0,0	0,0
60	4,6	0,2	560	2,3	0,2	60	4,8	0,0	560	0,0	0,0
70	4,8	0,2	570	2,1	0,2	70	4,8	0,0	570	0,0	0,0
80	5,0	0,2	580	1,9	0,1	80	4,8	0,0	580	0,0	0,0
90	5,2	0,2	590	1,8	0,2	90	4,8	0,1	590	0,0	0,1
100	5,4	0,1	600	1,6	0,2	100	4,7	0,0	600	0,1	0,0
110	5,5	0,2	610	1,4	0,2	110	4,7	0,0	610	0,1	0,1
120	5,7	0,2	620	1,2	0,2	120	4,7	0,1	620	0,2	0,1
130	5,9	0,1	630	1,0	0,1	130	4,6	0,1	630	0,3	0,0
140	6,0	0,2	640	0,9	0,1	140	4,5	0,1	640	0,3	0,1
150	6,2	0,1	650	0,8	0,2	150	4,5	0,1	650	0,4	0,1
160	6,3	0,1	660	0,6	0,1	160	4,4	0,1	660	0,5	0,1
170	6,4	0,1	670	0,5	0,1	170	4,3	0,1	670	0,6	0,1
180	6,5	0,1	680	0,4	0,1	180	4,2	0,1	680	0,7	0,1
190	6,6	0,1	690	0,3	0,1	190	4,1	0,1	690	0,8	0,1
200	6,7	0,1	700	0,2	0,0	200	4,0	0,1	700	0,9	0,2
210	6,8	0,0	710	0,2	0,1	210	3,9	0,2	710	1,1	0,1
220	6,8	0,1	720	0,1	0,0	220	3,7	0,1	720	1,2	0,1
230	6,9	0,0	730	0,1	0,1	230	3,6	0,1	730	1,3	0,2
240	6,9	0,0	740	0,0	0,0	240	3,5	0,2	740	1,5	0,1
250	6,9	0,0	750	0,0	0,0	250	3,3	0,1	750	1,6	0,1
260	6,9	0,0	760	0,0	0,0	260	3,2	0,1	760	1,7	0,2
270	6,9	0,0	770	0,0	0,0	270	3,1	0,2	770	1,9	0,1
280	6,9	0,0	780	0,0	0,1	280	2,9	0,1	780	2,0	0,2
290	6,9	0,1	790	0,1	0,0	290	2,8	0,2	790	2,2	0,1
300	6,8	0,0	800	0,1	0,1	300	2,6	0,1	800	2,3	0,2
310	6,8	0,1	810	0,2	0,1	310	2,5	0,2	810	2,5	0,2
320	6,7	0,1	820	0,3	0,1	320	2,3	0,2	820	2,7	0,1
330	6,6	0,1	830	0,4	0,1	330	2,1	0,1	830	2,8	0,1
340	6,5	0,1	840	0,5	0,1	340	2,0	0,1	840	2,9	0,2
350	6,4	0,2	850	0,6	0,1	350	1,9	0,2	850	3,1	0,1
360	6,2	0,1	860	0,7	0,1	360	1,7	0,1	860	3,2	0,2
370	6,1	0,1	870	0,8	0,2	370	1,6	0,2	870	3,4	0,1
380	6,0	0,2	880	1,0	0,1	380	1,4	0,1	880	3,5	0,1
390	5,8	0,2	890	1,1	0,2	390	1,3	0,1	890	3,6	0,1
400	5,6	0,1	900	1,3	0,2	400	1,2	0,2	900	3,7	0,1
410	5,5	0,2	910	1,5	0,2	410	1,0	0,1	910	3,8	0,1
420	5,3	0,2	920	1,7	0,2	420	0,9	0,1	920	3,9	0,1
430	5,1	0,2	930	1,9	0,2	430	0,8	0,1	930	4,0	0,1
440	4,9	0,2	940	2,1	0,2	440	0,7	0,1	940	4,1	0,1
450	4,7	0,2	950	2,3	0,2	450	0,6	0,1	950	4,2	0,1
460	4,5	0,2	960	2,5	0,2	460	0,5	0,1	960	4,3	0,1
470	4,3	0,2	970	2,7	0,2	470	0,4	0,1	970	4,4	0,1
480	4,1	0,2	980	2,9	0,2	480	0,3	0,1	980	4,5	0,1
490	3,8	0,2	990	3,1	0,2	490	0,2	0,0	990	4,6	0,0
500	3,6		1000	3,3		500	0,2		1000	4,6	

Constante ajoutée.... 3″,5. Constante ajoutée..... 2″,4.

TABLE XXV. Argument XIV, ou $(5\varphi - 6\varphi')$. TABLE XXVI. Argument XV, ou $(\varphi - \varphi'')$.

Argument.	Équation.	Différences.	Argument.	Équation.	Différences.	Argument.	Équation.	Différences.	Argument.	Équation.	Différences.
0	5″,2	0″,1	500	0″,2	0″,1	0	4″,0	0″,1	500	4″,0	0″,3
10	5,1	0,1	510	0,3	0,1	10	3,9	0,0	510	4,3	0,3
20	5,0	0,1	520	0,4	0,1	20	3,9	0,0	520	4,6	0,4
30	4,9	0,1	530	0,5	0,1	30	3,9	0,0	530	5,0	0,3
40	4,8	0,1	540	0,6	0,1	40	3,9	0,1	540	5,3	0,3
50	4,7	0,1	550	0,7	0,1	50	3,8	0,0	550	5,6	0,3
60	4,6	0,1	560	0,8	0,1	60	3,8	0,1	560	5,9	0,3
70	4,5	0,2	570	0,9	0,2	70	3,7	0,1	570	6,2	0,3
80	4,3	0,1	580	1,1	0,1	80	3,6	0,1	580	6,5	0,2
90	4,2	0,1	590	1,2	0,1	90	3,5	0,1	590	6,7	0,3
100	4,1	0,2	600	1,3	0,2	100	3,4	0,1	600	7,0	0,2
110	3,9	0,1	610	1,5	0,2	110	3,3	0,1	610	7,2	0,2
120	3,8	0,2	620	1,7	0,1	120	3,2	0,2	620	7,4	0,2
130	3,6	0,2	630	1,8	0,2	130	3,0	0,2	630	7,6	0,1
140	3,4	0,1	640	2,0	0,1	140	2,8	0,2	640	7,7	0,1
150	3,3	0,2	650	2,1	0,2	150	2,6	0,2	650	7,8	0,1
160	3,1	0,2	660	2,3	0,2	160	2,4	0,2	660	7,9	0,0
170	2,9	0,1	670	2,5	0,1	170	2,2	0,2	670	7,9	0,0
180	2,8	0,2	680	2,6	0,2	180	2,0	0,2	680	7,9	0,0
190	2,6	0,2	690	2,8	0,2	190	1,8	0,2	690	7,9	0,0
200	2,4	0,1	700	3,0	0,1	200	1,6	0,3	700	7,9	0,1
210	2,3	0,2	710	3,1	0,2	210	1,3	0,2	710	7,8	0,0
220	2,1	0,2	720	3,3	0,2	220	1,1	0,2	720	7,8	0,2
230	1,9	0,1	730	3,5	0,1	230	0,9	0,2	730	7,6	0,1
240	1,8	0,2	740	3,6	0,2	240	0,7	0,1	740	7,5	0,2
250	1,6	0,1	750	3,8	0,1	250	0,6	0,2	750	7,3	0,1
260	1,5	0,2	760	3,9	0,2	260	0,4	0,1	760	7,2	0,2
270	1,3	0,1	770	4,1	0,1	270	0,3	0,1	770	7,0	0,2
280	1,2	0,2	780	4,2	0,2	280	0,2	0,1	780	6,8	0,2
290	1,0	0,1	790	4,4	0,1	290	0,1	0,1	790	6,6	0,2
300	0,9	0,1	800	4,5	0,1	300	0,0	0,0	800	6,4	0,3
310	0,8	0,1	810	4,6	0,1	310	0,0	0,0	810	6,1	0,2
320	0,7	0,1	820	4,7	0,1	320	0,0	0,0	820	5,9	0,2
330	0,6	0,1	830	4,8	0,1	330	0,0	0,1	830	5,7	0,2
340	0,5	0,1	840	4,9	0,1	340	0,1	0,0	840	5,5	0,2
350	0,4	0,1	850	5,0	0,1	350	0,1	0,1	850	5,3	0,2
360	0,3	0,1	860	5,1	0,1	360	0,2	0,2	860	5,1	0,2
370	0,2	0,0	870	5,2	0,1	370	0,4	0,1	870	4,9	0,2
380	0,2	0,1	880	5,3	0,0	380	0,5	0,2	880	4,7	0,1
390	0,1	0,0	890	5,3	0,0	390	0,7	0,2	890	4,6	0,1
400	0,1	0,0	900	5,3	0,1	400	0,9	0,3	900	4,5	0,1
410	0,0	0,0	910	5,4	0,0	410	1,2	0,2	910	4,4	0,1
420	0,0	0,0	920	5,4	0,0	420	1,4	0,3	920	4,3	0,1
430	0,0	0,0	930	5,4	0,0	430	1,7	0,3	930	4,2	0,1
440	0,0	0,0	940	5,4	0,0	440	2,0	0,3	940	4,1	0,0
450	0,0	0,0	950	5,4	0,0	450	2,3	0,3	950	4,1	0,0
460	0,0	0,1	960	5,4	0,1	460	2,6	0,3	960	4,0	0,0
470	0,1	0,0	970	5,3	0,0	470	2,9	0,4	970	4,0	0,0
480	0,1	0,1	980	5,3	0,1	480	3,3	0,3	980	4,0	0,0
490	0,2	0,0	990	5,2	0,0	490	3,6	0,4	990	4,0	0,0
500	0,2		1000	5,2		500	4,0		1000	4,0	

Constante ajoutée..... 2″,7. Constante ajoutée..... 4″,0.

TABLE XXVII. Argument I, ou Anomalie moyenne.

Degrés.	Rayons vecteurs.	Différences.	Variation séculaire.	Degrés.	Degrés.	Rayons vecteurs.	Différences.	Variation séculaire.	Degrés.
0	4,94484	3	−0,00080	400	50	5,02458	300	−0,00052	350
1	4,94487	10	80	399	51	5,02758	304	51	349
2	4,94497	18	80	398	52	5,03062	308	50	348
3	4,94515	23	80	397	53	5,03370	312	49	347
4	4,94538	31	80	396	54	5,03682	316	48	346
5	4,94569	38	0,00080	395	55	5,03998	321	0,00047	345
6	4,94607	44	79	394	56	5,04319	324	46	344
7	4,94651	51	79	393	57	5,04643	327	45	343
8	4,94702	58	79	392	58	5,04970	332	44	342
9	4,94760	64	79	391	59	5,05302	335	43	341
10	4,94824	71	0,00079	390	60	5,05637	338	0,00042	340
11	4,94895	78	78	389	61	5,05975	341	40	339
12	4,94973	85	78	388	62	5,06316	345	39	338
13	4,95058	92	78	387	63	5,06661	347	38	337
14	4,95150	97	78	386	64	5,07008	351	37	336
15	4,95247	104	0,00077	385	65	5,07359	354	0,00036	335
16	4,95351	111	77	384	66	5,07713	356	35	334
17	4,95462	117	76	383	67	5,08069	359	33	333
18	4,95579	124	76	382	68	5,08428	362	32	332
19	4,95703	131	76	381	69	5,08790	365	31	331
20	4,95834	137	0,00075	380	70	5,09155	367	0,00030	330
21	4,95971	143	75	379	71	5,09522	368	29	329
22	4,96114	149	74	378	72	5,09890	370	27	328
23	4,96263	156	74	377	73	5,10260	374	26	327
24	4,96419	161	73	376	74	5,10634	376	25	326
25	4,96580	168	0,00073	375	75	5,11010	377	0,00024	325
26	4,96748	175	72	374	76	5,11387	379	22	324
27	4,96923	180	71	373	77	5,11766	381	21	323
28	4,97103	186	71	372	78	5,12147	382	20	322
29	4,97289	192	70	371	79	5,12529	384	19	321
30	4,97481	197	0,00069	370	80	5,12913	385	0,00017	320
31	4,97678	204	69	369	81	5,13298	387	16	319
32	4,97882	209	68	368	82	5,13685	387	15	318
33	4,98091	215	67	367	83	5,14072	389	14	317
34	4,98306	221	66	366	84	5,14461	389	13	316
35	4,98527	227	0,00066	365	85	5,14850	391	0,00011	315
36	4,98754	231	65	364	86	5,15241	391	10	314
37	4,98985	237	64	363	87	5,15632	392	9	313
38	4,99222	242	63	362	88	5,16024	393	7	312
39	4,99464	248	63	361	89	5,16417	393	6	311
40	4,99712	252	0,00062	360	90	5,16810	393	0,00005	310
41	4,99964	258	61	359	91	5,17203	394	4	309
42	5,00222	263	60	358	92	5,17597	394	2	308
43	5,00485	268	59	357	93	5,17991	394	1	307
44	5,00753	272	58	356	94	5,18385	394	— 0	306
45	5,01025	278	0,00057	355	95	5,18779	394	+0,00001	305
46	5,01303	282	56	354	96	5,19173	393	3	304
47	5,01585	286	55	353	97	5,19567	393	4	303
48	5,01871	291	54	352	98	5,19960	393	5	302
49	5,02162	296	53	351	99	5,20353	393	6	301
50	5,02458		−0,00052	350	100	5,20746		+0,00008	300
D.				D.	D.				D.

Constante retranchée..... 0,00732.

Suite de la TABLE XXVII. Argument I, ou Anomalie moyenne.

Degrés.	Rayons vecteurs.	Diffé-rences.	Variation séculaire.	Degrés.	Degrés.	Rayons vecteurs.	Diffé-rences.	Variation séculaire.	Degrés.
100	5,20746	392	+0,00008	300	150	5,37833	258	+0,00061	250
101	5,21138	391	09	299	151	5,38091	253	61	249
102	5,21529	391	10	298	152	5,38344	249	62	248
103	5,21920	389	11	297	153	5,38593	244	63	247
104	5,22309	389	13	296	154	5,38837	240	64	246
105	5,22698	387	0,00014	295	155	5,39077	235	0,00064	245
106	5,23085	387	15	294	156	5,39312	231	65	244
107	5,23472	386	16	293	157	5,39543	226	66	243
108	5,23858	383	17	292	158	5,39769	221	66	242
109	5,24241	382	19	291	159	5,39990	217	67	241
110	5,24623	381	0,00020	290	160	5,40207	211	0,00068	240
111	5,25004	379	21	289	161	5,40418	207	68	239
112	5,25383	378	22	288	162	5,40625	202	69	238
113	5,25761	376	23	287	163	5,40827	197	69	237
114	5,26137	374	25	286	164	5,41024	191	70	236
115	5,26511	372	0,00026	285	165	5,41215	187	0,00070	235
116	5,26883	370	27	284	166	5,41402	183	71	234
117	5,27253	369	28	283	167	5,41585	177	71	233
118	5,27622	365	29	282	168	5,41762	172	72	232
119	5,27987	363	30	281	169	5,41934	167	72	231
120	5,28350	361	0,00031	280	170	5,42101	162	0,00073	230
121	5,28711	359	32	279	171	5,42263	156	73	229
122	5,29070	356	34	278	172	5,42419	152	74	228
123	5,29426	354	35	277	173	5,42571	145	74	227
124	5,29780	351	36	276	174	5,42716	141	75	226
125	5,30131	348	0,00037	275	175	5,42857	135	0,00075	225
126	5,30479	345	38	274	176	5,42992	130	75	224
127	5,30824	343	39	273	177	5,43122	125	76	223
128	5,31167	340	40	272	178	5,43247	120	76	222
129	5,31507	336	41	271	179	5,43367	113	77	221
130	5,31843	334	0,00042	270	180	5,43480	109	0,00077	220
131	5,32177	330	43	269	181	5,43589	102	77	219
132	5,32507	327	44	268	182	5,43691	98	77	218
133	5,32834	324	45	267	183	5,43789	92	78	217
134	5,33158	320	46	266	184	5,43881	87	78	216
135	5,33478	317	0,00047	265	185	5,43968	81	0,00078	215
136	5,33795	313	48	264	186	5,44049	76	78	214
137	5,34108	310	49	263	187	5,44125	70	79	213
138	5,34418	306	50	262	188	5,44195	64	79	212
139	5,34724	302	51	261	189	5,44259	59	79	211
140	5,35026	299	0,00052	260	190	5,44318	53	0,00079	210
141	5,35325	295	52	259	191	5,44371	48	79	209
142	5,35620	291	53	258	192	5,44419	42	79	208
143	5,35911	286	54	257	193	5,44461	37	80	207
144	5,36197	283	55	256	194	5,44498	31	80	206
145	5,36480	279	0,00056	255	195	5,44529	25	0,00080	205
146	5,36759	275	57	254	196	5,44554	19	80	204
147	5,37034	271	58	253	197	5,44573	15	80	203
148	5,37305	266	59	252	198	5,44588	9	80	202
149	5,37571	262	60	251	199	5,44597	2	80	201
150	5,37833		+0,00061	250	200	5,44599		+0,00080	200
D.				D.	D.				D.

TABLE XXVIII. Argument II de la Longitude. TABLE XXIX. Argument III de la Longitude.

Argument.	Équation.	Différences.	Argument.	Équation.	Différences.	Argument.	Équation.	Différences.	Argument.	Équation.	Différences.
0	0,00068	3	5000	0,00000	1	0	0,00000	0	5000	0,00055	1
100	71	8	5100	1	5	100	0	1	5100	56	2
200	79	14	5200	6	10	200	1	1	5200	58	1
300	93	20	5300	16	12	300	2	1	5300	59	2
400	113	24	5400	28	17	400	3	1	5400	61	1
500	0,00137	28	5500	0,00045	20	500	0,00004	1	5500	0,00062	2
600	165	31	5600	65	23	600	5	1	5600	64	1
700	196	34	5700	88	25	700	6	1	5700	65	1
800	230	35	5800	113	29	800	7	2	5800	66	1
900	265	38	5900	142	30	900	9	1	5900	67	0
1000	0,00303	37	6000	0,00172	32	1000	0,00010	2	6000	0,00067	1
1100	340	36	6100	204	33	1100	12	1	6100	68	0
1200	376	36	6200	237	35	1200	13	2	6200	68	0
1300	412	33	6300	272	35	1300	15	1	6300	68	0
1400	445	31	6400	307	35	1400	16	1	6400	68	1
1500	0,00476	29	6500	0,00342	34	1500	0,00017	2	6500	0,00067	0
1600	505	26	6600	376	34	1600	19	1	6600	67	1
1700	531	22	6700	410	33	1700	20	1	6700	66	1
1800	553	18	6800	443	30	1800	21	2	6800	65	2
1900	571	14	6900	473	27	1900	23	1	6900	63	1
2000	0,00585	10	7000	0,00500	26	2000	0,00024	1	7000	0,00062	2
2100	595	7	7100	526	23	2100	25	1	7100	60	2
2200	602	+ 3	7200	549	19	2200	26	1	7200	58	2
2300	605	− 1	7300	568	15	2300	27	1	7300	56	3
2400	604	6	7400	580	12	2400	28	0	7400	53	2
2500	0,00598	10	7500	0,00595	7	2500	0,00028	1	7500	0,00051	3
2600	588	15	7600	602	3	2600	29	1	7600	48	3
2700	573	17	7700	605	1	2700	30	1	7700	45	3
2800	556	22	7800	604	5	2800	31	0	7800	42	3
2900	534	25	7900	599	9	2900	31	1	7900	39	3
3000	0,00509	26	8000	0,00590	13	3000	0,0003[illegible]	0	8000	0,00036	3
3100	483	29	8100	577	19	3100	32	1	8100	33	3
3200	454	32	8200	558	22	3200	33	1	8200	30	3
3300	422	33	8300	536	24	3300	34	1	8300	27	3
3400	389	34	8400	512	28	3400	35	0	8400	24	3
3500	0,00355	35	8500	0,00484	30	3500	0,00035	1	8500	0,00021	3
3600	329	35	8600	454	34	3600	36	1	8600	18	2
3700	285	34	8700	420	35	3700	37	1	8700	16	3
3800	251	34	8800	385	36	3800	38	1	8800	13	2
3900	217	32	8900	349	37	3900	39	1	8900	11	2
4000	0,00185	31	9000	0,00312	38	4000	0,0004[illegible]	1	9000	0,00009	2
4100	154	29	9100	274	36	4100	41	1	9100	7	2
4200	125	28	9200	238	35	4200	42	2	9200	5	1
4300	97	24	9300	203	32	4300	44	1	9300	4	1
4400	73	20	9400	171	28	4400	45	2	9400	3	1
4500	0,00053	19	9500	0,00143	26	4500	0,00047	1	9500	0,00002	1
4600	34	14	9600	117	20	4600	48	2	9600	1	1
4700	20	11	9700	97	16	4700	50	1	9700	0	0
4800	9	6	9800	81	10	4800	51	2	9800	0	0
4900	3	3	9900	71	3	4900	53	2	9900	0	0
5000	0,00000		10000	0000 68		5000	0,00055		10000	0,00000	

Constante ajoutée... 0,00322. Constante ajoutée... 0,0032.

TABLE XXX. Argument IV de la Longitude. TABLE XXXI. Argument V de la Longitude.

Argument.	Équation.	Différences.	Argument.	Équation.	Différences.	Argument.	Équation.	Différences.	Argument.	Équation.	Différences.
0	0,00048	5	5000	0,00130	5	0	0,00089	10	5000	0,00310	10
100	43	5	5100	135	5	100	99	12	5100	300	11
200	38	4	5200	140	4	200	111	11	5200	289	12
300	34	4	5300	144	5	300	122	12	5300	277	11
400	30	4	5400	149	4	400	134	12	5400	266	12
500	0,00026	4	5500	0,00153	4	500	0,00146	12	5500	0,00254	13
600	22	4	5600	157	3	600	158	12	5600	241	12
700	18	3	5700	160	3	700	170	13	5700	229	12
800	15	3	5800	163	3	800	183	12	5800	217	13
900	12	3	5900	166	3	900	195	13	5900	204	12
1000	0,00009	2	6000	0,00169	2	1000	0,00208	12	6000	0,00192	13
1100	7	2	6100	171	2	1100	220	12	6100	179	12
1200	5	2	6200	173	2	1200	232	13	6200	167	13
1300	3	1	6300	175	1	1300	245	12	6300	154	12
1400	2	1	6400	176	1	1400	257	12	6400	142	12
1500	0,00001	1	6500	0,00177	1	1500	0,00269	11	6500	0,00130	11
1600	0	0	6600	178	0	1600	280	12	6600	119	12
1700	0	0	6700	178	0	1700	292	11	6700	107	10
1800	0	1	6800	178	0	1800	303	10	6800	97	11
1900	1	0	6900	178	1	1900	313	10	6900	86	10
2000	0,00001	1	7000	0,00177	1	2000	0,00323	10	7000	0,00076	10
2100	2	2	7100	176	2	2100	333	9	7100	66	9
2200	4	2	7200	174	1	2200	342	8	7200	57	8
2300	6	2	7300	173	2	2300	350	8	7300	49	8
2400	8	2	7400	171	3	2400	358	8	7400	41	7
2500	0,00010	3	7500	0,00168	3	2500	0,00366	6	7500	0,00034	7
2600	13	3	7600	165	3	2600	372	6	7600	27	6
2700	16	3	7700	162	3	2700	378	5	7700	21	5
2800	19	4	7800	159	4	2800	383	5	7800	16	5
2900	23	4	7900	155	4	2900	388	4	7900	11	3
3000	0,00027	4	8000	0,00151	4	3000	0,00392	3	8000	0,00008	3
3100	31	4	8100	147	4	3100	395	2	8100	5	3
3200	35	5	8200	143	4	3200	397	1	8200	2	1
3300	40	5	8300	139	5	3300	398	1	8300	1	1
3400	45	5	8400	134	5	3400	399	0	8400	0	0
3500	0,00050	5	8500	0,00129	5	3500	0,00399	1	8500	0,00000	1
3600	55	5	8600	124	5	3600	398	2	8600	1	2
3700	60	5	8700	119	6	3700	396	2	8700	3	2
3800	65	6	8800	113	5	3800	394	3	8800	5	3
3900	71	5	8900	108	6	3900	391	4	8900	8	4
4000	0,00076	6	9000	0,00102	5	4000	0,00387	5	9000	0,00012	5
4100	82	5	9100	97	6	4100	382	6	9100	17	6
4200	87	6	9200	91	5	4200	376	6	9200	23	6
4300	93	5	9300	86	6	4300	370	6	9300	29	7
4400	98	6	9400	80	6	4400	364	8	9400	36	7
4500	0,00104	5	9500	0,00074	5	4500	0,00356	8	9500	0,00043	8
4600	109	6	9600	69	6	4600	348	9	9600	51	9
4700	115	5	9700	63	5	4700	339	9	9700	60	9
4800	120	5	9800	58	5	4800	330	10	9800	69	10
4900	125	5	9900	53	5	4900	320	10	9900	79	10
5000	0,00130		10000	0,00048		5000	0,00310		10000	0,00089	

Constante ajoutée... 0,00089. Constante ajoutée... 0,00200.

TABLE XXXII. Argument VI de la Longitude. — TABLE XXXIII. Argument VII de la Longitude. — TABLE XXXIV. Argument IX de la Longitude.

Argument.	Équation.	Argument.	Équation.	Argument.	Équation.	Argument.	Équation.	Argument.	Équation.	Argument.	Équation.
0	0,00034	500	0,00012	0	0,00000	500	0,00026	0	0,00014	500	0,00026
10	35	510	11	10	0	510	26	10	14	510	25
20	36	520	10	20	0	520	26	20	13	520	25
30	38	530	8	30	0	530	26	30	13	530	25
40	39	540	7	40	0	540	26	40	13	540	24
50	0,00040	550	0,00006	50	0,00000	550	0,00026	50	0,00013	550	0,00023
60	41	560	5	60	0	560	26	60	12	560	22
70	42	570	4	70	1	570	25	70	12	570	21
80	43	580	3	80	1	580	25	80	11	580	20
90	43	590	3	90	1	590	25	90	11	590	19
100	0,00044	600	0,00002	100	0,00002	600	0,00024	100	0,00010	600	0,00018
110	45	610	1	110	2	610	24	110	10	610	16
120	45	620	1	120	2	620	24	120	9	620	15
130	45	630	0	130	3	630	23	130	9	630	14
140	46	640	0	140	3	640	23	140	8	640	12
150	0,00046	650	0,00000	150	0,00004	650	0,00022	150	0,00007	650	0,00011
160	46	660	0	160	5	660	21	160	7	660	9
170	46	670	0	170	5	670	21	170	7	670	8
180	46	680	0	180	6	680	20	180	7	680	7
190	46	690	0	190	7	690	19	190	6	690	6
200	0,00046	700	0,00000	200	0,00007	700	0,00019	200	0,00006	700	0,00005
210	46	710	0	210	8	710	18	210	6	710	4
220	45	720	1	220	9	720	17	220	7	720	3
230	45	730	1	230	10	730	16	230	7	730	2
240	44	740	2	240	11	740	15	240	7	740	2
250	0,00044	750	0,00002	250	0,00011	750	0,00015	250	0,00008	750	0,00001
260	43	760	3	260	12	760	14	260	8	760	1
270	42	770	4	270	13	770	13	270	9	770	0
280	41	780	5	280	14	780	12	280	9	780	0
290	40	790	6	290	15	790	11	290	10	790	0
300	0,00039	800	0,00007	300	0,00015	800	0,00011	300	0,00011	800	0,00000
310	38	810	8	310	16	810	10	310	12	810	0
320	37	820	9	320	17	820	9	320	13	820	1
330	36	830	10	330	18	830	8	330	14	830	1
340	35	840	11	340	19	840	7	340	15	840	2
350	0,00033	850	0,00013	350	0,00019	850	0,00007	350	0,00016	850	0,00002
360	32	860	14	360	20	860	6	360	17	860	3
370	31	870	15	370	21	870	5	370	19	870	4
380	29	880	17	380	21	880	5	380	20	880	4
390	28	890	18	390	22	890	4	390	21	890	5
400	0,00026	900	0,00020	400	0,00022	900	0,00004	400	0,00022	900	0,00008
410	25	910	21	410	23	910	3	410	23	910	9
420	23	920	23	420	23	920	3	420	23	920	10
430	22	930	24	430	24	930	2	430	24	930	11
440	20	940	26	440	24	940	2	440	25	940	11
450	0,00019	950	0,00027	450	0,00025	950	0,00001	450	0,00025	950	0,00012
460	18	960	28	460	25	960	1	460	26	960	12
470	16	970	30	470	25	970	1	470	26	970	13
480	15	980	31	480	26	980	0	480	26	980	13
490	14	990	32	490	26	990	0	490	26	990	14
500	0,00012	1000	0,00034	500	0,00026	1000	0,00000	500	0,00026	1000	0,00014

Constante ajoutée... 0,00023. — Constante ajoutée... 0,00013. — Constante ajoutée... 0,00013.

TABLE XXXV. Argument X de la Longitude.

Argument.	Équation.	Argument.	Équation.
0	0,00019	500	0,00000
10	19	510	0
20	19	520	0
30	19	530	0
40	19	540	0
50	0,00019	550	0,00000
60	19	560	0
70	19	570	0
80	19	580	0
90	19	590	1
100	0,00018	600	0,00001
110	18	610	1
120	18	620	1
130	18	630	2
140	17	640	2
150	0,00017	650	0,00002
160	16	660	2
170	16	670	3
180	16	680	3
190	15	690	3
200	0,00015	700	0,00004
210	14	710	5
220	13	720	6
230	13	730	6
240	12	740	7
250	0,00012	750	0,00007
260	11	760	8
270	11	770	8
280	10	780	9
290	10	790	10
300	0,00009	800	0,00010
310	8	810	11
320	8	820	11
330	7	830	12
340	6	840	12
350	0,00006	850	0,00013
360	5	860	13
370	5	870	14
380	4	880	15
390	4	890	15
400	0,00003	900	0,00016
410	3	910	16
420	3	920	16
430	2	930	17
440	2	940	17
450	0,00002	950	0,00018
460	1	960	18
470	1	970	18
480	1	980	18
490	1	990	19
500	0,00000	1000	0,00019

Constante ajoutée.... 0,00009.

TAB. XXXVI. Arg. XVI, ou (VIII–III) de la Longit.

Argument.	Équation.	Argument.	Équation.
0	0,00001	500	0,00057
10	0	510	58
20	0	520	58
30	0	530	58
40	0	540	58
50	0,00000	550	0,00058
60	0	560	58
70	1	570	57
80	1	580	57
90	2	590	56
100	0,00002	600	0,00056
110	3	610	55
120	4	620	55
130	5	630	54
140	6	640	53
150	0,00007	650	0,00052
160	9	660	51
170	10	670	49
180	11	680	48
190	13	690	47
200	0,00015	700	0,00045
210	16	710	44
220	18	720	42
230	20	730	40
240	21	740	38
250	0,00023	750	0,00037
260	25	760	35
270	27	770	33
280	28	780	31
290	30	790	30
300	0,00032	800	0,00028
310	34	810	26
320	36	820	24
330	37	830	22
340	39	840	20
350	0,00041	850	0,00018
360	42	860	17
370	44	870	16
380	45	880	14
390	46	890	13
400	0,00047	900	0,00011
410	48	910	10
420	50	920	8
430	51	930	7
440	52	940	6
450	0,00053	950	0,00005
460	54	960	4
470	55	970	3
480	56	980	2
490	56	990	1
500	0,00057	1000	0,00000

Constante ajoutée.... 0,00029.

TABLE XXXVII. Argument XVII, ou (Longitude vraie dans l'orbite — Longitude du Nœud).

Degr.	Distances polaires.	Différences.	Variation séculaire.	Degr.	Degr.	Distances polaires.	Différences.	Variation séculaire.	Degr.
100	98°53′78″1	+ 1″8—	+ 69″7	100	150	98°96′55″5	+1′ 63″6—	+ 49″3	50
101	98.53.79,9	5,4	69,7	99	151	98.98.19,1	1.65,7	48,5	49
102	98.53.85,3	9,1	69,7	98	152	98.99.84,8	1.68,3	47,7	48
103	98.53.94,4	12,6	69,7	97	153	99.01.53,1	1.71,0	46,9	47
104	98.54.07,0	16,1	69,6	96	154	99.03.24,1	1.73,3	46,1	46
105	98.54.23,1	19,9	69,5	95	155	99.04.97,4	1.75,6	45,3	45
106	98.54.43,0	22,9	69,4	94	156	99.06.73,0	1.77,9	44,5	44
107	98.54.65,9	27,4	69,3	93	157	99.08.50,9	1.80,2	43,6	43
108	98.54.93,3	30,5	69,2	92	158	99.10.31,1	1.82,3	42,7	42
109	98.55.23,8	34,2	69,0	91	159	99.12.13,4	1.84,5	41,9	41
110	98.55.58,0	37,7	68,9	90	160	99.13.77,9	1.86,6	41,0	40
111	98.55.95,7	41,1	68,7	89	161	99.15.84,5	1.88,7	40,1	39
112	98.56.36,8	44,7	68,5	88	162	99.17.73,2	1.90,8	39,2	38
113	98.56.81,5	48,4	68,3	87	163	99.19.64,0	1.92,9	38,3	37
114	98.57.29,9	51,8	68,1	86	164	99.21.56,9	1.94,8	37,4	36
115	98.57.81,7	55,2	67,8	85	165	99.23.51,4	1.96,5	36,4	35
116	98.58.36,9	58,8	67,5	84	166	99.25.47,9	1.98,4	35,5	34
117	98.58.95,7	62,3	67,2	83	167	99.27.46,3	2.00,1	34,6	33
118	98.59.58,0	65,7	67,0	82	168	99.29.46,4	2.01,8	33,6	32
119	98.60.23,7	69,2	66,7	81	169	99.31.48,2	2.03,6	32,6	31
120	98.60.92,9	72,6	66,3	80	170	99.33.51,8	2.05,2	31,7	30
121	98.61.65,5	76,0	66,0	79	171	99.35.57,0	2.06,8	30,7	29
122	98.62.41,5	79,4	65,6	78	172	99.37.63,8	2.08,3	29,7	28
123	98.63.20,9	82,8	65,2	77	173	99.39.72,1	2.09,8	28,7	27
124	98.64.03,7	86,1	64,8	76	174	99.41.81,9	2.11,3	27,7	26
125	98.64.89,8	89,4	64,4	75	175	99.43.93,2	2.12,6	26,7	25
126	98.65.79,2	92,8	64,0	74	176	99.46.05,8	2.13,9	25,7	24
127	98.66.72,0	96,1	63,6	73	177	99.48.19,7	2.15,2	24,7	23
128	98.67.68,1	99,2	63,1	72	178	99.50.34,9	2.16,4	23,6	22
129	98.68.67,3	1.02,5	62,6	71	179	99.52.51,3	2.17,6	22,6	21
130	98.69.69,8	1.05,8	62,1	70	180	99.54.68,9	2.18,8	21,5	20
131	98.70.75,6	1.08,9	61,6	69	181	99.56.87,7	2.19,7	20,5	19
132	98.71.84,5	1.12,1	61,1	68	182	99.59.07,4	2.20,7	19,5	18
133	98.72.96,6	1.15,2	60,6	67	183	99.61.28,1	2.21,8	18,4	17
134	98.74.11,8	1.18,3	60,0	66	184	99.63.49,9	2.22,7	17,3	16
135	98.75.30,1	1.21,5	59,5	65	185	99.65.72,6	2.23,4	16,3	15
136	98.76.51,6	1.24,4	58,9	64	186	99.67.96,0	2.24,2	15,2	14
137	98.77.76,0	1.27,3	58,3	63	187	99.70.20,2	2.25,0	14,1	13
138	98.79.03,3	1.30,5	57,7	62	188	99.72.45,2	2.25,7	13,1	12
139	98.80.33,8	1.32,4	57,1	61	189	99.74.70,9	2.26,2	12,0	11
140	98.81.67,2	1.36,3	56,4	60	190	99.76.97,1	2.26,8	10,9	10
141	98.83.03,5	1.39,2	55,8	59	191	99.79.23,9	2.27,3	9,8	9
142	98.84.42,7	1.41,9	55,1	58	192	99.81.51,2	2.27,9	8,7	8
143	98.85.84,6	1.44,8	54,4	57	193	99.83.79,1	2.28,2	7,6	7
144	98.87.29,4	1.47,6	53,7	56	194	99.86.07,3	2.28,5	6,5	6
145	98.88.77,0	1.50,4	53,0	55	195	99.88.35,8	2.28,9	5,5	5
146	98.90.27,4	1.53,1	52,3	54	196	96.90.64,7	2.29,0	4,4	4
147	98.91.80,5	1.55,6	51,6	53	197	99.92.93,7	2.29,2	3,3	3
148	98.93.36,1	1.58,3	50,8	52	198	99.95.22,9	2.29,3	2,2	2
149	98.94.94,4	+1.61,1—	50,1	51	199	99.97.52,2	+2.29,4—	1,1	1
150	98.96.55,5		+ 49,3	50	200	99.99.81,6		+ 0,0	0
D				D	D				D

Constante retranchée.... 18″,4.

SUITE DE LA TABLE XXXVII. Argument XVII.

Degr.	Distances polaires.	Différences.	Variation séculaire.	Degr.	Degr.	Distances polaires.	Différences.	Variation séculaire.	Degr.
200	99°99′81″6	+2′29″4—	— 0″0	400	250	101°03′07″7	+1′61″1—	— 49″3	350
201	100.02.11,0	2.29,3	1,1	399	251	101.04.68,8	1.58,3	50,1	349
202	100.04.40,3	2.29,3	2,2	398	252	101.06.27,1	1.55,6	50,8	348
203	100.06.69,6	2.29,0	3,3	397	253	101.07.82,7	1.53,2	51,6	347
204	100.08.98,6	0.28,8	4,4	396	254	101.09.35,9	1.50,3	52,3	346
205	100.11.28,4	2.28,5	5,5	395	255	101.10.86,2	1.47,6	53,0	345
206	100.13.55,9	2 28,2	6,6	394	256	101.12.33,8	1.45,8	53,7	344
207	100.15.84,1	2.27,9	7,7	393	257	101.13.78,6	1.42,0	54,4	343
208	100.18.12,0	2.27,3	8,7	392	258	101.15.20,6	1.39,1	55,1	342
209	100.20.39,3	2.26,7	9,8	391	259	101.16.59,7	1.36,3	55,8	341
210	100.22.66,0	2.26,3	10,9	390	260	101.17.96,0	1.33,4	56,4	340
211	100.24.92,3	2.25,7	12,0	389	261	101.19.29,4	1.30,5	57,1	339
212	100.27.18,0	2.25,0	13,1	388	262	101.20.59,9	1.27,4	57,7	338
213	100.29.43,0	2.24,2	14,1	387	263	101.21.87,3	1.24,3	58,3	337
214	100.31.67,3	2.23,3	15,2	386	264	101.23.11,6	1.21,4	58,9	336
215	100.33.90,6	2.22,7	16,3	385	265	101.24.33,0	1.18,4	59,5	335
216	100.36.13,3	2.21,8	17,3	384	266	101.25.51,4	1.15,2	60,0	334
217	100.38.35,1	2.20,8	18,4	383	267	101.26.66,6	1.12,1	60,6	333
218	100.40.55,9	2.19,6	19,5	382	268	101.27.78,7	1.08,9	61,1	332
219	100.42.75,5	2.18,8	20,5	381	269	101.28.87,6	1.05,8	61,6	331
220	100.44.94,3	2.17,6	21,5	380	270	101.29.93,4	1.02,5	62,1	330
221	100.47.11,9	2.16,4	22,6	379	271	101.30.95,9	99,3	62,6	329
222	100.49 28,3	2.15,3	23,6	378	272	.01.31.95,2	96,0	63,1	328
223	100.51.43,6	2.13,9	24,7	377	273	101.32.91,2	92,8	63,6	327
224	100.53.57,5	2.12,6	25,7	376	274	101.33.84,0	89,4	64,0	326
225	100.55.70,1	2.11,2	26,7	375	275	101.34.73,4	86,1	64,4	325
226	100.57.81,3	2.09,9	27,7	374	276	101.35.59,5	82,8	64,8	324
227	100.59.91,2	2.08,3	28,7	373	277	101.36.42,3	79,4	65,2	323
228	100.61.99,5	2.06,8	29,7	372	278	101.37.21,7	76,0	65,6	322
229	100.64.06,3	2.05,1	30,7	371	279	101.37 97,7	72,6	66,0	321
230	100.66.11,4	2.03,6	31,7	370	280	101.38.70,3	69,2	66,3	320
231	100.68.15,0	2.01,8	32,6	369	281	101.39.39,5	65,7	66,7	319
232	100.70.16,8	2.00,1	33,6	368	282	101.40.05,2	62,3	67,0	318
233	100.72.16,9	1.98,4	34,6	367	283	101.40.67,5	58,8	67,2	317
234	100.74 15,3	1.96,6	35,5	366	284	101.41.26,3	55,2	67,5	316
235	100.76.11,9	1.94,4	36,4	365	285	101.41.81,5	51,8	67,8	315
236	100.78.06,3	1.92,9	37,4	364	286	101.42.33,3	48,4	68,1	314
237	100 79.99,2	1.90,8	38,3	363	287	101.42.81,7	44,6	68,3	313
238	100.81.90,0	1.88,7	39,2	362	288	101.43.26,3	41,2	68,5	312
239	100.83.78,7	1.86,6	40,1	361	289	101.43.67,5	37,7	68,7	311
240	100.85.65,3	1.84,4	41,0	360	290	101.44.05,2	34,2	68,9	310
241	100.87.49,7	1.82,5	41,9	359	291	101.44.39,4	30,5	69,0	309
242	100.89.32,2	1.80,1	42,7	358	292	101.44.69,9	27,0	69,2	308
243	100.91.12,3	1.77,9	43,6	357	293	101.44.97,9	23,3	69,3	307
244	100.92.90,2	1.75,6	44,5	356	294	101.45.20,2	19,9	69,4	306
245	100.94.65,8	1.73,3	45,3	355	295	101.45.40,1	16,1	69,5	305
246	100.96.39,1	1.70,9	46,1	354	296	101.45.56,2	12,6	69,6	304
247	100.98.10,0	1.68,4	46,9	353	297	101.45.68,8	9,1	69,7	303
248	100.99.78,4	1.65,8	47,7	352	298	101.45.77,9	5,3	69,7	302
249	101.01.44,2	+1.63,5—	48,5	351	299	101.45.83,2	+ 1,8—	69,7	301
250	101.03.07,7		— 49,3	350	300	101.45.85,0		69,7	300
D				D	D				D

TABLE XXXVIII.

Argument IV de la Longitude.

Argum.	Équation.	Argum.	Équation.
0	6″0	5000	0″6
100	5,8	5100	0,8
200	5,7	5200	0,9
300	5,6	5300	1,0
400	5,4	5400	1,2
500	5,2	5500	1,4
600	5,1	5600	1,5
700	4,9	5700	1,7
800	4,7	5800	1,9
900	4,5	5900	2,1
1000	4,3	6000	2,3
1100	4,1	6100	2,5
1200	3,9	6200	2,7
1300	3,7	6300	2,9
1400	3,5	6400	3,1
1500	3,3	6500	3,3
1600	3,1	6600	3,5
1700	2,9	6700	3,7
1800	2,7	6800	3,9
1900	2,5	6900	4,1
2000	2,3	7000	4,3
2100	2,1	7100	4,5
2200	1,9	7200	4,7
2300	1,7	7300	4,9
2400	1,6	7400	5,0
2500	1,4	7500	5,2
2600	1,2	7600	5,4
2700	1,1	7700	5,5
2800	0,9	7800	5,7
2900	0,8	7900	5,8
3000	0,7	8000	5,9
3100	0,5	8100	6,1
3200	0,4	8200	6,2
3300	0,3	8300	6,3
3400	0,3	8400	6,3
3500	0,3	8500	6,4
3600	0,2	8600	6,5
3700	0,1	8700	6,6
3800	0,0	8800	6,6
3900	0,0	8900	6,6
4000	0,0	9000	6,6
4100	0,0	9100	6,6
4200	0,0	9200	6,6
4300	0,1	9300	6,6
4400	0,1	9400	6,5
4500	0,2	9500	6,4
4600	0,2	9600	6,4
4700	0,3	9700	6,3
4800	0,4	9800	6,2
4900	0,5	9900	6,1
5000	0,6	10000	6,0

Constante ajoutée...... 3″,3.

TABLE XXXIX.

Argument V de la Longitude.

Argum.	Équation.	Argum.	Équation.
0	1″6	5000	21″5
100	1,2	5100	21,9
200	0,9	5200	22,2
300	0,7	5300	22,4
400	0,5	5400	22,6
500	0,3	5500	22,8
600	0,1	5600	23,0
700	0,0	5700	23,1
800	0,0	5800	23,1
900	0,0	5900	23,1
1000	0,0	6000	23,1
1100	0,1	6100	23,0
1200	0,3	6200	22,8
1300	0,4	6300	22,6
1400	0,7	6400	22,4
1500	1,0	6500	22,2
1600	1,3	6600	21,8
1700	1,6	6700	21,5
1800	2,0	6800	21,1
1900	2,4	6900	20,7
2000	2,9	7000	20,2
2100	3,4	7100	19,7
2200	3,9	7200	19,2
2300	4,5	7300	18,6
2400	5,1	7400	18,0
2500	5,7	7500	17,4
2600	6,3	7600	16,8
2700	7,0	7700	16,1
2800	7,6	7800	15,4
2900	8,3	7900	14,8
3000	9,1	8000	14,1
3100	9,8	8100	13,3
3200	10,5	8200	12,6
3300	11,2	8300	11,8
3400	11,9	8400	11,2
3500	12,7	8500	10,4
3600	13,4	8600	9,7
3700	14,1	8700	9,0
3800	14,8	8800	8,3
3900	15,5	8900	7,6
4000	16,2	9000	6,9
4100	16,8	9100	6,3
4200	17,4	9200	5,6
4300	18,1	9300	5,0
4400	18,6	9400	4,4
4500	19,2	9500	3,9
4600	19,7	9600	3,4
4700	20,2	9700	2,9
4800	20,7	9800	2,4
4900	21,1	9900	2,0
5000	21,5	10000	1,6

Constante ajoutée...... 11″,5

TABLE XL.

Arg. III de la Longit.

Argum.	Équation.
0	3″9
1000	3,9
2000	2,6
3000	1,4
4000	0,4
5000	0,0
6000	0,4
7000	1,5
8000	2,6
9000	3,6
10000	3,9

Constante... 2″,0.

TABLE XLI.

Arg. IX de la Longit.

Argum.	Équation.
0	3″0
100	3,3
200	3,0
300	2,6
400	1,2
500	0,3
600	0,0
700	0,3
800	1,2
900	2,2
1000	3,0

Constante... 1″,5.

TABLE XLII. Argument XVII, ou Argument de la distance polaire.

Degrés.	Réduction à l'écliptique. 0° ou 200°.	Logarithme du cosinus de la latit. héliocentrique.	Degrés.	Degrés.	Réduction à l'écliptique.	Logarithme du cosinus de la latit. héliocentrique.	Degrés.
0	— 0″0 +	0,0000000	200	50	— 83″8 +	9,9999426	150
1	2,6	0,0000000	199	51	83,7	9,9999408	149
2	5,3	9,9999999	198	52	83,6	9,9999390	148
3	7,9	9,9999998	197	53	83,4	9,9999372	147
4	10,5	9,9999996	196	54	83,1	9,9999354	146
5	13,1	9,9999993	195	55	82,8	9,9999336	145
6	15,7	9,9999990	194	56	82,3	9,9999318	144
7	18,3	9,9999986	193	57	81,8	9,9999300	143
8	20,8	9,9999982	192	58	81,2	9,9999283	142
9	23,3	9,9999977	191	59	80,5	9,9999266	141
10	25,9	9,9999972	190	60	79,7	9,9999249	140
11	28,3	9,9999966	189	61	78,8	9,9999232	139
12	30,9	9,9999960	188	62	77,9	9,9999215	138
13	33,3	9,9999953	187	63	76,9	9,9999198	137
14	35,7	9,9999945	186	64	75,8	9,9999181	136
15	38,1	9,9999937	185	65	74,7	9,9999165	135
16	40,4	9,9999929	184	66	73,4	9,9999149	134
17	42,6	9,9999920	183	67	72,1	9,9999134	133
18	44,9	9,9999911	182	68	70,7	9,9999118	132
19	47,1	9,9999901	181	69	69,3	9,9999103	131
20	49,3	9,9999891	180	70	67,8	9,9999088	130
21	51,4	9,9999880	179	71	66,2	9,9999074	129
22	53,4	9,9999868	178	72	64,6	9,9999060	128
23	55,4	9,9999856	177	73	62,9	9,9999046	127
24	57,4	9,9999844	176	74	61,1	9,9999033	126
25	59,2	9,9999832	175	75	59,3	9,9999020	125
26	61,1	9,9999819	174	76	57,4	9,9999007	124
27	62,9	9,9999806	173	77	55,4	9,9998995	123
28	64,6	9,9999792	172	78	53,4	9,9998983	122
29	66,2	9,9999778	171	79	51,4	9,9998972	121
30	67,8	9,9999763	170	80	49,3	9,9998961	120
31	69,3	9,9999749	169	81	47,1	9,9998951	119
32	70,7	9,9999734	168	82	44,9	9,9998941	118
33	72,1	9,9999718	167	83	42,6	9,9998932	117
34	73,4	9,9999703	166	84	40,4	9,9998923	116
35	74,7	9,9999686	165	85	38,1	9,9998914	115
36	75,8	9,9999671	164	86	35,7	9,9998906	114
37	76,9	9,9999654	163	87	33,3	9,9998899	113
38	77,9	9,9999637	162	88	30,9	9,9998892	112
39	78,8	9,9999620	161	89	28,3	9,9998886	111
40	79,7	9,9999604	160	90	25,9	9,9998880	110
41	80,5	9,9999586	159	91	23,3	9,9998875	109
42	81,2	9,9999569	158	92	20,8	9,9998870	108
43	81,8	9,9999551	157	93	18,3	9,9998866	107
44	82,3	9,9999534	156	94	15,7	9,9998862	106
45	82,8	9,9999515	155	95	13,1	9,9998859	105
46	83,1	9,9999498	154	96	10,5	9,9998856	104
47	83,4	9,9999480	153	97	7,9	9,9998854	103
48	83,6	9,9999462	152	98	5,3	9,9998853	102
49	83,7	9,9999444	151	99	2,6	9,9998852	101
50	83,8	9,9999426	150	100	— 0,0 +	9,9998852	100
D.	150° ou 350°.		D.	D.	100° ou 300°		D.

10

TABLE XLIII.

Nutation lunaire.

Arg. Supp. du Nœud de la Lune.

TABLE XLIV.

Nutation solaire.

Argum. Longitude du Soleil.

TABLE XLV.

Aberration en Longitude, commune à toutes les Planètes. Arg. (G — ☉).

Supplém. du Nœud, ou Arg. N.	Nutation en Longitude.	Supplém. du Nœud, ou Arg. N.	Longitud. du Soleil.	Nutation en Longitude.	Longitud. du Soleil.	Degrés.	Aberration.	Degrés.
0	— 0″0 +	1000	0°	+ 0″0 —	400	0°	+ 62″5 —	200°
10	3,5	990	4	0,5	396	2	62,5	198
20	7,0	980	8	0,9	392	4	62,4	196
30	10,4	970	12	1,3	388	6	62,2	194
40	13,8	960	16	1,7	384	8	62,0	192
50	— 17,2 +	950	20	+ 2,0 —	380	10	+ 61,7 —	190
60	20,5	940	24	2,4	376	12	61,4	188
70	23,7	930	28	2,7	372	14	61,0	186
80	26,8	920	32	2,9	368	16	60,5	184
90	29,8	910	36	3,1	364	18	60,0	182
100	— 32,7 +	900	40	+ 3,3 —	360	20	+ 59,4 —	180
110	35,4	890	44	3,4	356	22	58,8	178
120	38,0	880	48	3,5	352	24	58,1	176
130	40,5	870	52	3,5	348	26	57,4	174
140	42,8	860	56	3,4	344	28	56,6	172
150	— 45,0 +	850	60	+ 3,3 —	340	30	+ 55,7 —	170
160	46,9	840	64	3,1	336	32	54,8	168
170	48,7	830	68	2,9	332	34	53,8	166
180	50,3	820	72	2,7	328	36	52,8	164
190	51,7	810	76	2,4	324	38	51,7	162
200	— 52,8 +	800	80	+ 2,0 —	320	40	+ 50,6 —	160
210	53,8	790	84	1,7	316	42	49,4	158
220	54,6	780	88	1,3	312	44	48,2	156
230	55,1	770	92	0,9	308	46	46,9	154
240	55,5	760	96	0,5	304	48	45,6	152
250	— 55,6 +	750	100	+ 0,0 +	300	50	+ 44,2 —	150
260	55,5	740	104	— 0,5	296	52	42,8	148
270	55,1	730	108	0,9	292	54	41,3	146
280	54,6	720	112	1,3	288	56	39,8	144
290	53,8	710	116	1,7	284	58	38,3	142
300	— 52,8 +	700	120	— 2,0 +	280	60	+ 36,7 —	140
310	51,7	690	124	2,4	276	62	35,1	138
320	50,3	680	128	2,7	272	64	33,5	136
330	48,7	670	132	2,9	268	66	31,8	134
340	46,9	660	136	3,1	264	68	30,1	132
350	— 45,0 +	650	140	— 3,3 +	260	70	+ 28,4 —	130
360	42,8	640	144	3,4	256	72	26,6	128
370	40,5	630	148	3,5	252	74	24,8	126
380	38,0	620	152	3,5	248	76	23,0	124
390	35,4	610	156	3,4	244	78	21,2	122
400	— 32,7 +	600	160	— 3,3 +	240	80	+ 19,3 —	120
410	29,8	590	164	3,1	236	82	17,4	118
420	26,8	580	168	2,9	232	84	15,5	116
430	23,7	570	172	2,7	228	86	13,6	114
440	20,5	560	176	2,4	224	88	11,7	112
450	— 17,2 +	550	180	— 2,0 +	220	90	+ 9,8 —	110
460	13,8	540	184	1,7	216	92	7,8	108
470	10,4	530	188	1,3	212	94	5,9	106
480	7,0	520	192	0,9	208	96	3,9	104
490	3,5	510	196	0,5	204	98	2,0	102
500	— 0,0 +	500	200	0,0	200	100	0,0	100

TABLE XLVI.

Aberration de Jupiter en Longitude.

Argument (H — G).

Degrés.	Aberration.	Degrés.
0	+ 27″5 —	200
2	27,5	198
4	27,4	196
6	27,4	194
8	27,3	192
10	+ 27,1 —	190
12	27,0	188
14	26,8	186
16	26,6	184
18	26,4	182
20	+ 26,1 —	180
22	25,8	178
24	25,5	176
26	25,2	174
28	24,9	172
30	+ 24,5 —	170
32	24,1	168
34	23,6	166
36	23,2	164
38	22,7	162
40	+ 22,2 —	160
42	21,7	158
44	21,2	156
46	20,6	154
48	20,0	152
50	+ 19,4 —	150
52	18,8	148
54	18,2	146
56	17,5	144
58	16,9	142
60	+ 16,2 —	140
62	15,5	138
64	14,7	136
66	14,0	134
68	13,2	132
70	+ 12,5 —	130
72	11,7	128
74	10,9	126
76	10,1	124
78	9,3	122
80	+ 8,3 —	120
82	7,7	118
84	6,8	116
86	6,0	114
88	5,2	112
90	+ 4,3 —	110
92	3,4	108
94	2,6	106
96	1,7	104
98	0,9	102
100	0,0	100

TABLE XLVII.

Aberration de Jupiter en Longitude.

Argument G.

Degrés.	Aberration.	Degrés.
0	+ 1″5 —	200
5	1,4	205
10	1,3	210
15	1,2	215
20	1,2	220
25	+ 1,1 —	225
30	1,0	230
35	0,8	235
40	0,7	240
45	0,6	245
50	+ 0,5 —	250
55	0,4	255
60	0,2	260
65	0,1	265
70	— 0,1 +	270
75	— 0,2 +	275
80	0,3	280
85	0,4	285
90	0,6	290
95	0,7	295
100	— 0,8 +	300
105	0,9	305
110	1,0	310
115	1,1	315
120	1,2	320
125	— 1,3 +	325
130	1,4	330
135	1,4	335
140	1,5	340
145	1,5	345
150	— 1,6 +	350
155	1,6	355
160	1,6	360
165	1,7	365
170	1,7	370
175	— 1,7 +	375
180	1,6	380
185	1,6	385
190	1,6	390
195	1,5	395
200	1,5	400

TABLE XLVIII.

Logarithme du rapport de la distance moyenne de Jupiter au Soleil et à la Terre.

Argument (G — ⊙).

Degrés.	Logarithme.	Degrés.
0	9,9236	400
5	9,9239	395
10	9,9247	390
15	9,9259	385
20	9,9277	380
25	9,9300	375
30	9,9328	370
35	9,9360	365
40	9,9396	360
45	9,9437	355
50	9,9482	350
55	9,9531	345
60	9,9583	340
65	9,9638	335
70	9,9696	330
75	9,9756	325
80	9,9818	320
85	9,9883	315
90	9,9949	310
95	0,0015	305
100	0,0082	300
105	0,0149	295
110	0,0215	290
115	0,0281	285
120	0,0345	280
125	0,0407	275
130	0,0468	270
135	0,0525	265
140	0,0582	260
145	0,0633	255
150	0,0682	250
155	0,0726	245
160	0,0767	240
165	0,0804	235
170	0,0836	230
175	0,0864	225
180	0,0886	220
185	0,0904	215
190	0,0917	210
195	0,0925	205
200	0,0927	200

Logarithme de la parallaxe horizontale de Jupiter, à la distance moyenne au Soleil.............................. = 0,70786.

Logarithme du demi-diamètre de Jupiter, à la même distance.. 1,77085.

L'aberration en latitude est insensible pour Jupiter.

TABLE XLIX.

Aberration de Saturne en longitude.

Argument (H — G).

Degrés.	Aberration.	Degrés.
0	+ 20″,3 —	200
2	20,3	198
4	20,3	196
6	20,2	194
8	20,2	192
10	+ 20,1 —	190
12	20,0	188
14	19,9	186
16	19,7	184
18	19,5	182
20	+ 19,3 —	180
22	19,1	178
24	18,9	176
26	18,7	174
28	18,4	172
30	+ 18,1 —	170
32	17,8	168
34	17,5	166
36	17,2	164
38	16,8	162
40	+ 16,4 —	160
42	16,0	158
44	15,6	156
46	15,2	154
48	14,8	152
50	+ 14,4 —	150
52	13,9	148
54	13,5	146
56	13,0	144
58	12,5	142
60	+ 11,9 —	140
62	11,4	138
64	10,9	136
66	10,4	134
68	9,8	132
70	+ 9,2 —	130
72	8,6	128
74	8,0	126
76	7,5	124
78	6,9	122
80	+ 6,3 —	120
82	5,7	118
84	5,1	116
86	4,5	114
88	3,8	112
90	+ 3,2 —	110
92	2,5	108
94	1,9	106
96	1,3	104
98	0,7	102
100	0,0	100

TABLE L.

Aberration de Saturne en longitude.

Argument G.

Degrés.	Aberration.	Degrés.
0	+ 0″,2 —	200
5	0,2	205
10	0,2	210
15	0,2	215
20	0,2	220
25	+ 0,2 —	225
30	0,2	230
35	0,2	235
40	0,2	240
45	0,2	245
50	+ 0,2 —	250
55	0,2	255
60	0,2	260
65	0,2	265
70	0,2	270
75	+ 0,2 —	275
80	0,2	280
85	0,2	285
90	0,1	290
95	0,1	295
100	+ 0,1 —	300
105	0,1	305
110	0,1	310
115	0,1	315
120	0,1	320
125	+ 0,1 —	325
130	0,0	330
135	0,0	335
140	0,0	340
145	0,0	345
150	— 0,1 +	350
155	0,1	355
160	0,1	360
165	0,1	365
170	0,1	370
175	— 0,1 +	375
180	0,1	380
185	0,1	385
190	0,2	390
195	0,2	395
200	0,2	400

TABLE LI.

Logarithme du rapport de la distance moyenne de Saturne au Soleil et à la Terre.

Argument (G — ☉).

Degrés.	Logarithme.	Degrés.
0	9,9567	400
5	9,9568	395
10	9,9573	390
15	9,9580	385
20	9,9590	380
25	9,9602	375
30	9,9617	370
35	9,9635	365
40	9,9654	360
45	9,9677	355
50	9,9701	350
55	9,9727	345
60	9,9755	340
65	9,9785	335
70	9,9816	330
75	9,9849	325
80	9,9888	320
85	9,9918	315
90	9,9953	310
95	9,9988	305
100	0,0024	300
105	0,0060	295
110	0,0096	290
115	0,0131	285
120	0,0166	280
125	0,0199	275
130	0,0232	270
135	0,0263	265
140	0,0293	260
145	0,0321	255
150	0,0348	250
155	0,0372	245
160	0,0394	240
165	0,0414	235
170	0,0432	230
175	0,0447	225
180	0,0460	220
185	0,0469	215
190	0,0476	210
195	0,0480	205
200	0,0481	200

Logarithme de la parallaxe horizontale de Saturne, à la distance moyenne au Soleil........................ 0,4518

Logarithme du demi-diamètre de Saturne, à la même distance.. 1,4579

L'aberration en latitude est insensible pour Saturne.

TABLE LII. Aberration d'Uranus en longit.

Argument (H—G).

Degrés.	Aberration.	Degrés.
0	+ 14"3 —	200
2	14,3	198
4	14,3	196
6	14,3	194
8	14,2	192
10	+ 14,2 —	190
12	14,1	188
14	14,0	186
16	13,9	184
18	13,8	182
20	+ 13,6 —	180
22	13,5	178
24	13,3	176
26	13,2	174
28	13,0	172
30	+ 12,8 —	170
32	12,6	168
34	12,3	166
36	12,1	164
38	11,9	162
40	+ 11,6 —	160
42	11,3	158
44	11,1	156
46	10,8	154
48	10,5	152
50	+ 10,1 —	150
52	9,8	148
54	9,5	146
56	9,1	144
58	8,8	142
60	+ 8,4 —	140
62	8,1	138
64	7,7	136
66	7,3	134
68	6,9	132
70	+ 6,5 —	130
72	6,1	128
74	5,7	126
76	5,3	124
78	4,9	122
80	+ 4,4 —	120
82	4,0	118
84	3,6	116
86	3,1	114
88	2,7	112
90	+ 2,3 —	110
92	1,8	108
94	1,4	106
96	0,9	104
98	0,5	102
100	0,0	100

TABLE LIII. Aberration d'Uranus en longit.

Argument G.

Degrés.	Aberration.	Degrés.
0	— 0"5 +	200
5	0,5	205
10	0,6	210
15	0,7	215
20	0,7	220
25	— 0,8 +	225
30	0,8	230
35	0,9	235
40	0,9	240
45	1,0	245
50	— 1,0 +	250
55	1,0	255
60	1,0	260
65	1,0	265
70	1,0	270
75	— 1,0 +	275
80	1,0	280
85	1,0	285
90	1,0	290
95	0,9	295
100	— 0,9 +	300
105	0,9	305
110	0,8	310
115	0,8	315
120	0,7	320
125	— 0,6 +	325
130	0,5	330
135	0,5	335
140	0,4	340
145	0,4	345
150	— 0,3 +	350
155	0,3	355
160	0,2	360
165	0,1	365
170	0,0	370
175	— 0,1 +	375
180	0,2	380
185	0,3	385
190	0,3	390
195	0,4	395
200	0,5	400

Logarithme de la parallaxe horizontale d'Uranus, à la distance moyenne au Soleil........................ 0,1517

Parallaxe horizontale.......... 1",42.

TABLE LIV.

Conversion des degrés, minutes et secondes du Cercle, en degrés, minutes et secondes décimales.

D.	0	1	2	3	4	5	6	7	8	9
0	00°00′ 00″0	1°11′ 11″1	2°22′ 22″2	3°33′ 33″3	4°44′ 44″4	5°55′ 55″6	6°66′ 66″7	7°77′ 77″8	8°88′ 88″9	10°00′ 00″0
1	11.11.11,1	12.22.22,2	13.33.33,3	14.44.44,4	15.55.55,6	16.66.66,7	17.77.77,8	18.88.88,9	20.00.00,0	21.11.11,1
2	22.22.22,2	23.33.33,3	24.44.44,4	25.55.55,6	26.66.66,7	27.77.77,8	28.88.88,9	30.00.00,0	31.11.11,1	32.22.22,2
3	33.33.33,3	34.44.44,4	35.55.55,6	36.66.66,7	37.77.77,8	38.88.88,9	40.00.00,0	41.11.11,1	42.22.22,2	43.33.33,3
4	44.44.44,4	45.55.55,6	46.66.66,7	47.77.77,8	48.88.88,9	50.00.00,0	51.11.11,1	52.22.22,2	53.33.33,3	54.44.44,4
5	55.55.55,6	56.66.66,7	57.77.77,8	58.88.88,9	60.00.00,0	61.11.11,1	62.22.22,2	63.33.33,3	64.44.44,4	65.55.55,6
6	66.66.66,7	67.77.77,8	68.88.88,9	70.00.00,0	71.11.11,1	72.22.22,2	73.33.33,3	74.44.44,4	75.55.55,6	76.66.66,7
7	77.77.77,8	78.88.88,9	80.00.00,0	81.11.11,1	82.22.22,2	83.33.33,3	84.44.44,4	85.55.55,6	86.66.66,7	87.77.77,8
8	88.88.88,9	90.00.00,0	91.11.11,1	92.22.22,2	93.33.33,3	94.44.44,4	95.55.55,6	96.66.66,7	97.77.77,8	98.88.88,9
0′	0.00.00,0	1.85,2	3.70,4	5.55,6	7.40,7	9.25,9	11.11,1	12.96,3	14.81,5	16.66,7
1	0.18.51,9	20.37,0	22.22,2	24.07,4	25.92,6	27.77,8	29.63,0	31.48,1	33.33,3	35.18,5
2	0.37.03,7	38.88,9	40.74,1	42.59,3	44.44,4	46.29,6	48.14,8	50.00,0	51.85,2	53.70,4
3	0.55.55,6	57.40,7	59.25,9	61.11,1	62.96,3	64.81,5	66.66,7	68.51,9	70.37,0	72.22,2
4	0.74.07,4	75.92,6	77.77,8	79.63,0	81.48,1	83.33,3	85.18,5	87.03,7	88.88,9	90.74,1
5	0.92.59,3	94.44,4	96.29,6	98.14,8	1.00.00,0	1.01.85,3	1.03.70,4	1.05.55,6	1.07.40,7	1.09.25,9
0″	00,0	3,1	6,2	9,3	12,3	15,4	18,5	21,6	24,7	27,8
1	30,9	34,0	37,0	40,1	43,2	46,3	49,4	52,5	55,6	58,6
2	61,7	64,8	67,9	71,0	74,1	77,2	80,2	83,3	86,4	89,5
3	92,6	95,7	98,8	1.01,9	1.04,9	1.08,0	1.11,1	1.14,2	1.17,3	1.20,4
4	1.23,5	1.26,5	1.29,6	1.32,7	1.35,8	1.38,9	1.42,0	1.45,1	1.48,1	1.51,2
5	1.54,3	1.57,4	1.60,5	1.63,6	1.66,7	1.69,8	1.72,8	1.75,9	1.79,0	1.82,1

TABLE LV, pour convertir les heures, minutes et secondes sexagésimales en heures, minutes et secondes décimales.

Heures.	Heures, minutes et secondes décimales.	Minutes et secondes anciennes.	Minutes et secondes décimales.	Secondes décimales.	Minutes et secondes anciennes.	Minutes et secondes décimales.	Secondes décimales.
1	0.41′ 66″7	1	0′ 69″4	1″2	31	21′ 52″8	35″9
2	0.83.33,3	2	1.38,8	2,3	32	22.22,2	37,0
3	1.25.00,0	3	2.08,3	3,5	33	22.91,7	38,2
4	1.66.66,7	4	2.77,7	4,6	34	23.61,1	39,4
5	2.08.33,3	5	3.47,2	5,8	35	24.30,5	40,5
6	2.50.00,0	6	4.16,7	6,9	36	25.00,0	41,7
7	2.91.66,7	7	4.86,1	8,1	37	25.69,4	42,8
8	3.33.33,3	8	5.55,5	9,2	38	26.38,9	44,0
9	3.75.00,0	9	6.25,0	10,4	39	26.08,3	45,1
10	4.16.66,7	10	6.94,4	11,6	40	27.77,8	46,3
11	4.58.33,3	11	7.63,9	12,7	41	28.47,2	47,5
12	5.00.00,0	12	8.33,3	13,9	42	29.16,7	48,6
13	5.41.66,7	13	9.02,7	15,0	43	29.86,1	49,8
14	5.83.33,3	14	9.72,2	16,2	44	30.55,6	50,9
15	6.25.00,0	15	10.41,6	17,4	45	31.25,0	52,1
16	6.66.66,7	16	11.11,1	18,5	46	31.94,4	53,2
17	7.08.33,3	17	11.80,5	19,7	47	32.63,8	54,4
18	7.50.00,0	18	12.50,0	20,8	48	33.33,3	55,6
19	7.01.66,7	19	13.19,3	22,0	49	34.02,7	56,7
20	8.33.33,3	20	13.88,9	23,1	50	34.72,2	57,9
21	8.75.00,0	21	14.58,3	24,3	51	35.41,7	59,0
22	9.16.66,7	22	15.27,7	25,5	52	36.11,1	60,2
23	9.58.33,3	23	15.97,2	26,6	53	36.80,6	61,3
24	10.00.00,0	24	16.66,7	27,8	54	37.50,0	62,5
		25	17.36,1	28,9	55	38.19,4	63,7
		26	18.05,5	30,1	56	38.88,9	64,8
		27	18.75,0	31,3	57	39.58,3	66,0
		28	19.44,4	32,4	58	40.27,8	67,1
		29	20.13,9	33,6	59	40.97,2	68,3
		30	20.83,3	34,7	60	41.66,7	69,4

TABLES
DE SATURNE.

TABLE I. ÉPOQUES DES MOYENS

Ces Époques sont pour le Minuit moyen qui sépare

Années.	Longitude moyenne.	Périhélie.	Nœud.	Argum. II.	Argum. III.	Argum. IV.	Argum. V.
1750	257° 06′ 12″5	97° 97′ 24″	123° 89′ 81″	3678	7251	4502	918
1751	270.64.64,6	97.99.38	123.90.75	4181	7415	4830	935
1752.B	284.23.16,7	98.01.52	123.91.70	4684	7579	5158	953
1753	297.85.41,0	98.03.66	123.92.65	5189	7743	5487	970
1754	311.43.93,1	98.05.80	123.93.60	5692	7907	5816	988
1755	325.02.45,2	98.07.95	123.94.55	6195	8072	6144	005
1756.B	338.60.97,2	98.10.09	123.95.50	6698	8236	6472	023
1757	352 23.21,5	98.12.23	123.96.45	7203	8400	6801	040
1758	365.81.73,6	98.14.37	123.97.40	7706	8564	7130	058
1759	379.40.25,7	98.16.51	123 98.35	8209	8728	7458	075
1760.B	392.98.77,8	98.18.65	123.99.29	8712	8892	7786	093
1761	6.61.02,1	98.20.79	124.00.24	9217	9057	8115	110
1762	20.19.54,2	98.22.94	124.01.19	9720	9221	8444	128
1763	33.78.06,3	98 25.08	124.02.14	0223	9385	8772	145
1764.B	47.36.58,4	98.27.22	124.03.09	0726	9549	9100	163
1765	60.98.82,6	98.29.36	124.04.04	1231	9713	9429	180
1766	74.57.34,7	98.31.50	124.04.99	1734	9877	9758	198
1767	88.15.86,8	98.33.65	124.05.94	2237	0041	0086	215
1768.B	101.74.38,9	98.35.79	124.06.88	2741	0206	0414	233
1769	115.36.63,2	98.37.93	124.07.83	3245	0370	0743	250
1770	128.95.15,3	98.40.07	124.08.78	3748	0534	1072	268
1771	142.53.67,4	98.42.21	124.09.73	4252	0698	1400	285
1772.B	156.12.19,5	98.44.36	124.10.68	4755	0863	1728	303
1773	169.74.43,8	98.46.50	124.11.63	5259	1027	2057	321
1774	183.32.95,8	98.48.64	124.12.58	5762	1191	2386	338
1775	196.91.47,9	98.50.78	124.13.53	6266	1355	2714	356
1776.B	210.49.99,9	98.52.92	124.14.47	6769	1519	3042	373
1777	224.12.24,2	98.55.06	124.15.42	7273	1683	3371	391
1778	237.70.76,3	98.57.21	124.16.37	7777	1847	3700	408
1779	251.29.28,4	98.59.35	124.17.32	8280	2012	4028	426

31 Décembre et le premier Janvier de chaque année.

Années	Argum. VI.	Argum. VII.	Argum. VIII.	Argum. IX.	Argum. X.	Argum. XI.	Argum. XIII.	Argum. XIV.	Argum. XV.	Argum. XVI.
1750	093	010	258	461	378	818	758	631	873	158
1751	160	095	289	578	513	901	780	663	883	236
1752	226	179	321	695	647	984	802	695	893	314
1753	293	263	353	812	782	067	824	727	903	392
1754	360	348	384	929	917	151	846	759	913	470
1755	427	432	416	046	051	234	868	791	924	548
1756	493	516	448	163	186	317	890	824	934	626
1757	560	601	479	280	321	400	912	856	944	704
1758	627	685	511	398	455	483	934	888	954	783
1759	694	769	543	515	590	566	956	920	964	861
1760	760	853	574	632	725	650	978	952	974	939
1761	827	938	606	749	859	733	000	985	984	017
1762	894	022	638	866	994	816	022	017	995	095
1763	961	106	669	983	129	899	044	049	005	173
1764	027	191	701	100	263	982	067	081	015	251
1765	094	275	733	217	398	065	089	113	025	329
1766	161	359	764	334	533	149	111	146	035	407
1767	228	444	796	452	667	232	133	178	045	485
1768	294	528	828	569	802	315	155	210	055	563
1769	361	612	859	686	937	398	177	242	066	641
1770	428	696	891	803	071	481	199	274	076	719
1771	495	781	923	920	207	564	221	307	086	797
1772	561	865	955	037	341	648	243	339	096	875
1773	628	949	986	154	475	731	265	371	106	953
1774	695	034	018	271	610	814	287	403	116	031
1775	762	118	050	388	745	897	309	435	126	109
1776	828	202	081	506	879	980	331	467	137	187
1777	895	287	113	623	014	063	353	500	147	265
1778	962	371	145	740	149	147	375	532	157	343
1779	029	455	176	857	283	230	397	564	167	421

Années.	Longitude moyenne.	Périhélie.	Nœud.	Argum. II.	Argum. III.	Argum. IV.	Argum. V.
1780.B	264° 87′ 80″ 5	98° 61′ 49″	124° 18′ 27″	8784	2176	4356	443
1781	278.50.04,8	98.63.63	124.19.22	9288	2340	4685	461
1782	292.08.56,9	98.65.77	124.20.17	9791	2504	5014	478
1783	305.67.09,0	98.67.91	124.21.12	0291	2668	5342	496
1784.B	319.25.61,1	98.70.06	124.22.07	0797	2832	5670	513
1785	332.87.85,4	98.72.20	124.23.01	1302	2997	5999	531
1786	346.46.37,4	98.74 34	124.23.96	1805	3161	6328	548
1787	360.04.89,5	98.76.48	124.24.91	2308	3325	6656	566
1788.B	373.63.41,6	98.78.62	124.25.86	2811	3489	6984	583
1789	387.25.65,9	98.80.77	124.26.81	3316	3653	7313	601
1790	0.84.18,0	98.82.91	124.27.76	3819	3818	7642	618
1791	14 42.70,1	98.85.05	124.28.71	4322	3982	7970	636
1792.B	28.01.22,2	98.87.19	124.29.66	4825	4146	8298	653
1793	41.63.46,5	98.89.33	124.30.60	5330	4310	8628	671
1794	55.21.98,6	98.91.48	124.31.55	5833	4474	8956	688
1795	68.80.50,6	98.93.61	124.32.50	6336	4638	9284	706
1796.B	82.39.02,7	98.95.76	124.33.45	6839	4802	9613	723
1797	96.01.27,0	98.97.90	124.34.40	7344	4967	9942	741
1798	109.59.79,1	99.00.04	124.35.35	7847	5131	0270	758
1799	123.18.31,2	99.02.18	124.36.30	8350	5295	0598	776
1800.C	136.76.83,3	99.04.33	124.37.25	8855	5459	0927	794
1801	150.35.35,4	99.06.47	124.38.19	9358	5623	1255	811
1802	163.93.87,5	99.08 61	124.39.14	9861	5787	1583	829
1803	177.52.39,6	99.10.75	124.40.09	0364	5951	1912	846
1804.B	191.10.91,7	99.12.89	124.41.04	0868	6115	2240	864
1805	204.73.16,0	99.15.03	124.41.99	1372	6280	2569	881
1806	218.31.68,0	99.17.18	124.42.94	1875	6444	2898	899
1807	231.90.20,1	99.19.32	124.43.89	2379	6608	3226	916
1808.B	245.48.72,2	99.21.46	124.44.84	2882	6772	3554	934
1809	259.10.96,5	99.23.60	124.45.79	3386	6936	3884	951
1810	272.69.48,6	99.25.74	124.46 73	3890	7100	4212	969
1811	286.28.00,7	99.27.88	124.47.68	4393	7264	4540	986
1812.B	299.86.52,8	99.30.03	124.48.63	4896	7428	4869	004
1813	313.48.77,1	99.32.17	124.49.58	5400	7593	5198	021
1814	327.07.29,2	99.34.31	124.50.53	5904	7757	5526	039
1815	340.65.81,3	99.36.45	124.51.48	6407	7921	5854	056
1816.B	354.24.33,3	99.38.59	124.52.43	6910	8085	6182	074
1817	367.86.57,6	99.40.74	124.53.38	7415	8241	6512	091
1818	381.45.09,7	99.42.88	124.54.33	7919	8414	6840	109
1819	395.03.61,8	99.45.02	124.55.27	8422	8578	7169	126

Années	Argum. VI.	Argum. VII.	Argum. VIII.	Argum. IX.	Argum. X.	Argum. XI.	Argum. XIII.	Argum. XIV.	Argum. XV.	Argum. XVI.
1780	095	539	208	974	418	313	419	596	177	499
1781	162	624	240	091	553	396	441	629	187	578
1782	229	708	271	208	687	479	463	661	197	656
1783	296	792	303	325	822	562	485	693	208	734
1784	362	877	335	443	957	646	508	725	218	812
1785	429	961	366	560	091	729	530	757	228	890
1786	496	045	398	677	226	812	552	790	238	968
1787	563	130	430	794	361	895	574	822	248	046
1788	629	214	461	911	495	978	596	854	258	124
1789	696	298	493	028	630	061	618	886	269	202
1790	763	383	525	145	765	145	640	918	279	280
1791	830	467	556	262	899	228	662	950	289	358
1792	896	551	588	379	034	311	684	983	299	436
1793	963	635	620	497	169	394	706	015	309	514
1794	030	720	651	614	303	477	728	047	319	592
1795	097	804	683	731	438	560	750	079	329	670
1796	163	888	715	848	573	644	772	111	340	748
1797	230	973	746	965	703	727	794	144	350	820
1798	297	057	778	082	842	810	816	176	360	904
1799	364	141	810	199	977	893	838	208	370	982
1800	430	226	842	316	111	976	860	240	380	060
1801	497	310	873	433	245	059	882	272	390	138
1802	564	394	905	551	380	143	904	305	400	216
1803	631	479	937	668	515	226	926	337	411	294
1804	697	563	968	785	649	309	948	369	421	372
1805	764	647	000	902	784	392	970	401	431	451
1806	831	732	032	019	919	475	992	433	441	529
1807	898	816	063	136	053	558	014	466	451	607
1808	964	900	095	253	188	642	036	498	461	687
1809	031	984	127	370	323	725	059	530	471	763
1810	098	069	158	488	457	808	081	562	482	841
1811	165	153	190	605	592	891	103	594	492	919
1812	231	237	222	722	727	974	125	626	502	997
1813	298	322	253	839	861	057	147	659	512	075
1814	365	406	285	956	996	140	169	691	522	153
1815	432	490	317	073	131	224	191	723	532	231
1816	498	575	348	190	265	307	213	755	542	309
1817	565	659	380	307	400	391	235	787	552	387
1818	632	743	412	424	535	474	257	820	563	465
1819	699	827	443	542	669	557	279	852	573	543

Années.	Longitude moyenne.	Périhélie.	Nœud.	Argum. II.	Argum. III.	Argum. IV.	Argum. V.
1820.B	8° 62′ 13″ 9	99° 47′ 16″	124° 56′ 22″	8926	8742	7497	144
1821	22.24.38,2	99.49.30	124.57.17	9430	8906	7826	161
1822	35.82.90,3	99.51.44	124.58.12	9933	9070	8155	179
1823	49.41.42,4	99.53.59	124.59.07	0436	9235	8483	196
1824.B	62.99.94,5	99.55.73	124.60.02	0940	9399	8811	214
1825	76.62.18,8	99.57.87	124.60.97	1444	9563	9140	231
1826	90.20.70,8	99.60.01	124.61.92	1947	9727	9469	249
1827	103.79.22,9	99.62.15	124.62.86	2451	9891	9797	266
1828.B	117.37.75,0	99.64.30	124.63.81	2954	0055	0125	283
1829	130.99.99,3	99.66.44	124.64.76	3458	0221	0455	301
1830	144.58.51,4	99.68.58	124.65.71	3962	0384	0783	319
1831	158.17.03,5	99.70.72	124.66.66	4465	0548	1110	336
1832.B	171.75.55,6	99.72.86	124.67.61	4968	0712	1439	353
1833	185.37.79,9	99.75.00	124.68.56	5473	0876	1768	371
1834	198.96.32,0	99.77.15	124.69.51	5976	1040	2096	389
1835	212.54.84,1	99.79.29	124.70.45	6479	1205	2425	406
1836.B	226.13.36,2	99.81.43	124.71.40	6982	1360	2753	424
1837	239.75.60,4	99.83.57	124.72.35	7487	1534	3082	441
1838	253.34.12,5	99.85.71	124.73.30	7990	1698	3410	459
1839	266.92.64,6	99.87.86	124.74.25	8493	1862	3738	476
1840.B	280.51.16,7	99.90.00	124.75.20	8996	2026	4066	494
1841	294.13.41,0	99.92.14	124.76.15	9501	2190	4395	512
1842	307.71.93,1	99.94.28	124.77.10	0004	2354	4723	529
1843	321.30.45,2	99.96.42	124.78.05	0507	2518	5052	547
1844.B	334.88.97,3	99.98.58	124.78.99	1010	2682	5380	564
1845	348.51.21,6	100.00.71	124.79.94	1515	2847	5710	581
1846	362.09.73,7	100.02.85	124.80.89	2018	3011	6037	599
1847	375.68.25,7	100.04.99	124.81.84	2521	3175	6366	616
1848.B	389.26.77,8	100.07.13	124.82.79	3024	3339	6695	634
1849	2.89.02,1	100.09.27	124.83.74	3529	3504	7024	652
1850	16.47.54,2	100.11.48	124.84.69	4032	3667	7352	669
1851	30.06.06,3	100.13.56	124.85.64	4536	3832	7680	687
1852.B	43.64.58,4	100.15.70	124.86.58	5039	3996	8009	704
1853	57.26.82,7	100.17.84	124.87.53	5543	4160	8338	722
1854	70.85.34,8	100.19.98	124.88.48	6047	4324	8666	739
1855	84.43.86,9	100.22.12	124.89.43	6550	4488	8995	757
1856.B	98.02.39,0	100.24.27	124.90.38	7053	4652	9319	774
1857	111.64.63,2	100.26.41	124.91.33	7557	4817	9648	792
1858	125.23.15,3	100.28.55	124.92.28	8061	4981	9977	809
1859	138.81.67,4	100.30.69	124.93.23	8564	5145	0305	827

Années	Argum. VI.	Argum. VII.	Argum. VIII.	Argum. IX.	Argum. X.	Argum. XI.	Argum. XIII.	Argum. XIV.	Argum. XV.	Argum. XVI.
1820	765	912	475	659	804	640	301	884	583	621
1821	832	996	507	776	939	724	323	916	593	699
1822	899	080	538	893	073	807	345	948	603	777
1823	966	165	570	910	208	890	367	980	613	855
1824	032	249	602	127	343	973	389	013	623	933
1825	099	333	633	244	477	056	411	045	634	011
1826	166	418	665	361	612	139	433	077	644	089
1827	233	502	697	478	747	223	455	109	654	168
1828	299	586	728	596	881	306	477	141	664	248
1829	365	671	760	713	016	389	499	174	674	324
1830	433	755	792	830	151	472	522	206	684	402
1831	500	839	823	947	285	555	544	238	695	480
1832	566	923	855	064	420	638	566	270	705	558
1833	633	008	887	181	555	722	588	302	715	636
1834	700	092	918	298	689	805	610	335	725	714
1835	767	176	950	415	824	888	632	367	735	792
1836	833	261	982	533	959	971	654	399	745	870
1837	900	345	014	650	093	054	676	431	756	948
1838	967	429	045	767	228	137	698	463	766	028
1839	034	514	077	884	363	221	720	496	776	106
1840	100	598	109	001	497	304	742	528	786	184
1841	167	682	140	118	632	387	764	560	796	262
1842	234	767	172	235	767	470	786	592	806	340
1843	301	851	204	352	901	553	808	624	816	418
1844	367	935	235	469	036	636	830	656	827	496
1845	434	020	267	587	171	720	852	689	837	574
1846	501	104	299	704	305	802	874	721	847	652
1847	568	188	330	821	440	885	896	753	857	730
1848	634	272	362	938	575	969	918	785	867	808
1849	701	357	394	055	709	052	940	818	877	886
1850	768	441	425	172	844	135	962	850	887	964
1851	835	525	457	289	979	219	984	882	897	042
1852	901	610	489	406	113	302	006	914	907	120
1853	968	694	520	523	248	385	028	946	917	198
1854	035	778	552	640	383	468	050	978	927	276
1855	102	863	584	758	517	551	072	011	937	354
1856	168	947	615	875	652	634	094	043	948	432
1857	235	031	647	992	787	718	116	075	958	510
1858	302	115	679	109	921	801	138	107	968	588
1859	369	200	710	226	056	884	160	139	978	666

Années.	Longitude moyenne.	Périhélie.	Nœud.	Argum. II.	Argum. III.	Argum. IV.	Argum. V.
1860.B	152° 40′ 19″5	100° 32′ 83″	124° 94′ 17″	9667	5309	0633	844
1861	166.02.43,8	100.34.98	124.95.12	9572	5473	0962	862
1862	179.60.95,9	100.37.12	124.96.07	0075	5638	1291	879
1863	193.19.48,0	100.39.26	124.97.02	0578	5802	1619	897
1864.B	206.78.00,1	100.41.40	124.97.97	1082	5966	1947	914
1865	220.40.24,4	100.43.54	124.98.92	1586	6130	2277	932
1866	233.98.76,5	100.45.68	124.99.87	2090	6294	2605	949
1867	247.57.28,5	100.47.82	125.00.82	2592	6458	2933	967
1868.B	261.15.80,6	100.49.97	125.01.77	3096	6622	3262	984
1869	274.78.04,9	100.52.11	125.02.71	3600	6787	3591	002
1870	288.36.57,0	100.54.25	125.03.66	4104	6951	3919	019
1871	301.95.09,1	100.56.39	125.04.61	4607	7115	4248	037
1872.B	315.53.61,2	100.58.53	125.05.56	5109	7279	4576	054
1873	329.15.85,3	100.60.68	125.06.51	5614	7443	4905	072
1874	342.74.37,4	100.62.82	125.07.46	6118	7607	5233	089
1875	356.32.89,5	100.64.96	125.08.41	6621	7772	5562	107
1876.B	369.91.41,6	100.67.10	125.09.36	7124	7936	5890	124
1877	383.53.65,8	100.69.24	125.10.30	7629	8100	6219	142
1878	397.12.17,9	100.71.39	125.11.25	8232	8264	6548	159
1879	10.70.70,0	100.73.53	125.12.20	8635	8428	6876	177
1880.B	24.29.22,1	100.75.67	125.13.15	9138	8592	7204	194
1881	37.91.46,4	100.77.81	125.14.10	9641	8757	7534	212
1882	51.49.98,5	100.79.95	125.15.05	0146	8921	7862	230
1883	65.08.50,6	100.82.09	125.16.00	0649	9085	8190	247
1884.B	78.67.02,7	100.84.24	125.16.95	1153	9249	8519	265
1885	92.29.27,0	100.86.38	125.17.89	1656	9413	8848	282
1886	105.87.79,1	100.88.52	125.18.84	2159	9578	9176	300
1887	119.46.31,1	100.90.68	125.19.78	2662	9742	9504	317
1888.B	133.04.83,2	100.92.80	125.20.73	3166	9906	9833	335
1889	146.67.07,5	100.94.95	125.21.68	3670	0070	0162	352
1890	160.25.59,6	100.97.09	125.22.63	4173	0234	0490	370
1891	173.84.11,7	100.99.23	125.23.58	4677	0398	0819	387
1892.B	187.42.63,8	101.01.37	125.24.53	5180	0562	1147	405
1893	201.04.88,1	101.03.51	125.25.47	5684	0727	1476	422
1894	214.63.40,2	101.05.65	125.26.42	6188	0891	1805	440
1895	228.21.92,3	101.07.80	125.27.37	6691	1055	2133	457
1896.B	241.80.44,4	101.09.94	125.28.32	7194	1219	2461	475
1897	255.42.68,6	101.12.08	125.29.27	7699	1384	2790	492
1898	269.01.20,7	101.14.22	125.30.22	8202	1548	3119	510
1899	282.59.72,8	101.16.36	125.31.17	8705	1712	3447	527
1900.C	296.18.24,9	101.18.51	125.32.12	9208	1876	3775	545

Années	Argum. VI.	Argum. VII.	Argum. VIII.	Argum. IX.	Argum. X.	Argum. XI.	Argum. XIII.	Argum. XIV.	Argum. XV.	Argum. XVI.
1860	435	284	742	344	190	967	182	171	988	744
1861	502	368	774	460	325	050	204	204	998	822
1862	569	453	805	577	460	133	226	236	008	900
1863	636	537	837	694	595	217	248	268	019	978
1864	702	621	869	812	729	300	270	300	029	057
1865	769	706	900	929	864	383	293	332	039	135
1866	836	790	932	046	999	466	315	364	049	213
1867	903	874	964	163	133	549	337	396	059	291
1868	969	958	995	280	268	632	359	429	069	369
1869	036	043	027	397	403	716	381	461	080	447
1870	103	127	059	514	537	799	403	493	090	525
1871	170	211	090	632	672	882	425	525	100	603
1872	236	296	122	749	807	965	447	557	110	681
1873	303	380	154	866	941	048	469	589	120	759
1874	370	464	185	983	076	131	491	622	131	837
1875	437	549	217	100	211	215	513	654	141	915
1876	503	633	249	217	345	298	535	686	151	993
1877	570	717	280	334	480	381	557	718	161	071
1878	637	801	312	451	615	464	579	750	171	149
1879	704	886	344	568	749	547	601	782	182	227
1880	770	970	375	685	884	630	623	815	192	305
1881	837	054	407	803	019	714	645	847	202	383
1882	904	139	439	920	153	797	667	879	212	461
1883	971	223	470	037	288	880	689	911	222	539
1884	037	307	502	154	423	963	711	943	232	618
1885	104	392	534	271	557	046	733	975	242	696
1886	171	476	565	388	692	129	755	007	252	774
1887	238	560	597	505	827	213	778	040	263	852
1888	304	644	629	622	961	296	800	072	273	930
1889	371	729	660	740	096	379	822	104	283	008
1890	438	813	690	857	231	462	844	136	293	086
1891	505	897	724	974	365	545	866	168	303	164
1892	571	981	755	091	500	628	888	200	314	242
1893	638	066	785	208	635	712	910	232	324	320
1894	705	150	819	325	769	795	932	264	334	398
1895	772	235	850	442	904	878	954	297	344	470
1896	838	319	882	559	039	961	976	329	355	554
1897	905	403	914	677	173	044	998	361	365	632
1898	972	487	946	794	308	127	020	393	375	710
1899	039	572	977	911	443	211	042	425	385	788
1900	105	656	009	028	577	294	064	458	395	866

TABLE II. Mouvemens moyens de Saturne, pour les siècles du dix-neuvième siècle, c'est-à-dire aux sivement, pour avoir celles des années

Années.	Longitude moyenne.	Périhélie.	Nœud.	Argum. II.	Argum. III.	Argum. IV.	Argum. V.
— 2300	333° 06′ 44″ 4	350° 73′ 91″	378° 17′ 86″	1866	2437	4457	734
2200	92.51.58,4	352.88.09	379.12.74	2221	8853	7307	485
2100	251.96.72,4	355.02.26	380.07.61	2576	5269	0157	236
2000	11.41.86,4	357.16.44	381.02.49	2930	1685	3007	958
1900	170.87.00,4	359.30.62	381.97.37	3285	8101	5857	719
— 1800	330.32.14,4	361.44.80	382.92.24	3539	4517	8708	471
1700	89.77.28,4	363.58.98	383.87.12	3994	0933	1558	223
1600	249.22.42,4	365.73.15	384.82.00	4348	7349	4408	974
1500	8.67.56,4	367.87.33	385.76.87	4702	3765	7258	726
1400	168.12.70,4	370.01.51	386.71.75	5056	0181	0108	478
— 1300	327.57.84,4	372.15.69	387.66.63	5410	6597	2958	229
1200	87.02.98,4	374.29.87	388.61.50	5764	3013	5808	981
1100	246.48.12,4	376.44.04	389.56.38	6118	9429	8658	732
1000	5.93.26,4	378.58.22	390.51.26	6476	5845	1509	484
900	165.38.40,4	380.72.40	391.46.14	6875	2261	4359	235
— 800	324.83.54,4	382.86.58	392.41.01	7184	8577	7209	987
700	84.28.68,4	385.00.76	393.35.89	7538	5093	0059	738
600	243.73.82,4	387.14.93	394.30.77	7892	1509	2910	490
500	3.18.96,4	389.29.11	395.25.64	8246	7925	5760	241
400	162.64.10,4	391.43.29	396.20.52	8600	4341	8610	993
— J. 300	322.09.24,4	393.57.47	397.15.40	8954	0757	1460	744
G. 300	321.72.02,4	393.57.41	397.15.37	8940	0752	1451	744
200	81.17.16,4	395.71.64	398.10.25	9294	7168	4301	496
— 100	240.58.58,2	397.85.84	399.05.12	9647	3584	7151	248
+ 100	159.41.41,8	2.14.17	0.94.88	0353	6416	2849	752
+ 200	318.86.55,8	4.28.35	1.89.75	0707	2832	5699	504
300	78.27.97,6	6.42.53	2.84.63	1060	9248	8548	256
400	237.69.39,4	8.56.71	3.79.51	1413	5664	1397	008
500	397.10.81,2	10.70.89	4.74.38	1766	2080	4246	760
600	156.55.95,2	12.85.06	5.69.26	2120	8496	7096	512
+ 700	315.97.37,0	14.99.24	6.64.14	2473	4913	9945	264
800	75.38.78,8	17.13.42	7.59.01	2826	1330	2794	016
900	234.80.20,6	19.27.60	8.53.89	3179	7747	5643	768
1000	394.25.34,6	21.41.78	9.48.77	3533	4163	8493	520
1100	153.66.76,4	23.55.95	10.43.64	3886	0580	1342	272

Supplément à la Table précédente. (Siècles antérieurs

Années.	Longitude moyenne.	Périhélie.	Nœud.	Argum. II.	Argum. III.	Argum. IV.	Argum. V.
100	240.54.86,0	397.85.82	399.05.12	9645	3584	2850	752
200	81.09.62,0	395.71.64	398.10.25	9291	7167	5700	504
300	321.64.58,0	393.57.46	397.15.37	8937	0751	8550	256
400	162.19.44,0	391.43.28	396.20.49	8582	4334	1400	008
500	2.74.30,0	389.29.11	395.25.62	8228	7918	4250	760
600	243.29.16,0	387.14.93	394.30.74	7874	1502	7100	512
700	83.84.02,0	385.00.75	393.35.86	7519	5085	9950	264
800	324.38.88,0	382.86.57	392.40.99	7164	8668	2800	016
1000	5.48.60,0	378.58.22	390.51.24	6455	5836	8502	516
2000	10.97.20,0	357.16.44	381.02.47	2910	1672	7004	032

passés et futurs, ou Table de ce qu'il faut ajouter aux époques
époques de la Table première, depuis 1801 jusqu'à 1900 inclu-
correspondantes dans les autres siècles.

Années.	Argum. VI.	Argum. VII.	Argum. VIII.	Argum. IX.	Argum. X.	Argum. XI.	Argum. XIII.	Argum. XIV.	Argum. XV.	Argum. XVI.
— 2300	474	107	146	627	287	716	291	964	667	517
2200	149	537	314	339	753	033	496	183	681	321
2100	824	967	482	051	219	350	701	402	695	125
2000	500	398	650	763	685	667	906	621	709	929
1900	175	828	817	475	151	983	110	840	724	733
— 1800	850	258	985	187	617	300	315	059	738	537
1700	525	689	153	899	083	617	520	278	753	331
1600	200	119	320	611	549	934	724	497	767	135
1500	875	549	488	323	015	251	929	716	782	939
1400	550	979	656	055	481	568	134	935	796	743
— 1300	225	410	824	747	947	884	338	154	811	548
1200	900	840	991	459	413	201	543	373	825	352
1100	575	270	159	171	879	518	748	592	840	156
1000	251	701	326	883	345	834	953	811	854	960
900	926	131	494	595	811	151	158	030	869	765
— 800	602	561	661	307	277	468	363	249	883	569
700	277	992	829	019	743	784	567	468	898	374
600	952	422	996	731	209	101	772	697	913	178
500	627	852	163	443	675	418	977	906	927	982
400	302	283	331	155	141	734	181	125	942	786
— J. 300	977	713	498	867	607	051	386	344	956	590
G. 300	973	710	497	864	603	049	386	343	956	588
200	650	140	665	576	069	366	591	562	971	392
— 100	325	570	832	288	535	683	796	731	986	196
+ 100	675	430	168	712	435	317	204	219	014	804
+ 200	350	860	336	424	900	634	409	438	029	608
300	025	290	503	136	336	950	613	657	043	412
400	700	720	671	848	771	267	817	876	057	216
500	375	150	839	560	206	584	021	095	072	020
600	050	580	007	272	641	901	226	314	087	824
+ 700	725	010	174	984	076	217	430	533	101	628
800	400	440	341	696	512	533	634	752	115	432
900	075	870	508	408	947	249	838	971	130	236
1000	750	300	676	120	383	566	043	190	144	040
1100	425	730	843	832	819	882	247	409	158	844

au dix-neuvième, années Juliennes.)

Années.	Argum. VI.	Argum. VII.	Argum. VIII.	Argum. IX.	Argum. X.	Argum. XI.	Argum. XIII.	Argum. XIV.	Argum. XV.	Argum. XVI.
100	675	430	167	288	534	317	205	219	015	804
200	350	860	335	576	068	633	409	438	029	608
300	025	290	502	864	602	950	613	657	043	412
400	700	720	670	154	136	266	818	876	058	216
500	375	151	837	440	670	583	022	095	072	020
600	050	581	004	728	204	900	226	314	086	824
700	725	012	172	016	738	216	431	533	101	628
800	400	442	340	304	272	532	636	752	116	432
1000	751	303	676	880	340	167	047	191	145	042
1100	502	606	352	760	680	334	094	382	290	084

TABLE III.

Variations séculaires de la précession des Équinoxes, du Périhélie, du Nœud et de la plus grande Équation du centre.

Années.	Correction de la Longitude.	Différ.	Correction du Périhélie.	Différ.	Correction du Nœud.	Différ.	Correction de la plus grande équat. du centre.	Différ.
— 300	+ 15′ 70″ 7	1′ 47″ 9	+ 36′ 56″	3′ 46″	+ 15′ 71″	1′ 48″	— 3′ 58″ 7	34″ 1
— 200	14.22,8	1.40,7	33.10	3.30	14.23	1.41	3.24,6	32,5
— 100	12.82,1	1.33,5	29.80	3.12	12.82	1.33	2.92,1	30,7
0	11.48,6	1.26,3	26.68	2.95	11.49	1.27	2.61,4	29,0
+ 100	10.22,3		23.73		10.22		2.32,4	
		1.19,3		2.78		1.19		27,3
200	+ 9.03,0	1.11,5	+ 20.95	2.60	+ 9.03	1.11	— 2.05,1	25,6
300	7.91,5	1.04,7	18.35	2.44	7.92	1.05	1.79,5	23,9
400	6.86,8	0.97,3	15.91	2.26	6.87	0.97	1.55,6	22,2
500	5.89,5	89,9	13.65	2.09	5.90	0.90	1.33,4	20,5
600	4.99,6		11.56		5.00		1.12,9	
		82,5		1.92		0.83		18,8
700	+ 4.17,1	76,1	+ 9.64	1.74	+ 4.17	0.76	— 0.94,1	17,1
800	3.41,0	66,7	7.90	1.57	3.41	0.67	0.77,0	15,3
900	2.74,3	59,7	6.33	1.41	2.74	0.59	0.61,7	13,7
1000	2.14,6	52,8	4.92	1.22	2.15	0.53	0.48,0	11,9
1100	1.61,8		3.70		1.62		0.36,1	
		46,3		1.04		0.46		10,3
1200	+ 1.15,5	37,8	+ 2.66	0.87	+ 1.16	0.38	— 0.25,8	8,5
1300	0.77,7	30,3	1.79	0.71	0.78	0.31	0.17,3	6,9
1400	0.47,4	23,1	1.08	0.53	0.47	0.23	0.10,4	5,1
1500	0.24,3	15,3	0.55	0.35	0.24	0.15	0.05,3	3,4
1600	0.09,0		0.20		0.09		0.01,9	
		7,9		0.18		0.08		1,7
1700	+ 0.01,1	1,1	+ 0.02	0.02	+ 0.01	0.01	— 0.00,2	0,2
1800	0.00,0	0,8	0.00	0.02	0.00	0.01	0.00,0	0,2
1850	0.00,8	7,2	0.02	0.17	0.01	0.07	0.00,2	1,7
1900	0.08,0	14,9	0.19	0.35	0.08	0.15	0.01,9	3,4
2000	0.22,9		0.54		0.23		0.05,3	
		22,1		0.52		0.22		5,1
2100	+ 0.45,0	30,1	+ 1.06	0.70	+ 0.45	0.30	— 0.10,4	6,9
2200	0.75,1	37,4	1.76	0.87	0.75	0.38	0.17,3	8,5
2300	1.12,5	44,9	2.63	1.04	1.13	0.44	0.25,8	10,3
2400	1.57,4	52,6	3.67	1.22	1.57	0.53	0.36,1	11,9
2500	2.10,0		4.89		2.10		0.48,0	
		60,0		1.40		0.60		13,7
2600	+ 2.70,0	67,8	+ 6.29	1.57	+ 2.70	0.68	— 0.61,7	15,3
2700	3.37,8	74,5	7.86	1.73	3.38	0.74	0.77,0	17,1
2800	4.12,3	83,0	9.59	1.92	4.12	0.83	0.94,1	18,8
2900	4.95,3	88,6	11.51	2.08	4.95	0.89	1.12,9	20,5
3000	5.83,9		13.59		5.84		1.33,4	

TABLE IV.

Moyens mouvemens de Saturne pour les mois, années communes.

Mois.	Longitude moyenne.	Périhel.	N.	Arg. II.	Arg. III.	Arg. IV.	Arg. V.	Arg. VI.	Arg. VII.	Arg. VIII.	Arg. IX.	Arg. X.	Arg. XI.	Arg. XIII.	Arg. XIV.	Arg. XV.	Arg. XVI.
Janvier...	0° 00′ 00″ 0	0′ 00″ 0	0″ 0	0	0	0	0	0	0	0	0	0	0	0	0	0	0
Février...	1.15.38,1	0.18,2	8,0	43	14	28	1	6	7	3	10	11	7	2	3	1	7
Mars....	2.19.59,6	0.34,6	15,3	81	27	53	3	11	14	5	19	22	13	4	5	2	13
Avril....	3.34.97,7	0.52,8	23,3	124	41	81	4	16	21	8	29	33	21	6	8	3	19
Mai.....	4.46.63,7	0.70,4	31,1	165	54	108	6	22	28	10	39	44	27	7	11	3	26
Juin....	5.62.01,8	0.88,6	39,1	208	68	136	7	28	35	13	49	56	34	9	13	4	32
Juillet...	6.73.67,7	1.06,2	46,9	250	81	163	9	34	42	16	58	67	41	11	16	5	39
Août....	7.89.05,8	1 24,4	54,9	292	95	191	10	39	49	18	68	78	48	13	19	6	45
Septemb.	9.04.43,9	1.42,6	62,9	335	109	218	12	45	56	21	78	9	55	15	21	7	52
Octobr...	10.16.09,3	1.60,2	70,7	377	123	245	13	49	63	24	8.	101	62	16	24	8	58
Novembr.	11.31.47,9	1.78,4	78,7	419	137	273	15	55	70	26	98	112	69	18	27	9	65
Décembr.	12.43.13,8	1.96,0	86,5	461	150	300	16	61	77	29	108	12	76	20	29	9	78

TABLE V.

Moyens mouvemens de Saturne pour les mois, années bissextiles.

Mois.	Longitude moyenne.	Périhel.	N.	Arg. .	Arg. III.	Arg. IV.	Arg. V.	Arg. VI.	Arg. VII.	Arg. VIII.	Arg. IX.	Arg. X.	Arg. XI.	Arg. XIII.	Arg. XIV.	Arg. XV.	Arg. XVI.
Janvier...	0° 0′ 00″ 0	0′ 00″ 0	0″ 0	0	0	0	0	0	0	0	0	0	0	0	0	0	0
Février...	1.15.38,1	0.18,2	8,0	43	14	28	1	6	7	3	10	11	7	2	3	1	7
Mars....	2.23.31,8	0.35,2	15,5	83	27	54	3	11	14	5	19	22	14	4	5	2	13
Avril....	3.38.69,9	0.53,4	23,6	125	41	82	4	17	21	8	29	34	21	5	8	3	19
Mai.....	4.50.35,8	0.71,0	31,3	167	54	109	6	22	28	11	39	45	28	7	11	3	26
Juin....	5.65.73,9	0.89,2	39,4	210	68	137	7	28	35	13	49	56	35	9	13	4	33
Juillet...	6.77,39,8	1.06,8	47,1	251	82	164	9	33	42	16	59	67	41	11	16	5	39
Août....	7.94.77,9	1.25,0	55,2	294	96	191	10	39	49	19	68	79	49	13	19	6	46
Septemb.	9.08.16,0	1.43,2	63,2	336	110	219	12	45	56	21	78	90	56	15	21	7	52
Octobr...	10.19.81,9	1.60,8	71,0	378	123	246	13	50	63	24	88	101	62	16	24	8	58
Novembr.	11.35.20,0	1.78,0	79,0	421	137	274	15	56	70	27	98	113	70	18	27	9	65
Décembr.	12.46.85,9	1.96,6	86,8	462	151	301	16	61	77	29	108	124	76	20	29	9	71

TABLE VI.

Moyens mouvemens pour les jours.

Jours.	Longitude moyenne.	Périhel.	N.	Arg. II.	Arg. III.	Arg. IV.	Arg. V.	Arg. VI.	Arg. VII.	Arg. VIII.	Arg. IX.	Arg. X.	Arg. XI.	Arg. XIII.	Arg. XIV.	Arg. XV.	Arg. XVI.
1	0°00′00″0	0″0	0″0	0	0	0	0	0	0	0	0	0	0	0	0	0	0
2	3.72,2	0,6	0,3	1	0	1	0	0	0	0	0	0	0	0	0	0	0
3	7.44,4	1,2	0,5	3	1	2	0	0	1	0	1	1	0	0	0	0	0
4	11 16,6	1,8	0,8	4	1	3	0	1	1	0	1	1	1	0	0	0	1
5	14.88,8	2,3	1,0	6	2	4	0	1	1	0	1	1	1	0	0	0	1
6	18.61,0	2,9	1,3	7	2	4	0	1	1	0	2	2	1	0	0	0	1
7	0.22.33,2	3,5	1,6	8	3	5	0	1	2	1	2	2	1	0	1	0	1
8	26.05,4	4,1	1,8	10	3	6	0	1	2	1	2	3	2	0	1	0	1
9	29.77,6	4,7	2,1	11	4	7	0	1	2	1	3	3	2	0	1	0	2
10	33.49,8	5,3	2,3	12	4	8	0	2	2	1	3	3	2	0	1	0	2
11	37.22,0	5,9	2,6	14	5	9	0	2	3	1	3	4	2	0	1	0	2
12	0.40 94,3	6,5	2,8	15	5	10	1	2	3	1	4	4	3	1	1	0	2
13	44.66,4	7,0	3,1	17	5	11	1	2	3	1	4	4	3	1	1	0	3
14	48.38,6	7,6	3,4	18	6	12	1	2	3	1	4	5	3	1	1	0	3
15	52.10,8	8,2	3,6	19	6	13	1	3	4	1	4	5	3	1	1	0	3
16	55.83,0	8,8	3,9	21	7	13	1	3	4	1	5	6	3	1	1	0	3
17	0.59.55,1	9,4	4,1	22	7	14	1	3	4	1	5	6	4	1	1	0	3
18	63.27,3	10,0	4,4	23	8	15	1	3	4	1	5	6	4	1	1	0	4
19	66.99,5	10,5	4,7	25	8	16	1	3	5	2	6	7	4	1	2	1	4
20	70.71,7	11,2	4,9	26	9	17	1	3	5	2	6	7	4	1	2	1	4
21	74.43,9	11,7	5,2	28	9	18	1	4	5	2	6	7	5	1	2	1	4
22	0.78.16,1	12,3	5,4	29	9	19	1	4	5	2	7	8	5	1	2	1	4
23	81.88,3	12,9	5,7	30	10	20	1	4	6	2	7	8	5	1	2	1	5
24	85.60,4	13,5	6,0	32	10	21	1	4	6	2	7	8	5	1	2	1	5
25	89 32,6	14,1	6,2	33	11	22	1	4	6	2	8	9	5	1	2	1	5
26	93.04,8	14,7	6,5	34	11	22	1	5	6	2	8	9	5	2	2	1	5
27	0.96.77,1	15,3	6,7	36	12	23	1	5	7	2	8	10	5	2	2	1	6
28	1.00.49,3	15,8	7,0	37	12	24	1	5	7	2	9	10	5	2	2	1	6
29	1.04.21,5	16,4	7,3	39	13	25	1	5	7	2	9	10	6	2	2	1	6
30	1.07.93,7	17,0	7,5	40	13	26	1	5	7	2	9	11	6	2	3	1	6
31	1.11.65,9	17,6	7,7	41	14	27	1	5	8	3	10	11	6	2	3	1	6

TABLE VII.

Moyens mouvemens pour les heures.

Heur.	Longitude moy.	Perihélie	N.	Arg. II.	Arg. III.	Arg. IV.	Arg. V.
1	0′37″2	0″0	0″0	0	0	0	0
2	0.74,4	0,1	0,0	0	0	0	0
3	1.11,7	0,2	0,1	0	0	0	0
4	1.48,9	0,2	0,1	0	0	0	0
5	1.86,1	0,3	0,1	1	0	0	0
6	2.23,3	0,4	0,2	1	0	1	0
7	2.60,5	0,4	0,2	1	0	1	0
8	2.97,8	0,5	0,2	1	0	1	0
9	3.35,0	0,5	0,2	1	0	1	0
10	3.72,2	0,6	0,3	1	0	1	1

TABLE VIII.

Mouvemens pour les minutes et les secondes.

Minutes.	Longitude.	Minutes.	Longitude.	Minutes.	Longitude.	Minutes.	Longitude.
1	0″4	26	9″7	51	19″0	76	28″3
2	0,7	27	10,0	52	19,3	77	28,6
3	1,1	28	10,4	53	19,7	78	29,0
4	1,5	29	10,8	54	20,1	79	29,4
5	1,9	30	11,2	55	20,5	80	29,7
6	2,2	31	11,5	56	20,8	81	30,1
7	2,6	32	11,9	57	21,2	82	30,5
8	3,0	33	12,3	58	21,6	83	30,9
9	3,3	34	12,6	59	21,9	84	31,2
10	3,7	35	13,0	60	22,3	85	31,6
11	4,1	36	13,4	61	22,7	86	32,0
12	4,5	37	13,8	62	23,1	87	32,4
13	4,8	38	14,1	63	23,4	88	32,7
14	5,2	39	14,5	64	23,8	89	33,1
15	5,6	40	14,9	65	24,2	90	33,5
16	6,0	41	15,3	66	24,6	91	33,9
17	6,3	42	15,6	67	24,9	92	34,2
18	6,7	43	16,0	68	25,3	93	34,6
19	7,1	44	16,4	69	25,7	94	35,0
20	7,4	45	16,7	70	26,0	95	35,3
21	7,8	46	17,1	71	26,4	96	35,7
22	8,2	47	17,5	72	26,8	97	36,1
23	8,6	48	17,9	73	27,2	98	36,5
24	8,9	49	18,2	74	27,5	99	36,8
25	9,3	50	18,6	75	27,9	100	37,2

TABLE IX.

Correction des parties proportionnelles.

Années.

Diff. sec.	I.	II.	III.	IV.	V.	Diff. sec.	I.	II.	III.	IV.	V.
	IX.	VIII.	VII.	VI.	V.		IX.	VIII.	VII.	VI.	V.
1	—0″0	—0″1	—0″1	—0″1	—0″1	22	—1″0	—1″8	—2″3	—2″6	—2″8
2	0,1	0,2	0,2	0,2	0,3	23	1,0	1,8	2,4	2,8	2,9
3	0,1	0,2	0,3	0,4	0,4	24	1,1	1,9	2,5	2,9	3,0
4	0,2	0,3	0,4	0,5	0,5	25	1,1	2,0	2,6	3,0	3,1
5	0,2	0,4	0,5	0,6	0,6	26	1,2	2,1	2,7	3,1	3,3
6	—0,3	—0,5	—0,6	—0,7	—0,8	27	—1,2	—2,2	—2,8	—3,2	—3,4
7	0,3	0,6	0,7	0,8	0,9	28	1,3	2,2	2,9	3,4	3,5
8	0,4	0,6	0,8	1,0	1,0	29	1,3	2,3	3,	3,5	3,6
9	0,4	0,7	0,9	1,1	1,1	30	1,4	2,4	3,2	3,6	3,
10	0,5	0,8	1,1	1,2	1,3	31	1,4	2,5	3,3	3,7	3,9
11	—0,5	—0,9	—1,2	—1,3	—1,4	32	—1,4	—2,6	—3,	—3,8	—4,0
12	0,5	1,0	1,3	1,4	1,5	33	1,5	2,6	3,5	4,0	4,1
13	0,6	1,0	1,4	1,6	1,6	34	1,5	2,7	3,6	4,1	4,3
14	0,6	1,1	1,5	1,7	1,8	35	1,6	2,8	3,	4,2	4,4
15	0,7	1,2	1,6	1,8	1,9	36	1,6	2,9	3,8	4,3	4,5
16	—0,7	—1,3	—1,7	—1,9	—2,0	37	—1,7	—3,0	—3,9	—4,5	—4,6
17	0,8	1,4	1,8	2,0	2,1	38	1,7	3,0	4,0	4,6	4,8
18	0,8	1,4	1,9	2,2	2,3	39	1,8	3,1	4,1	4,7	4,9
19	0,9	1,5	2,0	2,3	2,4	40	1,8	3,2	4,2	4,8	5,0
20	0,9	1,6	2,1	2,4	2,5	41	1,8	3,3	4,3	4,9	5,1
21	0,9	1,7	2,2	2,5	2,6	42	1,9	3,4	4,4	5,0	5,3
						43	1,9	3,4	4,5	5,2	5,4

TABLE X.

Parties décimales de l'année, de dix en dix jours.

Jours.	Décimales.	Jours.	Décimales.
10 Janvier.	0,03	29 Juillet.	0,58
20.	0,05	8 Août.	0,60
30.	0,08	18.	0,63
9 Février.	0,11	28.	0,66
19.	0,14	7 Septembre.	0,68
1 Mars.	0,16	17.	0,71
11.	0,19	27.	0,74
21.	0,22	7 Octobre.	0,77
31.	0,25	17.	0,79
10 Avril	0,27	27.	0,82
20.	0,30	6 Novembre	0,85
30.	0,33	16.	0,88
10 Mai.	0,36	26.	0,90
20.	0,38	6 Décembre	0,93
30.	0,41	16.	0,96
9 Juin	0,44	26.	0,99
19.	0,47	31.	1,00
29.	0,49		
9 Juillet.	0,52		
19.	0,55		

TABLE XI.

Grande inégalité de Saturne avec les corrections des Argumens qui règlent les autres inégalités.

Années	Équation.	Différences premières.	Différences secondes.	Arg. II.	Arg. III.	Arg. IV.	Arg. V.	Arg. VI.	Arg. VII.	Arg. VIII.	Arg. IX.	Arg. X.	Arg. XI.	Arg. XIII	Arg. XVI	Arg XV.	Arg. XVI
1550	+ 1′50″6			— 1	— 1	— 2	+0	—1	—0	— 2	— 1	—0	— 1	+0	+0	+0	+0
		—5′99″0															
1560	— 4.48,4		+ 1″6	+ 2	+ 3	+ 6	—0	+0	+0	+ 0	+ 0	+0	+ 0	—0	—0	—0	—0
		5.97,4															
1570	10.45,8		4,4	4	6	12	1	1	0	2	1	0	1	0	0	0	0
		5.93,0															
1580	16.38,8		7,2	6	10	20	1	1	0	3	1	0	2	0	0	0	1
		5.85,8															
1590	22.24,6		9,7	8	13	26	2	2	0	5	2	1	3	0	1	0	1
		5.76,1															
1600	—28.00,7		12,4	10	17	34	—2	2	0	6	3	1	4	—0	—1	—0	—2
		5.63,7															
1610	33.64,4		14,9	12	20	40	3	3	0	8	4	1	5	1	1	1	2
		5.48,8															
1620	39.13,2		17,2	14	23	46	3	3	0	10	5	1	5	1	2	1	2
		5.31,6															
1630	44.44,8		19,7	16	27	54	3	4	0	11	5	2	6	1	2	1	3
		5.11,9															
1640	49.56,7		22,0	17	30	60	4	4	0	13	6	2	7	1	2	1	3
		4.89,9															
1650	—54.46,6		24,3	19	33	66	—4	5	1	14	7	2	8	—1	—3	—1	—4
		4.65,6															
1660	59.12,2		26,4	21	35	71	4	5	1	15	7	3	9	1	3	1	4
		4.39,2															
1670	63.51,4		28,2	22	38	76	5	6	1	16	8	3	10	2	3	2	5
		4.11,0															
1680	67.62,4		30,5	24	40	80	6	6	1	18	9	3	10	2	3	2	5
		3.80,5															
1690	71.42,9		32,9	25	43	85	6	7	1	19	9	3	11	2	4	2	5
		3.48,4															
1700	—74.91,3		33,8	26	45	90	—6	7	1	20	10	3	12	—2	—4	—2	—5
		3.14,6															
1710	78.05,9		35,4	27	47	94	6	7	1	21	10	4	12	2	4	2	6
		2.79,2															
1720	80.85,1		36,9	28	49	98	6	8	1	21	11	4	13	2	4	2	6
		2.42,3															
1730	83.27,4		37,8	29	50	100	7	8	1	22	11	4	13	2	4	2	6
		2.04,5															
1740	85.31,9		38,9	30	51	102	7	8	1	23	11	4	14	2	4	2	6
		1.65,6															
1750	—86.97,5		40,0	30	52	104	—8	8	1	24	12	4	14	—2	—4	—2	—6
		1.25,6															
1760	88.23,1		40,8	31	53	106	8	8	1	24	12	4	14	2	4	2	7
		84,8															
1770	89.07,9		40,9	31	54	107	8	9	1	24	12	4	14	2	4	2	7
		43,9															
1780	89.51,8		41,3	32	54	108	8	9	1	24	12	4	14	2	5	2	7
		— 2,6															
1790	89.54,4		41,7	32	54	108	8	9	1	24	12	4	14	2	5	2	7
		+ 39,1															
1800	—89.15,3		41,5	32	54	108	—8	9	1	24	12	4	14	—2	—5	—2	—7
		80,6															
1810	88.34,7		41,3	31	53	106	8	9	1	24	12	4	14	2	5	2	7
		1.21,9															
1820	87.12,8		40,7	31	52	104	8	9	1	24	12	4	14	2	5	2	7
		1.62,6															
1830	85.50,2		40,2	30	51	102	7	9	1	23	12	4	14	2	5	2	7
		2.02,8															
1840	83.47,4		39,0	29	50	100	7	8	1	23	11	4	13	2	4	2	6
		2.41,8															
1850	—81.05,6		38,4	28	49	98	—7	8	1	22	11	4	13	—2	—4	—2	—6
		2.80,2															
1860	78.25,4		36,8	27	47	94	7	8	1	21	11	4	13	2	4	2	6
		3.17,0															
1870	75.08,4		35,6	26	45	90	6	8	1	21	10	4	12	2	4	2	6
		3.52,6															
1880	71.55,8		33,5	25	43	86	6	7	1	20	10	3	12	2	4	2	6
		3.86,1															
1890	67.69,7		32,1	24	41	82	6	7	1	19	9	3	11	2	3	2	5
		4.18,2															
1900	63.51,5			22	38	76	6	6	1	18	9	3	11	2	3	2	5

TABLE XII.

Équation du centre de Saturne pour 1800, avec la Variation séculaire.

Argument I = (Longitude corrigée — Périhélie), ou Anomalie moyenne.

Deg.	Équation.	Différences premières.	Différences secondes.	Variation séculaire.	Deg.	Équation.	Différences premières.	Différences secondes.	Variation séculaire.
0	399°59′46″8	+12′07″5		− 0″0	50	4°90′72″8	+ 7′81″8		−3′08″[illegible]
1	399.71.54,3	12.07,1	− 0″4	7,2	51	4.98.54,6	7.66,4	− 15″4	3.12,5
2	399.83.61,4	12.06,3	0,8	14,3	52	5.06.21,0	7.50,9	15,5	3.16,6
3	399.95.67,7	12.05,2	1,1	21,5	53	5.13.71,9	7.35,2	15,7	3.20,6
4	0.07.72,9	12.03,8	1,4	28,6	54	5.21.07,1	7.19,5	15,7	3.24,6
5	0.19.76,7	12.01,9	1,9	35,8	55	5.28.26,6	7.03,4	16,1	3.28,5
6	0.31.78,6	11.99,7	2,2	43,0	56	5.35.30,0	6.87,3	16,1	3.32,2
7	0.43.78,3	11.97,1	2,6	50,1	57	5.42.17,3	6.71,0	16,3	3.35,8
8	0.55.75,4	11.94,3	2,8	57,2	58	5.48.88,3	6.54,5	16,5	3.39,4
9	0.67.69,7	11.91,0	3,3	64,3	59	5.55.42,8	6.37,9	16,6	3.42,[illegible]
10	0.79.60,7	11.87,1	3,9	71,4	60	5.61.80,7	6.21,3	16,6	3.46,[illegible]
11	0.91.47,8	11.83,2	3,9	78,4	61	5.68.02,0	6.04,7	16,7	3.49,[illegible]
12	1.03.31,0	11.79,0	4,2	85,3	62	5.74.06,6	5.87,6	17,0	3.52,[illegible]
13	1.15.10,0	11.74,1	4,9	92,3	63	5.79.94,2	5.70,5	17,0	3.55,[illegible]
14	1.26.84,1	11.69,0	5,1	99,2	64	5.85.64,7	5.53,3	17,2	3.58,[illegible]
15	1.38.53,1	11.63,4	5,6	1.06,1	65	5.91.18,0	5.36,0	17,3	3.61,2
16	1.50.16,5	11.57,7	5,7	1.13,0	66	5.96.54,1	5.18,8	17,2	3.63,9
17	1.61.74,2	11.51,7	6,0	1.19,8	67	6.01.72,9	5.01,5	17,3	3.66,5
18	1.73.25,9	11.45,3	6,4	1.26,6	68	6.06.74,4	4.84,0	17,5	3.68,9
19	1.84.71,2	11.38,4	6,9	1.33,4	69	6.11.58,4	4.66,5	17,6	3.71,3
20	1.96.09,6	11.31,2	7,2	1.40,1	70	6.16.24,9	4.48,9	17,6	3.73,5
21	2.07.40,8	11.23,7	7,5	1.46,7	71	6.20.73,8	4.31,3	17,6	3.75,7
22	2.18.64,5	11.15,9	7,8	1.53,2	72	6.25.05,1	4.13,3	17,8	3.77,8
23	2.29.80,4	11.07,6	8,3	1.59,8	73	6.29.18,4	3.95,5	17,8	3.79,7
24	2.40.88,0	10.99,4	8,2	1.66,3	74	6.33.13,9	3.77,5	18,0	3.81,5
25	2.51.87,4	10.90,6	8,8	1.72,7	75	6.36.91,4	3.59,6	17,9	3.83,2
26	2.62.78,0	10.81,5	9,1	1.79,0	76	6.40.51,0	3.41,8	17,8	3.84,8
27	2.73.59,5	10.72,0	9,5	1.85,3	77	6.43.92,8	3.23,8	18,0	3.86,3
28	2.84.31,5	10.62,3	9,7	1.91,5	78	6.47.16,6	3.05,7	17,9	3.87,7
29	2.94.93,8	10.52,2	10,1	1.97,7	79	6.50.22,3	2.87,8	17,9	3.89,0
30	3.05.46,0	10.42,1	10,1	2.03,8	80	6.53.10,1	2.69,8	18,0	3.90,2
31	3.15.88,1	10.31,6	10,5	2.09,8	81	6.55.79,9	2.51,7	18,1	3.91,3
32	3.26.19,7	10.20,6	11,0	2.15,7	82	6.58.31,6	2.33,6	18,1	3.92,3
33	3.36.40,3	10.09,4	11,2	2.21,6	83	6.60.65,2	2.15,5	18,1	3.93,1
34	3.46.49,7	9.97,9	11,5	2.27,3	84	6.62.80,7	1.97,5	18,0	3.93,4
35	3.56.47,6	9.86,4	11,5	2.33,0	85	6.64.78,2	1.79,4	18,1	3.94,6
36	3.66.34,0	9.74,3	12,1	2.38,7	86	6.66.57,6	1.61,4	18,0	3.95,1
37	3.76.08,3	9.62,1	12,2	2.44,2	87	6.68.19,0	1.43,4	18,0	3.95,6
38	3.85.70,4	9.49,6	12,5	2.49,7	88	6.69.62,4	1.25,4	18,0	3.96,2
39	3.95.20,0	9.36,9	12,7	2.55,1	89	6.70.87,8	1.07,5	17,9	3.96,0
40	4.04.56,9	9.23,9	13,0	2.60,3	90	6.71.95,3	0.89,6	17,9	3.96,3
41	4.13.80,8	9.10,5	13,4	2.65,5	91	6.72.84,9	71,6	17,8	3.96,4
42	4.22.91,3	8.97,0	13,5	2.70,7	92	6.73.56,5	53,8	18,0	3.96,4
43	4.31.88,3	8.83,4	13,6	2.75,7	93	6.74.10,3	36,0	17,8	3.96,2
44	4.40.71,7	8.69,6	13,8	2.80,6	94	6.74.46,3	18,3	17,7	3.96,0
45	4.49.41,3	8.55,4	14,2	2.85,4	95	6.74.64,6	+ 0,5	17,8	3.95,6
46	4.57.96,7	8.41,0	14,4	2.90,2	96	6.74.65,1	− 17,1	17,6	3.95,2
47	4.66.37,7	8.26,4	14,6	2.94,8	97	6.74.48,0	34,7	17,6	3.94,7
48	4.74.64,1	8.11,8	14,6	2.99,3	98	6.74.13,3	52,1	17,4	3.94,0
49	4.82.75,9	+ 7.96,9	− 14,9	3.03,8	99	6.73.61,2	69,6	− 17,5	3.93,3
50	4.90.72,8			−3.08,2	100	6.72.91,6			−3.92,5

Constante ajoutée..... 0°,40532.

Équation du centre de Saturne pour 1800, avec la Variation séculaire.

Argument I, ou Anomalie moyenne.

Deg.	Équation.	Différences premières.	Différences secondes.	Variation séculaire.	Deg.	Équation.	Différences premières.	Différences secondes.	Variation séculaire.
100	6°72′91″6	— 86″9		—3′92″5	150	4°40′60″6	— 7′95″1		—2′52″7
101	6.72.04,7	1.04,3	— 17″4	3.91,6	151	4.32.65,5	8.05,1	— 10″0	2.48,3
102	6.71.00,4	1.21,5	17,2	3.90,6	152	4.24.60,4	8.15,0	9,9	2.43,9
103	6.69.78,9	1.38,6	17,1	3.89,5	153	4.16.45,4	8.24,7	9,7	2.39,5
104	6.68.40,3	1.55,6	17,0	3.88,3	154	4.08.20,7	8.34,2	9,5	2.35,0
105	6.66.84,7	1.72,5	16,9	3.87,0	155	3.99.86,5	8.43,2	9,0	2.30,5
106	6.65.12,2	1.89,4	16,9	3.85,6	156	3.91.43,3	8.52,2	9,0	2.25,9
107	6.63.22,8	2.06,2	16,8	3.84,2	157	3.82.91,1	8.61,0	8,8	2.21,3
108	6.61.16,6	2.22,9	16,7	3.82,7	158	3.74.30,1	8.69,7	8,7	2.16,7
109	6.58.93,7	2.39,4	16,5	3.81,1	159	3.65.60,4	8.78,2	8,5	2.12,0
110	6.56.54,3	2.55,8	16,4	3.79,4	160	3.56.82,2	8.86,5	8,3	2.07,3
111	6.53.98,5	2.72,0	16,2	3.77,6	161	3.47.95,7	8.94,7	8,2	2.02,6
112	6.51.26,5	2.88,2	16,2	3.75,7	162	3.39.01,0	9.02,5	7,8	1.97,8
113	6.48.38,3	3.04,4	16,2	3.73,7	163	3.29.98,5	9.10,0	7,5	1.93,0
114	6.45.33,9	3.20,3	15,9	3.71,7	164	3.20.88,5	9.17,4	7,4	1.88,2
115	6.42.13,6	3.36,1	15,8	3.69,6	165	3.11.71,1	9.24,7	7,3	1.83,3
116	6.38.77,5	3.51,9	15,8	3.67,4	166	3.02.46,4	9.31,2	7,2	1.78,4
117	6.35.25,6	3.67,5	15,6	3.65,2	167	2.93.14,5	9.38,7	6,8	1.73,4
118	6.31.58,1	3.82,9	15,4	3.62,8	168	2.83.75,8	9.45,4	6,7	1.68,5
119	6.28.75,2	3.98,3	15,4	3.60,3	169	2.74.30,4	9.51,9	6,5	1.63,5
120	6.23.76,9	4.13,4	15,1	3.57,8	170	2.64.78,5	9.58,1	6,2	1.58,5
121	6.19.63,5	4.28,4	15,0	3.55,2	171	2.55.20,4	9.64,0	5,9	1.53,4
122	6.15.35,1	4.43,3	14,9	3.52,6	172	2.45.56,4	9.69,8	5,8	1.48,4
123	6.10.91,8	4.58,1	14,8	3.49,9	173	2.35.86,6	9.75,5	5,7	1.43,3
124	6.06.33,7	4.72,7	14,6	3.47,1	174	2.26.11,1	9.81,1	5,5	1.38,2
125	6.01.61,0	4.87,3	14,6	3.44,2	175	2.16.30,0	9.86,3	5,2	1.33,1
126	5.96.73,7	5.01,5	14,2	3.41,3	176	2.06.43,7	9.91,3	5,0	1.27,9
127	5.91.72,2	5.15,7	14,2	3.38,3	177	1.96.52,4	9.96,4	5,1	1.22,7
128	5.86.56,5	5.29,8	14,1	3.35,2	178	1.86.56,0	10.01,1	4,7	1.17,5
129	5.81.26,7	5.43,5	13,7	3.32,0	179	1.76.54,9	10.05,2	4,1	1.12,3
130	5.75.83,2	5.57,1	13,6	3.28,8	180	1.66.49,7	10.08,9	3,7	1.07,1
131	5.70.26,1	5.70,7	13,6	3.25,6	181	1.56.40,8	10.12,9	4,0	1.01,8
132	5.64.55,4	5.84,1	13,4	3.22,3	182	1.46.27,9	10.16,8	3,9	96,6
133	5.58.71,3	5.97,4	13,3	3.18,9	183	1.36.11,1	10.20,5	3,7	91,3
134	5.52.73,9	6.10,5	13,1	3.15,4	184	1.25.90,6	10.23,9	3,1	86,0
135	5.46.63,4	6.23,2	12,7	3.11,9	185	1.15.66,7	10.27,0	3,4	80,7
136	5.40.40,2	6.35,8	12,6	3.08,4	186	1.05.39,6	10.30,0	3,0	75,4
137	5.34.04,4	6.48,3	12,5	3.04,7	187	0.95.09,6	10.32,8	2,8	70,0
138	5.27.56,1	6.60,8	12,5	3.01,0	188	0.84.76,8	10.35,4	2,6	64,7
139	5.20.95,3	6.73,2	12,4	2.97,3	189	0.74.41,4	10.37,6	2,2	59,4
140	5.14.22,1	6.85,2	12,0	2.93,5	190	0.64.03,8	10.39,7	2,1	54,0
141	5.07.36,9	6.96,8	11,6	2.89,6	191	0.53.64,1	10.41,6	1,9	48,6
142	5.00.40,1	7.08,5	11,7	2.85,7	192	0.43.22,5	10.43,3	1,7	43,2
143	4.93.31,6	7.20,0	11,5	2.81,7	193	0.32.79,2	10.44,6	1,3	37,8
144	4.86.11,6	7.31,3	11,3	2.77,7	194	0.22.34,6	10.46,0	1,4	32,4
145	4.78.80,3	7.42,4	11,1	2.73,7	195	0.11.88,6	10.47,1	1,1	27,0
146	4.71.37,9	7.53,2	10,8	2.69,6	196	0.01.41,5	10.48,0	0,9	21,6
147	4.63.84,7	7.64,1	10,9	2.65,4	197	399.90.93,5	10.48,5	0,6	16,2
148	4.56.20,6	7.74,8	10,7	2.61,2	198	399.80.45,0	10.49,0	0,5	10,8
149	4.48.45,8	7.85,2	— 10,4	2.57,0	199	399.69.96,0	—10.49,2	— 0,2	5,4
150	4.40.60,6			—2.52,7	200	399.59.46,8			— 0,0

Équation du centre de Saturne pour 1800, avec la Variation séculaire.

Argument I, ou Anomalie moyenne.

Deg.	Équation.	Différences premières.	Différences secondes.	Variation séculaire.	Deg.	Équation.	Différences premières.	Différences secondes.	Variation séculaire.
200	399° 59′ 46″ 8			+ 0″ 0	250	394° 78′ 32″ 8			+ 2′ 52″ 7
201	399.48.97,5	— 10′ 49″ 3	+ 0″ 3	5,4	251	394.70.47,7	— 7′ 85″ 1	+ 10″ 4	2.57,0
202	399.38.48,5	10.49,0	0,5	10,8	252	394.62.73,0	7.74,7	10,7	2.61,2
203	399.28.00,0	10.48,5	0,7	16,2	253	394.55.09,0	7.64,0	10,7	2.65,4
204	399.17.52,2	10.47,8	0,7	21,6	254	394.47.55,7	7.53,3	10,9	2.69,6
205	399.07.05,1	10.47,1	1,0	27,0	255	394.40.13,3	7.42,4	11,1	2.73,7
206	398.96.59,0	10.46,1	1,5	32,4	256	394.32.82,0	7.31,3	11,3	2.77,7
207	398.86.14,4	10.44,6	1,5	37,8	257	394.25.62,0	7.20,0	11,5	2.81,7
208	398.75.71,3	10.43,1	1,5	43,2	258	394.18.53,5	7.08,5	11,7	2.85,7
209	398.65.29,7	10.41,6	1,8	48,6	259	394.11.56,7	6.96,8	11,8	2.89,7
210	398.54.89,9	10.39,8	2,2	54,0	260	394.04.71,7	6.85,0	11,9	2.93,5
211	398.44.52,3	10.37,6	2,3	59,4	261	393.97.98,6	6.73,1	12,2	2.97,3
212	398.34.17,0	10.35,3	2,4	64,8	262	393.91.37,7	6.60,9	12,5	3.01,0
213	398.23.84,1	10.32,9	2,8	70,1	263	393.84.89,3	6.48,4	12,5	3.04,7
214	398.13.54,0	10.30,1	3,2	75,4	264	393.78.53,4	6.35,9	12,7	3.08,4
215	398.03.27,1	10.26,9	3,1	80,8	265	393.72.30,2	6.23,2	12,9	3.12,0
216	397.93.03,3	10.23,8	3,2	86,1	266	393.66.19,9	6.10,3	12,9	3.15,5
217	397.82.82,7	10.20,6	3,5	91,4	267	393.60.22,5	5.97,4	13,2	3.18,9
218	397.72.65,6	10.17,1	3,9	96,7	268	393.54.38,3	5.84,2	13,4	3.22,3
219	397.62.52,4	10.13,2	3,9	1.01,9	269	393.48.67,5	5.70,8	13,6	3.25,6
220	397.52.43,1	10.09,3	4,3	1.07,1	270	393.43.10,3	5.57,2	13,7	3.28,9
221	397.42.38,1	10.05,0	4,3	1.12,4	271	393.37.66,8	5.43,5	13,8	3.32,1
222	397.32.37,4	10.00,7	4,6	1.17,6	272	393.32.37,1	5.29,7	14,0	3.35,2
223	397.22.41,3	9.96,1	4,8	1.22,7	273	393.27.21,4	5.15,7	14,2	3.38,3
224	397.12.50,0	9.91,3	5,1	1.27,9	274	393.22.19,9	5.01,5	14,3	3.41,3
225	397.02.63,8	9.86,2	5,3	1.33,1	275	393.17.32,7	4.87,2	14,4	3.44,2
226	396.92.82,9	9.80,9	5,3	1.38,2	276	393.12.59,9	4.72,8	14,7	3.47,1
227	396.83.07,3	9.75,6	5,5	1.43,3	277	393.08.01,8	4.58,1	14,9	3.49,9
228	396.73.37,2	9.70,1	6,0	1.48,4	278	393.03.58,6	4.43,2	14,8	3.52,6
229	396.63.73,1	9.64,1	6,1	1.53,4	279	392.99.30,2	4.28,4	15,0	3 55,2
230	396.54.15,1	9.58,0	6,2	1.58,5	280	392.95.16,8	4.13,4	15,1	3.57,8
231	396.44.63,3	9.51,8	6,4	1.63,5	281	392.91.18,5	3.98,3	15,4	3.60,3
232	396.35.17,9	9.45,4	6,6	1.68,5	282	392.87.35,5	3.83,0	15,5	3.62,8
233	396.25.79,1	9.38,8	6,9	1.73,4	283	392.83.68,0	3.67,5	15,6	3.65,2
234	396.16.47,2	9.31,9	7,2	1.78,4	284	392.80.16,1	3.51,9	15,6	3.67,4
235	396.07.22,5	9.24,7	7,3	1.83,3	285	392.76.80,0	3.36,1	15,8	3 69,5
236	395.98.05,1	9.17,4	7,4	1.88,2	286	392.73.59,7	3.20,3	15,8	3.71,6
237	395.88.95,1	9.10,0	7,5	1.93,0	287	392.70.55,2	3.04,5	15,8	3.73,6
238	395.79.92,6	9.02,5	7,7	1.97,8	288	392.67.66,9	2.88,3	16,2	3.75,6
239	395.70.97,9	8.94,7	8,1	2.02,6	289	392.64.94,9	2.72,0	16,3	3.77,6
240	395.62.11,3	8.86,6	8,4	2.07,4	290	392.62.39,2	2.55,7	16,3	3.79,4
241	395.53.33,1	8.78,2	8,5	2.12,1	291	392.60.00,0	2.39,2	16,5	3.81,1
242	395.44.63,4	8.69,7	8,7	2.16,7	292	392.57.77,2	2.22,8	16,4	3.82,7
243	395.36.02,4	8.61,0	8,8	2.21,4	293	392.55.70,9	2.06,3	16,5	3.84,[illegible]
244	395.27 50,2	8.52,2	8,9	2.26,0	294	392.53.81,5	1.89,4	16,9	3.85,6
245	395.19.06,9	8.43,3	9,3	2.30,5	295	392.52.09,0	1.72,5	16,8	3.87,0
246	395.10 72,9	8.34,0	9,4	2.35,0	296	392.50.53,3	1.55,7	17,1	3.88,[illegible]
247	395.02.48,3	8.24,6	9,5	2.39,5	297	392.49.14,7	1.38,6	17,1	3.89,5
248	394.94.33,2	8.15,1	9,9	2.43,9	298	392.47.93,2	1.21,5	17,3	3.90,6
249	394.86.28,0	8.05,2	+ 10,0	2.48,3	299	392.46.89,0	1.04,2	+ 17,2	3.91,6
250	394.78.32,8	— 7.95,2		2.52,7	300	392.46.02,0	— 87,0		3.92,5

Équation du centre de Saturne pour 1800, avec la Variation séculaire.

Argument I, ou Anomalie moyenne.

Deg.	Équation.	Différences premières.	Différences secondes.	Variation séculaire.	Deg.	Équation.	Différences premières.	Différences secondes.	Variation séculaire.
300	392° 46′ 01″ 0	− 68″ 9		+3′ 92″ 5	350	394° 28′ 20″ 6	+ 7′ 96″ 9		+3′ 08″ 2
301	392.45.32,1	51,8	+ 17″ 1	3.93,3	351	394.36.17,5	8.11,9	+ 15″ 0	3.03,8
302	392.44.80,3	34,6	17,2	3.94,0	352	394.44.29,4	8.26,5	14,6	2.99,3
303	392.44.45,7	− 17,2	17,4	3.94,7	353	394.52.55,9	8.40,9	14,4	2.94,8
304	392.44.28,5	+ 0,5	17,7	3.95,2	354	394.60.96,8	8.55,3	14,4	2.00,1
305	392.44.29,0	18,3	17,8	3.95,6	355	394.69.52,1	8.69,4	14,1	2.85,4
306	392.44.47,3	36,0	17,7	3.96,0	356	394.78.21,5	8.83,5	14,1	2.80,6
307	392.44 83,3	53,8	17,8	3.96,2	357	394.87.05,0	8.97,2	13,7	2.75,7
308	392.45.37,1	71,6	17,8	3.96,3	358	594 96.02,2	9.10,5	13,3	2.70,7
309	392.46.08,7	89,6	18,0	3.96,4	359	395.05.12,7	9.23,8	13,3	2.65,6
310	392.46.98,3	1.07,5	17,9	3.96,3	360	395.14.36,5	9.36,8	13,0	2.60,4
311	392.48.05,8	1.25,4	17,9	3.96,2	361	395.23.73,3	9.49,6	12,8	2.55,1
312	392.49.31,2	1.43,3	17,9	3.96,0	362	395.33.22,9	9.62,2	12,6	2.49,7
313	392.50.74,5	1.61,3	18,0	3.95,6	363	395.42.85,1	9.74,4	12,2	2.44,2
314	392.52.35,8	1.79,5	18,2	3.95,1	364	395.52.59,5	9.86,3	11,9	2.38,7
315	392.54.15,	1.97,7	18,2	3.94,6	365	395.62.45,8	9.98,1	11,8	2.33,0
316	392.56.13,0	2.15,6	17,9	3.93,9	366	395.72.43,9	10.09,4	11,3	2.27,3
317	392.58.28,6	2.33,6	18,0	3.93,4	367	395.82.53,3	10.20,6	11,2	2.21,6
318	392.60.62,2	2.51,6	18,0	3.92,8	368	395.92 73,9	10.31,5	10,9	2.15,6
319	392.63.13,8	2.69,7	18,1	3.91,3	369	396.03.05,4	10.42,1	10,6	2.09,8
320	392.65.83,5	2.87,8	18,1	3.90,2	370	396.13.47,5	10.52,3	10,2	2.03,8
321	392.68.71,3	3.05,8	18,0	3.89,0	371	396.23.99,8	10.62,3	10,0	1.97,7
322	392.71.77,1	3.23,8	18,0	3.87,7	372	396.34.62,1	10.71,9	9,6	1.91,5
323	392.75.00,9	3.41,8	18,0	3.86,3	373	396.45 34,0	10.81,4	9,5	1.85,2
324	392.78.42,7	3.59,6	17,8	3.84,8	374	396.56.15,4	10.90,6	9,2	1.78,9
325	392.82.02,3	3.77,5	17,9	3.83,2	375	396.67.06,0	10.99,4	8,9	1.72,6
326	392.85.79,8	3.95,4	17,9	3.81,5	376	396.78.05,4	11.07,8	8,4	1.66,3
327	392.89.75,2	4.13,3	17,9	3.79,7	377	396.89.13,2	11.15,9	8,1	1.59,8
328	392.93.88,5	4.31,1	17,8	3.77,8	378	397.00.29,1	11.23,7	7,8	1.53,3
329	392.98.19,6	4.48,8	17,7	3.75,7	379	397.11.52,8	11.31,1	7,4	1.46,7
330	393.02.68,4	4.66,4	17,6	3.73,5	380	597.22 83,9	11.38,4	7,3	1.40,0
331	393 07.34,8	4.83,9	17,5	3.71,3	381	397.34.22,3	11.45,3	6,9	1.33,3
332	393 12.18,7	5.01.4	17,5	3.68,9	382	397.45.67,6	11.51,7	6,4	1.26,6
333	393.17.20,1	5.18,8	17,4	3.65,5	383	397.57.19,3	11.57,8	6,1	1.19,8
334	393.22.38,9	5.36,3	17,5	3.63,9	384	397.68.77,1	11.63,5	5,7	1.13,0
335	393.27.75,2	5.53,5	17,2	3.61,2	385	397.80.40,6	11.68,9	5,4	1.06,1
336	393.33.28,7	3.70,5	17,0	3.58,4	386	397.92.09,5	11.74,1	5,2	99,2
337	393.38.99,2	5.87,6	17,1	3.55,5	387	398.03.83,6	11.79,0	4,9	92,3
338	393.44.86,8	6.04,5	16,9	3.52,4	388	398.15.62,6	11.83,4	4,4	85,3
339	393 50.91,3	6.21,4	16,9	3.49,3	389	398.27.46,0	11.87,0	3,7	78,3
340	393.57.12,7	6.38,1	16,7	3.46,1	390	398.39.33,0	11.90,7	3,7	71,3
341	393.63.50,8	6.54,6	16,5	3.42,8	391	398.51.23,7	11.94,2	3,5	64,2
342	393.70.05,4	6.71,0	16,4	3.39,4	392	398.63.17,9	11.97,4	3,2	57,1
343	393.76.76,4	6 87,2	16,1	3.35,8	393	398.75.15,3	11.99,8	2,4	50,0
344	393.83.63,6	7.03,3	16,2	3.32,1	394	398.87.15,1	12.01,8	2,0	42,9
345	393.90.66,9	7.19,4	16,0	3.28,4	395	398.99.16,9	12.03,5	1,7	35,8
346	393.97.86,3	7.35,3	15,9	3.24,6	396	399.11.20,4	12.05,2	1,7	28,7
347	394.05.21,6	7.51,0	15,7	3.20,6	397	399.23.25,6	12.06,6	1,4	21,5
348	394.12.72,6	7.66,4	15,4	3.16,6	398	399.35.32,2	12.07,2	0,6	14,3
349	394.20.39,0	+ 7.81,6	+ 15,2	3.12,4	399	399.47.39,4	+ 12.07,4	+ 0,2	7,[illegible]
350	394 28.20,6			+3.08,2	400	399.59.46,8			+ 0,[illegible]

TABLE XIII. Argument II, ou $(\varphi-\varphi')$.

Arg.	Équat. II.	Différences.	Arg.	Équat. II.	Différences.
0	2′ 49″ 2	—17″ 0	5000	74″ 9	— 9″ 8
100	2.32,2	16,9	5100	65,1	9,4
200	2.15,3	16,3	5200	55,7	9,1
300	1.99,0	15,3	5300	46,6	8,5
400	1.83,7	13,9	5400	38,1	8,0
500	1.69,8	12,4	5500	30,1	7,1
600	1.57,4	10,1	5600	23,0	6,6
700	1.47,3	8,4	5700	16,4	5,5
800	1.38,9	6,4	5800	10,9	4,4
900	1.32,5	4,4	5900	6,5	3,4
1000	1.28,1	2,7	6000	3,1	2,2
1100	1.25,4	— 1,1	6100	0,9	— 0,9
1200	1.24,3	+ 0,4	6200	0,0	+ 0,4
1300	1.24,7	1,6	6300	0,4	1,6
1400	1.26,3	2,7	6400	2,0	3,1
1500	1.29,0	3,6	6500	5,1	4,4
1600	1.32,6	4,3	6600	9,5	5,7
1700	1.36,9	4,9	6700	15,2	7,1
1800	1.41,8	5,3	6800	22,3	8,5
1900	1.47,1	5,7	6900	30,8	9,7
2000	1.52,8	5,8	7000	40,5	10,9
2100	1.58,6	5,8	7100	51,4	12,3
2200	1.64,4	5,7	7200	63,7	13,4
2300	1.70,1	5,5	7300	77,1	14,4
2400	1.75,6	5,0	7400	91,5	15,4
2500	1.80,6	4,6	7500	1.06,9	16,1
2600	1.85,2	3,9	7600	1.23,0	16,9
2700	1.89,1	3,3	7700	1.39,9	17,2
2800	1.92,4	2,5	7800	1.57,1	17,5
2900	1.94,9	1,7	7900	1.74,6	17,5
3000	1.96,6	0,9	8000	1.92,1	17,4
3100	1.97,5	+ 0,1	8100	2.09,5	17,1
3200	1.97,6	— 0,8	8200	2.26,6	16,5
3300	1.96,8	1,7	8300	2.43,1	15,8
3400	1.95,1	2,5	8400	2.58,9	14,7
3500	1.92,6	3,4	8500	2.73,6	13,6
3600	1.89,2	4,2	8600	2.87,2	12,1
3700	1.85,0	5,2	8700	2.99,3	10,4
3800	1.79,8	5,8	8800	3.09,7	8,5
3900	1.74,0	6,8	8900	3.18,2	6,3
4000	1.67,2	7,3	9000	3.24,5	3,5
4100	1.59,9	8,0	9100	3.28,0	+ 1,2
4200	1.51,9	8,6	9200	3.29,2	— 1,6
4300	1.43,3	9,1	9300	3.27,6	4,2
4400	1.34,2	9,5	9400	3.23,4	6,9
4500	1.24,7	9,8	9500	3.16,5	9,4
4600	1.14,9	10,0	9600	3.07,1	12,0
4700	1.04,9	10,0	9700	2.95,1	13,9
4800	94,9	10,0	9800	2.81,2	15,5
4900	8[illegible],9	—10,0	9900	2.65,7	—16,5
5000	74,[illegible]		10000	2.49,[illegible]	

Constante ajoutée... 153″,4.

TABLE XIV. Argument III, ou $(\varphi-2\varphi')$.

Arg.	Équat. III.	Différences.	Variat. sécul.	Arg.	Équat. III.	Différences.	Variat. sécul.
0	16′ 20″ 3	—79″ 0	+ 1″ 7	5000	9′ 60″ 1	+79″ 0	— 1″ 7
100	15.41,3	79,9	1,3	5100	10.39,1	80,0	1,3
200	14.61,4	80,7	0,9	5200	11.19,1	80,6	0,9
300	13.80,7	81,0	0,5	5300	11.99,7	81,0	0,5
400	12.99,7	81,0	+ 0,1	5400	12.80,7	81,0	— 0,1
500	12.18,7	80,7	— 0,4	5500	13.61,7	80,8	+ 0,4
600	11.38,0	80,2	0,8	5600	14.42,5	80,1	0,8
700	10.57,8	79,2	1,2	5700	15.22,6	79,2	1,2
800	9.78,6	78,0	1,7	5800	16.01,8	78,0	1,7
900	9.00,6	76,5	2,1	5900	16.79,8	76,5	2,1
1000	8.24,1	74,6	2,5	6000	17.56,3	74,6	2,5
1100	7.49,5	72,5	2,9	6100	18.30,9	72,5	2,9
1200	6.77,1	70,1	3,2	6200	19.03,4	70,1	3,2
1300	6.06,9	67,3	3,6	6300	19.73,5	67,4	3,6
1400	5.39,6	64,5	4,0	6400	20.40,9	64,4	4,0
1500	4.75,1	61,1	4,3	6500	21.05,3	61,2	4,3
1600	4.14,0	57,8	4,6	6600	21.66,5	57,7	4,6
1700	3.56,2	54,1	4,9	6700	22.24,2	54,1	4,9
1800	3.02,1	50,1	5,2	6800	22.78,3	50,1	5,2
1900	2.52,0	46,1	5,5	6900	23.28,4	46,1	5,5
2000	2.05,9	41,7	5,7	7000	23.74,5	41,8	5,7
2100	1.34,2	37,3	6,0	7100	24.16,3	37,3	6,0
2200	1.26,9	32,8	6,2	7200	24.53,6	32,7	6,2
2300	94,1	28,0	6,3	7300	24.86,3	28,0	6,3
2400	66,1	23,2	6,5	7400	25.14,3	23,2	6,5
2500	42,9	18,2	6,6	7500	25.37,5	18,2	6,6
2600	24,7	13,3	6,7	7600	25.55,7	13,4	6,7
2700	11,4	8,3	6,8	7700	25.69,1	8,2	6,8
2800	3,1	— 3,1	6,8	7800	25.77,3	+ 3,1	6,8
2900	0,0	+ 2,0	6,8	7900	25.80,4	— 1,9	6,8
3000	2,0	7,0	6,8	8000	25.78,5	7,0	6,8
3100	9,0	12,1	6,8	8100	25.71,5	12,1	6,8
3200	21,1	17,1	6,7	8200	25.59,4	17,1	6,7
3300	38,2	22,0	6,6	8300	25.42,3	22,1	6,6
3400	60,2	26,9	6,5	8400	25.20,2	26,9	6,5
3500	87,1	31,6	6,4	8500	24.93,3	31,6	6,4
3600	1.18,7	36,3	6,2	8600	24.61,7	36,3	6,2
3700	1.55,0	40,8	6,0	8700	24.25,4	40,7	6,0
3800	1.95,8	45,0	5,8	8800	23.84,7	45,1	5,8
3900	2.40,8	49,4	5,6	8900	23.39,6	49,4	5,6
4000	2.90,2	53,0	5,[illegible]	9000	22.90,2	52,9	5,3
4100	3.43,2	56,9	5,0	9100	22.37,3	56,9	5,0
4200	4.00,1	60,4	4,7	9200	21.80,4	60,4	4,7
4300	4.60,5	63,6	4,4	9300	21.20,0	63,7	4,4
4400	5.24,1	66,8	4,1	9400	20.56,3	66,7	4,1
4500	5.90,9	69,4	3,7	9500	19.89,6	69,5	3,7
4600	6.60,3	72,0	3,3	9600	19.20,1	71,9	3,3
4700	7.32,3	74,1	3,0	9700	18.48,2	74,2	3,0
4800	8.06,4	76,1	2,6	9800	17.74,0	76,1	2,6
4900	8.82,5	+77,6	2,2	9900	16.97,9	—77,6	2,2
5000	9.60,1		— 1,[illegible]	10000	16.20,3		+ 1,7

Constante ajoutée... 1291″,1.

TABLE XV. Argument IV, ou $(2\varphi - 4\varphi')$.

Arg.	Équat. IV.	Différences.	Variat. sécul.	Arg.	Équat. IV.	Différences.	Variat. sécul.
0	3′ 48″ 2	− 68″ 6	+ 4″ 0	5000	37′ 69″ 2	+ 68″ 5	− 4″ 0
100	2.79,6	61,5	4,1	5100	38.37,7	61,6	4,1
200	2.18,1	54,3	4,3	5200	38.99,3	54,2	4,3
300	1.63,8	46,8	4,4	5300	39.53,5	46,8	4,4
400	1.17,0	39,1	4,5	5400	40.00,3	39,2	4,5
500	77,9	31,3	4,6	5500	40.39,5	31,3	4,6
600	46,6	23,4	4,7	5600	40.70,8	23,4	4,7
700	23,2	15,3	4,7	5700	40.94,2	15,3	4,7
800	7,9	− 7,3	4,8	5800	41.09,5	+ 7,3	4,8
900	0,6	+ 0,9	4,8	5900	41.16,8	− 0,9	4,8
1000	1,5	9,0	4,8	6000	41.15,9	9,0	4,8
1100	10,5	17,1	4,8	6100	41.06,9	17,1	4,8
1200	27,6	25,1	4,7	6200	40.89,8	25,1	4,7
1300	52,7	33,0	4,7	6300	40.64,7	33,0	4,7
1400	85,7	40,8	4,6	6400	40.31,7	40,9	4,6
1500	1 26,5	48,4	4,5	6500	39.90,8	48,[illegible]	4,5
1600	1.74,9	55,8	4,4	6600	39.42,5	55,9	4,4
1700	2.30,7	63,1	4,2	6700	38.86,6	63,0	4,2
1800	2.93,8	70,0	4,1	6800	38.23,6	70,1	4,1
1900	3.63,8	76,8	3,9	6900	37.53,5	76,7	3,9
2000	4.40,6	83,1	3,8	7000	36.76,8	83,1	3,8
2100	5.23,7	89,1	3,6	7100	35.93,7	89,2	3,6
2200	6.12,8	94,9	3,4	7200	35.04,5	94,8	3,4
2300	7.07,5	1.00,2	3,1	7300	34.09,7	1.00,2	3,1
2400	8.07,9	1.05,2	2,9	7400	33.09,5	1.05,2	2,9
2500	9.13,1	1.09,6	2,7	7500	32.04,3	1.09,6	2,7
2600	10.22,7	1.13,8	2,4	7600	30.94,7	1.13,8	2,4
2700	11.36,5	1.17,4	2,1	7700	29.80,9	1.17,4	2,1
2800	12.53,9	1.20,5	1,9	7800	28.63,5	1.20,5	1,9
2900	13.74,4	1.23,4	1,6	7900	27.43,0	1.23,4	1,6
3000	14.97,8	1.25,4	1,3	8000	26.19,6	1.25,4	1,3
3100	16.23,2	1.27,4	1,0	8100	24.94,2	1.27,4	1,0
3200	17.50,6	1.28,2	0,7	8200	23.66,8	1.28,2	0,7
3300	18.78,8	1.29,1	0,4	8300	22.38,6	1.29,1	0,4
3400	20.07,9	1.29,4	+ 0,1	8400	21.09,5	1.29,4	− 0,1
3500	21.37,3	1.29,0	− 0,2	8500	19.80,1	1.29,0	+ 0,2
3600	22.66,3	1.28,2	0,5	8600	18.51,1	1.28,2	0,5
3700	23.94,5	1.26,8	0,8	8700	17.22,9	1.26,9	0,8
3800	25.21,3	1.25,1	1,1	8800	15.96,0	1.25,0	1,1
3900	26.46,4	1.22,7	1,4	8900	14.71,0	1.22,7	1,4
4000	27.69,1	1.19,9	1,7	9000	13.48,3	1.20,0	1,7
4100	28.89,0	1.16,7	1,9	9100	12.28,3	1.16,6	1,9
4200	30.05,7	1.12,9	2,2	9200	11.11,7	1.13,9	2,2
4300	31.18,6	1.08,7	2,5	9300	9.98,8	1.08,7	2,5
4400	32.27,3	1.04,1	2,7	9400	8.90,1	1.04,1	2,7
4500	33.31,4	99,1	3,0	9500	7.86,0	98,2	3,0
4600	34.30,5	93,7	3,2	9600	6.87,8	94,6	3,2
4700	35.24,2	87,9	3,4	9700	5.93,2	87,9	3,4
4800	36.12,1	82,1	3,6	9800	5.05,3	82,2	3,6
4900	36.94,2	+ 75,0	3,8	9900	4.23,1	− 74,9	3,8
5000	37.69,2		− 4,0	10000	3.48,2		+ 4,0

Constante ajoutée... 2066″,3.

TABLE XVI. Argument V, ou $(3\varphi' - \varphi)$.

Arg.	Équat. V.	Différences	Arg.	Équat. V.	Différences
0	3″ 5	− 1″ 7	500	2′ 93″ 4	+ 1″ 7
10	1,8	1,2	510	2.95,1	1,2
20	0,8	0,6	520	2.96,3	0,6
30	0,0	− 0,0	530	2.96,9	+ 0,0
40	0,0	+ 0,6	540	2.96,9	− 0,6
50	− 0,6	1,1	550	2 96,3	1,2
60	1,7	1,8	560	2.95,1	1,7
70	3,5	2,3	570	2.93,4	2,3
80	5,8	2,9	580	2.91,1	2,9
90	8,7	3,4	590	2.88,2	3,4
100	12,1	4,0	600	2.84,8	4,0
110	16,1	4,4	610	2.80,8	4,5
120	20,5	5,0	620	2.76,3	5,0
130	25,5	5,5	630	2.71,3	5,5
140	31,0	6,0	640	2.65,8	5,9
150	37,0	6,4	650	2.59,9	6,4
160	43,4	6,8	660	2.53,5	6,8
170	50,2	7,1	670	2.46,7	7,2
180	57,3	7,6	680	2.39,5	7,5
190	64,9	7,9	690	2.32,0	7,9
200	72,8	8,1	700	2.24,1	8,2
210	80,9	8,5	710	2.15,9	8,4
220	89,4	8,7	720	2.07,5	8,7
230	98,1	8,8	730	1 98,8	8,8
240	1.06,9	9,0	740	1.90,0	9,1
250	1.15,9	9,2	750	1.80,9	9,1
260	1.25,1	9,3	760	1.71,8	9,3
270	1.34,4	9,3	770	1.62,5	9,3
280	1.43,7	9,3	780	1.53,2	9,3
290	1.53,0	9,3	790	1.43,9	9,3
300	1.62,3	9,3	800	1.34,6	9,3
310	1.71,6	9,1	810	1.25,3	9,1
320	1.80,7	9,1	820	1.16,2	9,1
330	1.89,8	8,9	830	1.07,1	8,9
340	1.98,7	8,6	840	98,2	8,7
350	2.07,3	8,5	850	89,5	8,4
360	2.15,8	8,2	860	81,1	8,2
370	2.24,0	7,8	870	72,9	7,9
380	2.31,8	7,6	880	65,0	7,5
390	2.39,4	7,2	890	57,5	7,2
400	2.46,6	6,8	900	50,3	6,8
410	2.53,4	6,4	910	43,5	6,4
420	2.59,8	5,9	920	37,1	5,9
430	2.65,7	5,5	930	31,2	5,5
440	2.71,2	5,0	940	25,7	5,0
450	2.76,2	4,5	950	20,7	4,5
460	2.80,7	4,0	960	16,2	4,0
470	2.84,7	3,4	970	12,2	3,5
480	2.88,1	2,9	980	8,7	2,9
490	2.91,0	+ 2,4	990	5,8	2,3
500	2.93,4		1000	3,5	

Constante ajoutée... 149″,0.

TABLE XVII. Argument VI, ou (2φ—3φ′).

Argument.	Équation VI.	Différences.
0	56″0	4″5
10	51,5	4,3
20	47,2	4,5
30	42,7	4,2
40	38,5	4,0
50	34,5	3,9
60	30,6	3,7
70	26,9	3,5
80	23,4	3,3
90	20,1	3,1
100	17,0	2,9
110	14,1	2,6
120	11,5	2,4
130	9,1	2,1
140	7,0	1,9
150	5,1	1,5
160	3,6	1,3
170	2,3	1,0
180	1,3	0,7
190	0,6	0,4
200	0,2	0,2
210	0,0	0,2
220	0,2	0,4
230	0,6	0,8
240	1,4	1,0
250	2,4	1,4
260	3,8	1,6
270	5,4	1,8
280	7,2	2,2
290	9,4	2,4
300	11,8	2,7
310	14,5	2,9
320	17,4	3,1
330	20,5	3,3
340	23,8	3,6
350	27,4	3,7
360	31,1	3,9
370	35,0	4,1
380	39,1	4,2
390	43,3	4,3
400	47,6	4,4
410	52,0	4,6
420	56,6	4,6
430	61,2	4,6
440	65,8	4,7
450	70,5	4,7
460	75,2	4,7
470	79,9	4,7
480	84,6	4,6
490	89,2	4,6
500	93,8	
500	93″8	4″6
510	98,4	4,4
520	1.02,8	4,3
530	1.07,1	4,2
540	1.11,3	4,0
550	1.15,3	3,9
560	1.19,2	3,7
570	1.22,9	3,5
580	1.26,4	3,3
590	1.29,7	3,1
600	1.32,8	2,9
610	1.35,7	2,6
620	1.38,3	2,4
630	1.40,7	2,1
640	1.42,8	1,9
650	1.44,7	1,5
660	1.46,2	1,3
670	1.47,5	1,0
680	1.48,5	0,7
690	1.49,2	0,5
700	1.49,7	0,1
710	1.49,8	0,2
720	1.49,6	0,4
730	1.49,2	0,8
740	1.48,4	1,0
750	1.47,4	1,4
760	1.46,0	1,6
770	1.44,4	1,8
780	1.42,6	2,2
790	1.40,4	2,4
800	1.38,0	2,7
810	1.35,3	2,9
820	1.32,4	3,1
830	1.29,3	3,3
840	1.26,0	3,6
850	1.22,4	3,7
860	1.18,7	3,9
870	1.14,8	4,1
880	1.10,7	4,2
890	1.06,5	4,3
900	1.02,2	4,4
910	97,8	4,6
920	93,2	4,6
930	88,6	4,6
940	84,0	4,7
950	79,3	4,7
960	74,6	4,7
970	69,9	4,7
980	65,2	4,6
990	60,6	4,6
1000	56,0	

Constante ajoutée.... 75″,8.

TABLE XVIII. Argument VII, ou (φ).

Argument.	Équation VII.	Différences.
0	69″2	0″2
10	69,4	0,0
20	69,4	0,2
30	69,2	0,3
40	68,9	0,5
50	68,4	0,5
60	67,9	0,7
70	67,2	0,9
80	66,3	1,0
90	65,3	1,0
100	64,3	1,3
110	63,0	1,3
120	61,7	1,4
130	60,3	1,5
140	58,8	1,6
150	57,2	1,7
160	55,5	1,8
170	53,7	1,8
180	51,9	1,9
190	50,0	2,0
200	48,0	2,1
210	45,9	2,1
220	43,8	2,1
230	41,7	2,1
240	39,6	2,2
250	37,4	2,2
260	35,2	2,2
270	33,0	2,2
280	30,8	2,1
290	28,7	2,2
300	26,5	2,1
310	24,4	2,1
320	22,3	2,0
330	20,3	1,9
340	18,4	1,8
350	16,6	1,8
360	14,8	1,8
370	13,0	1,7
380	11,3	1,5
390	9,8	1,5
400	8,3	1,4
410	6,9	1,2
420	5,7	1,2
430	4,5	1,0
440	3,5	0,9
450	2,6	0,8
460	1,8	0,6
470	1,2	0,5
480	0,7	0,4
490	0,3	0,2
500	0,1	
500	0″1	0″1
510	0,0	0,0
520	0,0	0,2
530	0,2	0,3
540	0,5	0,5
550	1,0	0,5
560	1,5	0,7
570	2,2	0,9
580	3,1	1,0
590	4,1	1,1
600	5,2	1,2
610	6,4	1,3
620	7,7	1,4
630	9,1	1,5
640	10,6	1,6
650	12,2	1,7
660	13,9	1,8
670	15,7	1,8
680	17,5	1,9
690	19,4	2,0
700	21,4	2,1
710	23,5	2,1
720	25,6	2,1
730	27,7	2,1
740	29,8	2,1
750	31,9	2,2
760	34,1	2,3
770	36,4	2,2
780	38,6	2,1
790	40,7	2,2
800	42,9	2,1
810	45,0	2,1
820	47,1	2,0
830	49,1	1,9
840	51,0	1,8
850	52,8	1,8
860	54,6	1,8
870	56,4	1,7
880	58,1	1,5
890	59,6	1,5
900	61,1	1,4
910	62,5	1,3
920	63,8	1,1
930	64,9	1,0
940	65,9	0,9
950	66,8	0,8
960	67,6	0,6
970	68,2	0,5
980	68,7	0,3
990	69,0	0,2
1000	69,2	

Constante ajoutée.... 34″,8.

TABLE XIX. Argument VIII, ou (4φ—9φ').

Argument.	Équation VIII.	Différences.	Argument.	Équation VIII.	Différences.
0	9"8	1"7	500	82"0	1"7
10	8,1	1,6	510	83,7	1,6
20	6,5	1,3	520	85,3	1,3
30	5,2	1,3	530	86,6	1,3
40	3,9	1,1	540	87,9	1,1
50	2,8	0,9	550	89,0	0,9
60	1,9	0,7	560	89,9	0,7
70	1,2	0,6	570	90,6	0,6
80	0,6	0,4	580	91,2	0,4
90	0,2	0,2	590	91,6	0,2
100	0,0	0,0	600	91,8	0,0
110	0,0	0,2	610	91,8	0,2
120	0,2	0,3	620	91,6	0,4
130	0,5	0,6	630	91,2	0,5
140	1,1	0,7	640	90,7	0,7
150	1,8	0,8	650	90,0	0,8
160	2,6	1,1	660	89,2	1,1
170	3,7	1,2	670	88,1	1,2
180	4,9	1,3	680	86,9	1,3
190	6,2	1,5	690	85,6	1,5
200	7,7	1,7	700	84,1	1,7
210	9,4	1,8	710	82,4	1,8
220	11,2	2,0	720	80,6	2,0
230	13,2	2,1	730	78,6	2,1
240	15,3	2,2	740	76,5	2,2
250	17,5	2,3	750	74,3	2,3
260	19,8	2,5	760	72,0	2,5
270	22,3	2,5	770	69,5	2,5
280	24,8	2,6	780	67,0	2,6
290	27,4	2,6	790	64,4	2,8
300	30,0	2,8	800	61,8	2,8
310	32,8	2,8	810	59,0	2,8
320	35,6	2,8	820	56,2	2,8
330	38,4	2,8	830	53,4	2,8
340	41,2	2,9	840	50,6	2,9
350	44,1	2,9	850	47,7	2,9
360	47,0	2,9	860	44,8	2,9
370	49,9	2,9	870	41,9	2,9
380	52,8	2,8	880	39,0	2,9
390	55,6	2,8	890	36,1	2,9
400	58,4	2,8	900	33,2	2,7
410	61,2	2,7	910	30,5	2,6
420	63,9	2,6	920	27,9	2,5
430	66,5	2,5	930	25,4	2,6
440	69,0	2,5	940	22,8	2,5
450	71,5	2,3	950	20,3	2,3
460	73,8	2,2	960	18,0	2,2
470	76,0	2,2	970	15,8	2,1
480	78,2	2,0	980	13,7	2,0
490	80,2	1,8	990	11,7	1,9
500	82,0		1000	9,8	

Constante ajoutée.... 46",1.

TABLE XX. Argument IX, ou (3φ—4φ').

Argument.	Équation IX.	Différences.	Argument.	Équation IX.	Différences.
0	1"7	0"4	500	28"5	0"4
10	2,1	0,5	510	28,1	0,5
20	2,6	0,6	520	27,6	0,6
30	3,2	0,6	530	27,0	0,6
40	3,8	0,6	540	26,4	0,6
50	4,4	0,7	550	25,8	0,7
60	5,1	0,8	560	25,1	0,8
70	5,9	0,7	570	24,3	0,7
80	6,6	0,8	580	23,6	0,8
90	7,4	0,9	590	22,8	0,9
100	8,3	0,8	600	21,9	0,8
110	9,1	0,9	610	21,1	0,9
120	10,0	0,9	620	20,2	0,9
130	10,9	1,0	630	19,3	1,0
140	11,9	0,9	640	18,3	0,9
150	12,8	0,9	650	17,4	0,9
160	13,7	1,0	660	16,5	1,0
170	14,7	0,9	670	15,5	0,9
180	15,6	1,0	680	14,6	1,0
190	16,6	0,9	690	13,6	0,9
200	17,5	1,0	700	12,7	1,0
210	18,5	0,9	710	11,7	0,9
220	19,4	0,9	720	10,8	0,9
230	20,3	0,9	730	9,9	0,9
240	21,2	0,8	740	9,0	0,8
250	22,0	0,9	750	8,2	0,9
260	22,9	0,8	760	7,3	0,8
270	23,7	0,7	770	6,5	0,7
280	24,4	0,7	780	5,8	0,7
290	25,1	0,7	790	5,1	0,7
300	25,8	0,7	800	4,4	0,7
310	26,5	0,6	810	3,7	0,6
320	27,1	0,5	820	3,1	0,5
330	27,6	0,5	830	2,6	0,5
340	28,1	0,5	840	2,1	0,5
350	28,6	0,4	850	1,6	0,4
360	29,0	0,3	860	1,2	0,3
370	29,3	0,3	870	0,9	0,3
380	29,6	0,2	880	0,6	0,2
390	29,8	0,2	890	0,4	0,2
400	30,0	0,1	900	0,2	0,1
410	30,1	0,1	910	0,1	0,0
420	30,2	0,0	920	0,0	0,0
430	30,2	0,1	930	0,0	0,1
440	30,1	0,1	940	0,1	0,1
450	30,0	0,2	950	0,2	0,2
460	29,8	0,2	960	0,4	0,2
470	29,6	0,3	970	0,6	0,3
480	29,3	0,3	980	0,9	0,3
490	29,0	0,5	990	1,2	0,5
500	28,5		1000	1,7	

Constante ajoutée.... 15",1.

TABLE XXI. Argument X, ou $(2\varphi - \varphi')$. TABLE XXII. Argument XI, ou $(3\varphi - 5\varphi')$.

Argument.	Équation X.	Différences.	Argument.	Équation X.	Différences.	Argument.	Équation XI.	Différences.	Argument.	Équation XI.	Différences.
0	14"2	0"5	500	4"4	0"5	0	16"7	0"3	500	1"5	0"3
10	14,7	0,4	510	3,9	0,4	10	17,0	0,3	510	1,2	0,3
20	15,1	0,5	520	3,5	0,5	20	17,3	0,2	520	0,9	0,2
30	15,6	0,4	530	3,0	0,4	30	17,5	0,2	530	0,7	0,2
40	16,0	0,4	540	2,6	0,4	40	17,7	0,2	540	0,5	0,2
50	16,4	0,3	550	2,2	0,3	50	17,9	0,1	550	0,3	0,1
60	16,7	0,4	560	1,9	0,4	60	18,0	0,1	560	0,2	0,1
70	17,1	0,3	570	1,5	0,3	70	18,1	0,0	570	0,1	0,0
80	17,4	0,3	580	1,2	0,3	80	18,1	0,0	580	0,1	0,1
90	17,7	0,2	590	0,9	0,2	90	18,1	0,0	590	0,0	0,0
100	17,9	0,2	600	0,7	0,2	100	18,1	0,0	600	0,0	0,1
110	18,1	0,2	610	0,5	0,2	110	18,1	0,1	610	0,1	0,1
120	18,3	0,1	620	0,3	0,1	120	18,0	0,1	620	0,2	0,1
130	18,4	0,1	630	0,2	0,1	130	17,9	0,2	630	0,3	0,2
140	18,5	0,1	640	0,1	0,1	140	17,7	0,2	640	0,5	0,2
150	18,6	0,0	650	0,0	0,0	150	17,5	0,2	650	0,7	0,2
160	18,6	0,0	660	0,0	0,0	160	17,3	0,2	660	0,9	0,2
170	18,6	0,1	670	0,0	0,1	170	17,1	0,3	670	1,1	0,3
180	18,5	0,1	680	0,1	0,1	180	16,8	0,3	680	1,4	0,3
190	18,4	0,1	690	0,2	0,1	190	16,5	0,4	690	1,7	0,4
200	18,3	0,1	700	0,3	0,1	200	16,1	0,3	700	2,1	0,3
210	18,2	0,2	710	0,4	0,2	210	15,8	0,4	710	2,4	0,4
220	18,0	0,2	720	0,6	0,2	220	15,4	0,5	720	2,8	0,5
230	17,8	0,3	730	0,8	0,3	230	14,9	0,4	730	3,3	0,4
240	17,5	0,3	740	1,1	0,3	240	14,5	0,5	740	3,7	0,5
250	17,2	0,3	750	1,4	0,3	250	14,0	0,5	750	4,2	0,5
260	16,9	0,4	760	1,7	0,4	260	13,5	0,5	760	4,7	0,5
270	16,5	0,4	770	2,1	0,4	270	13,0	0,5	770	5,2	0,5
280	16,1	0,4	780	2,5	0,4	280	12,5	0,5	780	5,7	0,5
290	15,7	0,4	790	2,9	0,4	290	12,0	0,6	790	6,2	0,6
300	15,3	0,4	800	3,3	0,5	300	11,4	0,5	800	6,8	0,5
310	14,9	0,5	810	3,7	0,5	310	10,9	0,6	810	7,3	0,6
320	14,4	0,5	820	4,2	0,5	320	10,3	0,6	820	7,9	0,6
330	13,9	0,5	830	4,7	0,5	330	9,7	0,6	830	8,5	0,5
340	13,4	0,6	840	5,2	0,6	340	9,1	0,5	840	9,0	0,6
350	12,8	0,5	850	5,8	0,5	350	8,6	0,6	850	9,6	0,6
360	12,3	0,6	860	6,3	0,6	360	8,0	0,5	860	10,2	0,5
370	11,7	0,5	870	6,9	0,5	370	7,5	0,6	870	10,7	0,6
380	11,2	0,6	880	7,4	0,6	380	6,9	0,5	880	11,3	0,5
390	10,6	0,6	890	8,0	0,6	390	6,4	0,6	890	11,8	0,6
400	10,0	0,6	900	8,6	0,6	400	5,8	0,5	900	12,4	0,5
410	9,4	0,6	910	9,2	0,6	410	5,3	0,5	910	12,9	0,5
420	8,8	0,6	920	9,8	0,6	420	4,8	0,5	920	13,4	0,5
430	8,2	0,5	930	10,4	0,5	430	4,3	0,5	930	13,9	0,5
440	7,7	0,6	940	10,9	0,6	440	3,8	0,4	940	14,4	0,4
450	7,1	0,6	950	11,5	0,6	450	3,4	0,4	950	14,8	0,4
460	6,5	0,5	960	12,1	0,6	460	3,0	0,4	960	15,2	0,4
470	6,0	0,6	970	12,6	0,6	470	2,6	0,4	970	15,6	0,4
480	5,4	0,5	980	13,2	0,5	480	2,2	0,4	980	16,0	0,4
490	4,9	0,5	990	13,7	0,5	490	1,8	0,3	990	16,4	0,3
500	4,4		1000	14,2		500	1,5		1000	16,7	

Constante ajoutée.... 9",3. Constante ajoutée.... 9",1.

TABLE XXIII. Arg. XII=(XI+VII), ou (4φ—5φ').

Argument.	Équation XII.	Différences.	Argument.	Équation XII.	Différences.
0	0″5	0″1	500	8″3	0″1
10	0,6	0,2	512	8,2	0,2
20	0,8	0,1	520	8,0	0,2
30	0,9	0,2	530	7,8	0,1
40	1,1	0,2	540	7,7	0,2
50	1,3	0,2	550	7,5	0,2
60	1,5	0,2	560	7,3	0,2
70	1,7	0,2	570	7,1	0,3
80	1,9	0,3	580	6,8	0,2
90	2,2	0,2	590	6,6	0,2
100	2,4	0,2	600	6,4	0,3
110	2,6	0,3	610	6,1	0,2
120	2,9	0,3	620	5,9	0,3
130	3,2	0,2	630	5,6	0,3
140	3,4	0,3	640	5,3	0,2
150	3,7	0,3	650	5,1	0,3
160	4,0	0,3	660	4,8	0,3
170	4,3	0,2	670	4,5	0,3
180	4,5	0,3	680	4,2	0,2
190	4,8	0,2	690	4,0	0,3
200	5,0	0,3	700	3,7	0,3
210	5,3	0,3	710	3,4	0,2
220	5,6	0,3	720	3,2	0,3
230	5,9	0,2	730	2,9	0,3
240	6,1	0,3	740	2,6	0,2
250	6,4	0,2	750	2,4	0,3
260	6,6	0,2	760	2,1	0,2
270	6,8	0,3	770	1,9	0,2
280	7,1	0,2	780	1,7	0,2
290	7,3	0,2	790	1,5	0,2
300	7,5	0,2	800	1,3	0,2
310	7,7	0,1	810	1,1	0,2
320	7,8	0,2	820	0,9	0,1
330	8,0	0,1	830	0,8	0,2
340	8,1	0,2	840	0,6	0,1
350	8,3	0,1	850	0,5	0,1
360	8,4	0,1	860	0,4	0,1
370	8,5	0,1	870	0,3	0,1
380	8,6	0,0	880	0,2	0,1
390	8,6	0,1	890	0,1	0,0
400	8,7	0,0	900	0,1	0,1
410	8,7	0,0	910	0,0	0,0
420	8,7	0,0	920	0,0	0,0
430	8,7	0,0	930	0,0	0,0
440	8,7	0,0	940	0,0	0,1
450	8,7	0,1	950	0,1	0,0
460	8,6	0,0	960	0,1	0,1
470	8,6	0,1	970	0,2	0,1
480	8,5	0,1	980	0,3	0,1
490	8,4	0,1	990	0,4	0,1
500	8,3		1000	0,5	

Constante ajoutée.... 4″,4.

TABLE XXIV. Argument XIII, ou (φ'—φ'').

Argument.	Équation XIII.	Différences.	Argument.	Équation XIII.	Différences.
0	69″9	5″2	500	81″9	7″1
10	75,1	5,1	510	89,0	7,8
20	80,2	5,0	520	96,8	7,1
30	85,2	4,9	530	103,9	6,5
40	90,1	4,5	540	110,4	6,0
50	94,6	4,1	550	116,4	5,4
60	98,7	3,5	560	121,8	4,8
70	102,2	2,9	570	126,6	4,1
80	105,1	2,1	580	130,7	3,4
90	107,2	1,4	590	134,1	2,8
100	108,6	0,5	600	136,9	2,1
110	109,1	0,4	610	139,0	1,3
120	108,7	1,2	620	140,3	0,6
130	107,5	2,1	630	140,9	0,1
140	105,4	2,9	640	140,8	0,5
150	102,5	3,7	650	140,3	1,0
160	98,8	4,5	660	139,3	1,7
170	94,3	5,1	670	137,6	2,2
180	89,2	5,7	680	135,4	2,7
190	83,5	6,1	690	132,7	3,1
200	77,4	6,6	700	129,6	3,5
210	70,8	6,8	710	126,1	3,9
220	64,0	7,1	720	122,2	4,1
230	56,9	7,1	730	118,1	4,4
240	49,8	7,9	740	113,7	4,6
250	42,8	6,9	750	109,1	4,8
260	35,9	6,6	760	104,3	5,0
270	29,3	6,0	770	99,3	5,0
280	23,3	5,6	780	94,3	5,1
290	17,7	5,1	790	89,2	5,0
300	12,6	4,3	800	84,2	5,0
310	8,3	3,4	810	79,2	5,0
320	4,9	2,6	820	74,2	4,7
330	2,3	1,6	830	69,5	4,5
340	0,7	0,7	840	65,0	4,2
350	0,0	0,3	850	60,8	3,8
360	0,3	1,3	860	57,0	3,4
370	1,6	2,3	870	53,6	2,8
580	3,9	3,2	880	50,8	2,2
390	7,1	4,3	890	48,6	1,6
400	11,4	4,9	900	47,0	0,8
410	16,3	5,6	910	46,2	0,2
420	21,9	6,4	920	46,0	0,7
430	28,3	6,9	930	46,7	1,4
440	35,2	7,3	940	48,1	2,2
450	42,5	7,7	950	50,3	2,8
460	50,2	7,9	960	53,1	3,5
470	58,1	8,0	970	56,6	4,0
480	66,1	8,0	980	60,6	4,5
490	74,1	7,8	990	65,1	4,8
500	81,9		1000	69,9	

Constante ajoutée... 75″,9.

TABLE XXV. Arg. XIV, ou $(2\varphi' - 3\varphi'')$.

Argument.	Équation XIV.	Différences.	Argument.	Équation XIV.	Différences.
0	1′ 29″2	5″2	500	54″6	5″2
10	1.34,4	5,1	510	49,4	5,0
20	1.39,5	4,8	520	44,4	4,9
30	1.44,3	4,7	530	39,5	4,6
40	1.49,0	4,4	540	34,9	4,4
50	1.53,4	4,2	550	30,5	4,2
60	1.57,6	3,9	560	26,3	3,9
70	1.61,5	3,6	570	22,4	3,7
80	1.65,1	3,4	580	18,7	3,3
90	1.68,5	3,0	590	15,4	3,0
100	1.71,5	2,7	600	12,4	2,8
110	1.74,2	2,5	610	9,6	2,4
120	1.76,7	2,0	620	7,2	2,1
130	1.78,7	1,8	630	5,1	1,7
140	1.80,5	1,4	640	3,4	1,4
150	1.81,9	1,0	650	2,0	1,0
160	1.82,9	0,7	660	1,0	0,7
170	1.83,6	0,3	670	0,3	0,3
180	1.83,9	0,1	680	0,0	0,1
190	1.83,8	0,4	690	0,1	0,4
200	1.83,4	0,8	700	0,5	0,8
210	1.82,6	1,1	710	1,3	1,1
220	1.81,5	1,5	720	2,4	1,5
230	1.80,0	1,8	730	3,9	1,8
240	1.78,2	2,2	740	5,7	2,2
250	1.76,0	2,5	750	7,9	2,5
260	1.72,5	2,9	760	10,4	2,8
270	1.70,6	3,1	770	13,2	3,2
280	1.67,5	3,4	780	16,4	3,4
290	1.64,1	3,8	790	19,8	3,7
300	1.60,3	4,0	800	23,5	4,0
310	1.56,3	4,3	810	27,5	4,3
320	1 52,0	4,5	820	31,8	4,5
330	1.47,5	4,6	830	36,3	4,7
340	1.42,9	4,9	840	41,0	4,9
350	1.38,0	5,1	850	45,9	5,1
360	1.32,9	5,2	860	51,0	5,2
370	1.27,7	5,4	870	56,2	5,4
380	1.22,3	5,5	880	61,6	5,5
390	1.16,8	5,6	890	67,1	5,6
400	1.11,2	5,7	900	72,7	5,7
410	1.05,5	5,8	910	78,4	5,7
420	99,7	5,7	920	84,1	5,8
430	94,0	5,8	930	89,9	5,8
440	88,2	5,8	940	95,7	5,7
450	82,4	5,7	950	1.01,4	5,8
460	76,7	5,6	960	1.07,2	5,6
470	71,1	5,6	970	1.12,8	5,6
480	65,5	5,5	980	1.18,4	5,5
490	60,0	5,4	990	1.23,9	5,3
500	54,6		1000	1.29,2	

Constante ajoutée... 91″,9.

TABLE XXVI. Arg. XV, ou $(\varphi' - 2\varphi'')$.

Argument.	Équation XV.	Différences.	Argument.	Équation XV.	Différences.
0	64″7	0″5	500	1″6	0″6
10	65,2	0,5	510	1,0	0,4
20	65,7	0,3	520	0,6	0,3
30	66,0	0,2	530	0,3	0,2
40	66,2	0,0	540	0,1	0,1
50	66,2	0,0	550	0,0	0,1
60	66,2	0,2	560	0,1	0,2
70	66,0	0,4	570	0,3	0,3
80	65,6	0,4	580	0,6	0,5
90	65,2	0,5	590	1,1	0,6
100	64,7	0,8	600	1,7	0,7
110	63,9	0,9	610	2,4	0,8
120	63,0	0,9	620	3,2	0,9
130	62,1	1,1	630	4,1	1,1
140	61,0	1,1	640	5,2	1,2
150	59,9	1,3	650	6,4	1,3
160	58,6	1,4	660	7,7	1,4
170	57,2	1,5	670	9,1	1,4
180	55,7	1,6	680	10,5	1,6
190	54,1	1,6	690	12,1	1,6
200	52,5	1,7	700	13,7	1,8
210	50,8	1,8	710	15,5	1,8
220	49,0	1,9	720	17,3	1,8
230	47,1	1,9	730	19,1	1,9
240	45,2	2,0	740	21,0	2,0
250	43,2	1,9	750	23,0	2,0
260	41,3	2,1	760	25,0	2,0
270	39,2	2,0	770	27,0	2,1
280	37,2	2,1	780	29,1	2,0
290	35,1	2,1	790	31,1	2,1
300	33,0	2,1	800	33,2	2,1
310	30,9	2,1	810	35,3	2,1
320	28,8	2,0	820	37,4	2,0
330	26,8	2,0	830	39,4	2,1
340	24,8	2,0	840	41,5	2,0
350	22,8	2,0	850	43,5	1,9
360	20,8	1,9	860	45,4	1,9
370	18,9	1,8	870	47,3	1,9
380	17,1	1,8	880	49,2	1,8
390	15,3	1,7	890	51,0	1,7
400	13,6	1,7	900	52,7	1,6
410	11,9	1,5	910	54,3	1,4
420	10,4	1,5	920	55,7	1,4
430	8,9	1,4	930	57,3	1,4
440	7,5	1,2	940	58,7	1,3
450	6,3	1,2	950	60,0	1,1
460	5,1	1,1	960	61,1	1,1
470	4,0	0,9	970	62,2	0,9
480	3,1	0,8	980	63,1	0,9
490	2,3	0,7	990	64,0	0,7
500	1,6		1000	64,7	

Constante ajoutée... 33″,1.

Équations de la Longitude de Saturne, toujours additives.

TABLE XXVII. Arg. XVI, ou $(3\varphi'-2\varphi'')$.

Argument.	Équation XVI.	Différences.	Argument.	Équation XVI.	Différences.
0	0″0	0″0	500	10″2	0″0
10	0,0	0,1	510	10,2	0,0
20	0,1	0,0	520	10,2	0,1
30	0,1	0,1	530	10,1	0,1
40	0,2	0,1	540	10,0	0,1
50	0,3	0,1	550	9,9	0,1
60	0,4	0,2	560	9,8	0,1
70	0,6	0,1	570	9,7	0,2
80	0,7	0,2	580	9,5	0,1
90	0,9	0,2	590	9,4	0,2
100	1,1	0,2	600	9,2	0,2
110	1,3	0,2	610	9,0	0,3
120	1,5	0,2	620	8,7	0,2
130	1,7	0,3	630	8,5	0,2
140	2,0	0,2	640	8,3	0,3
150	2,2	0,3	650	8,0	0,3
160	2,5	0,3	660	7,7	0,3
170	2,8	0,	670	7,4	0,[illegible]
180	2,1	0,3	680	7,2	0,3
190	3,4	0,3	690	6,9	0,4
200	3,7	0,3	700	6,5	0,3
210	4,0	0,3	710	6,2	0,3
220	4,3	0,3	720	5,9	0,3
230	4,6	0,4	730	5,6	0,3
240	5,0	0,3	740	5,3	0,3
250	5,3	0,3	750	5,0	0,4
260	5,6	0,3	760	4,6	0,3
270	5,9	0,3	770	4,3	0,3
280	6,2	0,4	780	4,0	0,3
290	6,6	0,3	790	3,7	0,3
300	6,9	0,3	800	3,4	0,3
310	7,2	0,3	810	3,1	0,3
320	7,5	0,2	820	2,8	0,3
330	7,7	0,3	830	2,5	0,3
340	8,0	0,3	840	2,2	0,2
350	8,3	0,2	850	2,0	0,3
360	8,5	0,2	860	1,7	0,2
370	8,7	0,3	870	1,5	0,2
380	9,0	0,2	880	1,3	0,2
390	9,2	0,2	890	1,1	0,2
400	9,4	0,1	900	0,9	0,2
410	9,5	0,2	910	0,7	0,1
420	9,7	0,1	920	0,6	0,2
430	9,8	0,1	930	0,4	0,1
440	9,9	0,1	940	0,3	0,1
450	10,0	0,1	950	0,2	0,1
460	10,1	0,1	960	0,1	0,0
470	10,2	0,0	970	0,1	0,0
480	10,2	0,0	980	0,0	0,0
490	10,2	0,0	990	0,0	0,0
500	10,2		1000	0,0	

Constante ajoutée... 5″,1.

TABLE XXVIII. Arg. XVII = (XIII—XV).

Argument.	Équation XVII.	Différences.	Argument.	Équation XVII.	Différences.
0	1″5	0″2	500	7″6	0″2
10	1,7	0,3	510	7,4	0,2
20	2,0	0,2	520	7,2	0,3
30	2,2	0,3	530	6,9	0,2
40	2,5	0,2	540	6,7	0,3
50	2,7	0,3	550	6,4	0,3
60	3,0	0,3	560	6,1	0,2
70	3,3	0,3	570	5,9	0,3
80	3,6	0,2	580	5,6	0,3
90	3,8	0,3	590	5,3	0,3
100	4,1	0,3	600	5,0	0,3
110	4,4	0,3	610	4,7	0,2
120	4,7	0,3	620	4,5	0,3
130	5,0	0,3	630	4,2	0,3
140	5,3	0,[illegible]	640	3,9	0,3
150	5,5	0,3	650	3,6	0,3
160	5,8	0,3	660	3,3	0,3
170	6,1	0,3	670	3,0	0,2
180	6,4	0,2	680	2,8	0,3
190	6,6	0,3	690	2,5	0,2
200	6,9	0,2	700	2,3	0,3
210	7,1	0,2	710	2,0	0,2
220	7,3	0,3	720	1,8	0,2
230	7,6	0,2	730	1,6	0,2
240	7,8	0,2	740	1,4	0,2
250	8,0	0,2	750	1,2	0,2
260	8,2	0,1	760	1,0	0,2
270	8,3	0,2	770	0,8	0,1
280	8,5	0,1	780	0,7	0,2
290	8,6	0,2	790	0,5	0,1
300	8,8	0,1	800	0,4	0,1
310	8,9	0,0	810	0,3	0,1
320	8,9	0,1	820	0,2	0,1
330	9,0	0,1	830	0,1	0,0
340	9,1	0,0	840	0,1	0,1
350	9,1	0,0	850	0,0	0,0
360	9,1	0,0	860	0,0	0,0
370	9,1	0,0	870	0,0	0,0
380	9,1	0,0	880	0,0	0,1
390	9,1	0,1	890	0,1	0,0
400	9,0	0,0	900	0,1	0,1
410	9,0	0,1	910	0,2	0,1
420	8,9	0,1	920	0,3	0,1
430	8,8	0,2	930	0,4	0,1
440	8,6	0,1	940	0,5	0,1
450	8,5	0,1	950	0,6	0,2
460	8,4	0,2	960	0,8	0,2
470	8,2	0,2	970	1,0	0,1
480	8,0	0,2	980	1,1	0,2
490	7,8	0,2	990	1,3	0,2
500	7,6		1000	1,5	

Constante ajoutée... 4″,7.

TABLE XXIX. Argument I, ou Anomalie moyenne.

0°					50°				
Degrés.	Rayons vecteurs. Nombres.	Différences.	Variation séculaire.	Degrés.	Degrés.	Rayons vecteurs. Nombres.	Différences.	Variation séculaire.	Degrés.
0	8,97190	8	+ 0,00296	400	50	9,14476	649	+ 0,00193	350
1	8,97198	23	296	399	51	9,15125	658	189	349
2	8,97221	36	296	398	52	9,15783	666	185	348
3	8,97257	52	296	397	53	9,16449	674	181	347
4	8,97309	67	296	396	54	9,17123	683	177	346
5	8,97376	81	0,00295	395	55	9,17806	691	0,00174	345
6	8,97457	96	295	394	56	9,18497	699	169	344
7	8,97553	111	294	393	57	9,19196	707	165	343
8	8,97664	126	294	392	58	9,19903	715	161	342
9	8,97790	140	293	391	59	9,20618	723	156	341
10	8,97930	155	0,00292	390	60	9,21341	730	0,00152	340
11	8,98085	169	291	389	61	9,22071	737	148	339
12	8,98254	183	290	388	62	9,22808	743	144	338
13	8,98437	198	289	387	63	9,23551	750	139	337
14	8,98635	212	288	386	64	9,24301	756	135	336
15	8,98847	227	0,00286	385	65	9,25057	763	0,00130	335
16	8,99074	241	285	384	66	9,25820	768	126	334
17	8,99315	255	284	383	67	9,26588	773	122	333
18	8,99570	269	282	382	68	9,27361	778	117	332
19	8,99839	284	280	381	69	9,28139	785	113	331
20	9,00123	297	0,00279	380	70	9,28924	790	0,00108	330
21	9,00420	310	277	379	71	9,29714	794	104	329
22	9,00730	324	275	378	72	9,30508	798	99	328
23	9,01054	338	273	377	73	9,31306	802	94	327
24	9,01392	351	271	376	74	9,32108	806	90	326
25	9,01743	364	0,00269	375	75	9,32914	810	0,00085	325
26	9,02107	377	267	374	76	9,33724	815	80	324
27	9,02484	391	265	373	77	9,34539	819	76	323
28	9,02875	404	262	372	78	9,35358	821	71	322
29	9,03279	417	260	371	79	9,36179	824	66	321
30	9,03696	430	0,00257	370	80	9,37003	827	0,00061	320
31	9,04126	442	255	369	81	9,37830	830	57	319
32	9,04568	454	252	368	82	9,38660	832	52	318
33	9,05022	466	249	367	83	9,39492	834	47	317
34	9,05488	478	246	366	84	9,40326	835	42	316
35	9,05966	490	0,00244	365	85	9,41161	837	0,00038	315
36	9,06456	502	241	364	86	9,41998	839	33	314
37	9,06958	513	238	363	87	9,42837	840	28	313
38	9,07471	525	235	362	88	9,43677	841	23	312
39	9,07996	536	231	361	89	9,44518	842	19	311
40	9,08532	547	0,00228	360	90	9,45360	843	0,00014	310
41	9,09079	558	225	359	91	9,46203	844	9	309
42	9,09637	569	222	358	92	9,47047	843	+ 4	308
43	9,10206	580	218	357	93	9,47890	844	− 0	307
44	9,10786	590	215	356	94	9,48734	843	5	306
45	9,11376	600	0,00211	355	95	9,49577	843	0,00009	305
46	9,11976	610	208	354	96	9,50420	842	15	304
47	9,12586	621	204	353	97	9,51262	841	19	303
48	9,13207	630	200	352	98	9,52103	840	23	302
49	9,13837	639	197	351	99	9,52943	839	29	301
50	9,14476		+ 0,00193	350	100	9,53782		− 0,00033	300

Constante retranchée..... 0,03515.

Suite de la TABLE XXIX. Argument I, ou Anomalie moyenne.

100°					150°				
Degrés.	Rayons vecteurs. Nombres.	Différences.	Variation séculaire.	Degrés.	Degrés.	Rayons vecteurs. Nombres.	Différences.	Variation séculaire.	Degrés.
100	9,53782	837	— 0,00033	300	150	9,90089	545	— 0,00227	250
101	9,54619	836	38	299	151	9,90634	537	230	249
102	9,55455	834	43	298	152	9,91171	527	232	248
103	9,56289	831	47	297	153	9,91698	517	235	247
104	9,57120	829	52	296	154	9,92215	506	237	246
105	9,57949	826	0,00056	295	155	9,92721	497	0,00240	245
106	9,58775	824	61	294	156	9,93218	488	242	244
107	9,59599	822	65	293	157	9,93706	479	245	243
108	9,60421	818	70	292	158	9,94185	468	247	242
109	9,61239	814	75	291	159	9,94653	457	249	241
110	9,62053	811	0,00079	290	160	9,95110	446	0,00252	240
111	9,62864	808	84	289	161	9,95556	437	254	239
112	9,63672	804	88	288	162	9,95993	427	256	238
113	9,64476	800	92	287	163	9,96420	416	258	237
114	9,65276	797	96	286	164	9,96836	405	260	236
115	9,66073	792	0,00101	285	165	9,97241	395	0,00262	235
116	9,66865	788	105	284	166	9,97636	385	264	234
117	9,67653	782	109	283	167	9,98021	374	266	233
118	9,68435	777	114	282	168	9,98395	363	268	232
119	9,69212	772	118	281	169	9,98758	353	270	231
120	9,69984	768	0,00122	280	170	9,99111	341	0,00271	230
121	9,70752	763	126	279	171	9,99452	330	273	229
122	9,71515	757	130	278	172	9,99782	319	275	228
123	9,72272	751	134	277	173	10,00101	308	276	227
124	9,73123	745	138	276	174	10,00409	296	277	226
125	9,7[illegible]763	739	0,00142	275	175	10,00705	286	0,00279	225
126	9,74507	733	146	274	176	10,00991	274	280	224
127	9,75240	727	150	273	177	10,01265	263	282	223
128	9,75967	720	154	272	178	10,01528	252	283	222
129	9,76687	714	157	271	179	10,01780	241	284	221
130	9,77401	708	0,00161	270	180	10,02021	230	0,00285	220
131	9,78109	701	165	269	181	10,02251	218	286	219
132	9,78810	694	168	268	182	10,02469	205	287	218
133	9,79504	687	172	267	183	10,02674	194	288	217
134	9,80191	679	176	266	184	10,02868	183	289	216
135	9,80870	670	0,00179	265	185	10,03051	171	0,00290	215
136	9,81540	663	183	264	186	10,03222	159	291	214
137	9,82203	657	186	263	187	10,03381	147	292	213
138	9,82860	649	189	262	188	10,03528	136	293	212
139	9,83509	640	193	261	189	10,03664	125	293	211
140	9,84149	633	0,00197	260	190	10,03789	112	0,00294	210
141	9,84782	624	200	259	191	10,03901	101	294	209
142	9,85406	615	203	258	192	10,04002	89	295	208
143	9,86021	607	206	257	193	10,04091	78	295	207
144	9,86628	599	209	256	194	10,04169	65	296	206
145	9,87227	590	0,00212	255	195	10,04234	53	0,00296	205
146	9,87817	583	215	254	196	10,04287	42	296	204
147	9,88400	572	218	253	197	10,04329	30	296	203
148	9,88972	563	221	252	198	10,04359	18	296	202
149	9,89535	554	224	251	199	10,04377	7	296	201
150	9,90089		— 0,00227	250	200	10,04384		— 0,00296	200

TABLE XXX. Argument II de la Longitude.

Argument.	Équation.	Différences.	Argument.	Équation.	Différences.
0	0,01686	− 7	5000	0,00003	+ 4
100	1679	14	5100	7	5
200	1665	23	5200	12	8
300	1642	28	5300	20	10
400	1614	34	5400	30	11
500	0,01580	40	5500	0,00041	13
600	1540	45	5600	54	15
700	1495	49	5700	69	17
800	1446	53	5800	86	18
900	1393	56	5900	104	20
1000	0,01337	57	6000	0,00124	22
1100	1280	59	6100	146	24
1200	1221	60	6200	170	25
1300	1161	59	6300	195	26
1400	1102	59	6400	221	27
1500	0,01043	58	6500	0,00248	30
1600	985	58	6600	278	31
1700	927	56	6700	309	33
1800	871	55	6800	342	35
1900	816	54	6900	377	37
2000	0,00762	53	7000	0,00414	38
2100	709	51	7100	452	40
2200	658	50	7200	492	42
2300	608	48	7300	534	44
2400	560	47	7400	578	45
2500	0,00515	45	7500	0,00620	47
2600	468	42	7600	670	48
2700	426	41	7700	718	49
2800	385	40	7800	767	50
2900	345	38	7900	817	51
3000	0,00307	34	8000	0,00868	53
3100	273	32	8100	921	53
3200	241	31	8200	972	53
3300	210	28	8300	1027	54
3400	182	26	8400	1081	55
3500	0,00156	24	8500	0,01136	55
3600	132	22	8600	1191	54
3700	110	19	8700	1245	54
3800	91	17	8800	1299	53
3900	74	15	8900	1352	51
4000	0,00059	13	9000	0,01403	49
4100	46	11	9100	1452	46
4200	35	10	9200	1498	43
4300	25	9	9300	1541	39
4400	16	7	9400	1580	33
4500	0,00009	5	9500	0,01613	27
4600	4	3	9600	1640	20
4700	1	− 1	9700	1660	16
4800	0	+ 1	9800	1675	9
4900	1	2	9900	1684	2
5000	0,00003		10000	0,01686	

Constante ajoutée... 0,00696.

TABLE XXXI. Argument III de la Longitude.

Argument.	Équation.	Différences.	Argument.	Équation.	Différences.
0	0,01055	6	5000	0,00012	− 6
100	1061	4	5100	6	4
200	1065	+ 2	5200	2	− 2
300	1067	− 0	5300	0	+ 1
400	1067	2	5400	1	2
500	0,01065	5	5500	0,00003	5
600	1059	7	5600	8	6
700	1053	9	5700	14	9
800	1044	10	5800	23	11
900	1034	12	5900	34	12
1000	0,01022	15	6000	0,00046	15
1100	1007	16	6100	61	16
1200	991	19	6200	77	19
1300	972	20	6300	96	20
1400	952	21	6400	116	21
1500	0,00931	24	6500	0,00137	24
1600	907	25	6600	161	25
1700	882	26	6700	186	26
1800	856	27	6800	212	27
1900	829	29	6900	239	28
2000	0,00800	29	7000	0,00267	30
2100	771	30	7100	297	30
2200	741	31	7200	327	31
2300	710	32	7300	358	32
2400	678	33	7400	390	33
2500	0,00645	33	7500	0,00423	33
2600	612	34	7600	456	34
2700	578	33	7700	490	33
2800	545	34	7800	523	34
2900	511	33	7900	557	33
3000	0,00478	33	8000	0,00590	33
3100	445	33	8100	623	33
3200	412	33	8200	656	33
3300	379	32	8300	689	32
3400	347	31	8400	721	31
3500	0,00316	30	8500	0,00752	30
3600	286	29	8600	782	29
3700	257	29	8700	811	28
3800	228	27	8800	839	27
3900	201	25	8900	866	26
4000	0,00176	23	9000	0,00892	24
4100	153	23	9100	916	22
4200	130	21	9200	938	21
4300	109	20	9300	959	20
4400	89	18	9400	979	18
4500	0,00071	15	9500	0,00997	15
4600	56	14	9600	1012	14
4700	42	12	9700	1026	12
4800	30	11	9800	1038	10
4900	19	− 7	9900	1048	7
5000	0,00012		10000	0,01055	

Constante ajoutée... 0,00534.

TABLE XXXII. Argument IV de la Longitude.

Argument.	Équation.	Différences.	Argument.	Équation.	Différences.
0	0,02358	—81	5000	0,00666	+81
100	2277	83	5100	747	83
200	2194	86	5200	830	86
300	2108	89	5300	916	89
400	2019	90	5400	1005	90
500	0,01929	92	5500	0,01095	92
600	1837	94	5600	1187	94
700	1743	94	5700	1281	94
800	1649	95	5800	1375	95
900	1554	95	5900	1470	95
1000	0,01459	95	6000	0,01565	95
1100	1364	94	6100	1660	94
1200	1270	93	6200	1754	93
1300	1177	92	6300	1847	92
1400	1085	91	6400	1939	91
1500	0,00994	88	6500	0,02030	88
1600	906	86	6600	2118	86
1700	820	83	6700	2204	83
1800	737	80	6800	2287	80
1900	657	77	6900	2367	77
2000	0,00580	73	7000	0,02444	73
2100	507	68	7100	2517	68
2200	439	65	7200	2585	65
2300	374	61	7300	2650	61
2400	313	55	7400	2711	55
2500	0,00258	51	7500	0,02766	51
2600	207	45	7600	2817	45
2700	162	40	7700	2862	40
2800	122	35	7800	2902	35
2900	87	29	7900	2937	29
3000	0,00058	24	8000	0,02966	24
3100	34	17	8100	2990	17
3200	17	12	8200	3007	12
3300	5	— 5	8300	3019	— 5
3400	0	0	8400	3024	0
3500	0,00000	+ 6	8500	0,03024	+ 6
3600	6	13	8600	3018	13
3700	19	18	8700	3005	18
3800	37	24	8800	2987	24
3900	61	29	8900	2963	29
4000	0,00090	36	9000	0,02934	36
4100	126	41	9100	2898	41
4200	167	46	9200	2857	46
4300	213	51	9300	2811	51
4400	264	56	9400	2762	56
4500	0,00320	61	9500	0,02704	61
4600	381	65	9600	2643	65
4700	446	70	9700	2578	70
4800	515	73	9800	2508	73
4900	589	77	9900	2435	77
5000	0,00666		10000	0,02358	

Constante ajoutée... 0,01512.

TABLE XXXIII. Argument V de la Longitude.

Argument.	Équation.	Différences.	Argument.	Équation.	Différences.
0	0,00117	7	500	0,00117	7
10	110	7	510	124	7
20	103	7	520	131	7
30	96	8	530	138	8
40	88	7	540	146	7
50	0,00081	7	550	0,00153	7
60	74	6	560	160	6
70	68	7	570	166	7
80	61	6	580	173	6
90	55	6	590	179	6
100	0,00049	6	600	0,00185	6
110	43	6	610	191	6
120	37	5	620	197	5
130	32	5	630	202	5
140	27	4	640	207	4
150	0,00023	5	650	0,00211	5
160	18	3	660	216	3
170	15	3	670	219	4
180	12	3	680	223	3
190	9	3	690	226	2
200	0,00006	2	700	0,00228	2
210	4	2	710	230	2
220	2	1	720	232	1
230	1	1	730	233	1
240	0	0	740	234	0
250	0,00000	0	750	0,00234	0
260	0	1	760	234	1
270	1	1	770	233	1
280	2	2	780	232	2
290	4	2	790	230	2
300	0,00006	2	800	0,00228	2
310	8	3	810	226	3
320	11	3	820	223	3
330	14	4	830	220	4
340	18	4	840	216	4
350	0,00022	5	850	0,00212	5
360	27	5	860	207	5
370	32	5	870	202	5
380	37	5	880	197	5
390	42	6	890	192	6
400	0,00048	6	900	0,00186	6
410	54	6	910	180	6
420	60	7	920	174	7
430	67	7	930	167	7
440	74	6	940	160	6
450	0,00070	7	950	0,00154	7
460	87	8	960	147	8
470	95	7	970	139	7
480	102	7	980	132	7
490	109	8	990	125	8
500	0,00117		1000	0,00117	

Constante ajoutée... 0,00117.

TABLE XXXIV. Argument VI de la Longitude.

Argument.	Équation.	Différences	Argument.	Équation.	Différences.
0	0,00011	3	500	0,00265	3
10	8	3	510	268	3
20	5	2	520	271	2
30	3	1	530	273	1
40	2	1	540	274	1
50	0,00001	1	550	0,00275	1
60	0	0	560	276	0
70	0	1	570	276	1
80	1	1	580	275	1
90	2	2	590	274	2
100	0,00004	2	600	0,00272	2
110	6	2	610	270	2
120	8	3	620	268	3
130	11	4	630	265	4
140	15	4	640	261	4
150	0,00019	5	650	0,00257	5
160	24	5	660	252	5
170	29	6	670	247	6
180	35	6	680	241	6
190	41	6	690	235	6
200	0,00047	7	700	0,00229	7
210	54	7	710	222	7
220	61	7	720	215	7
230	68	8	730	208	8
240	76	7	740	200	7
250	0,00083	8	750	0,00193	8
260	91	9	760	185	9
270	100	9	770	176	9
280	109	8	780	167	8
290	117	8	790	159	8
300	0,00125	9	800	0,00151	9
310	134	8	810	142	8
320	142	9	820	134	9
330	151	8	830	125	8
340	159	9	840	117	9
350	0,00168	9	850	0,00108	9
360	177	8	860	99	8
370	185	8	870	91	8
380	193	8	880	83	8
390	201	7	890	75	7
400	0,00208	8	900	0,00068	8
410	216	7	910	60	7
420	223	6	920	53	6
430	229	6	930	47	6
440	235	6	940	41	6
450	0,00241	6	950	0,00035	6
460	247	5	960	29	5
470	252	5	970	24	5
480	257	4	980	19	4
490	261	4	990	15	4
500	0,00265		1000	0,00011	

Constante ajoutée... 0,00138.

TABLE XXXV. Argument VIII de la Longitude.

Argument.	Équation.	Argument.	Équation.
0	0,00011	500	0,00033
10	10	510	34
20	9	520	35
30	8	530	36
40	7	540	37
50	0,00006	550	0,00038
60	5	560	39
70	4	570	40
80	3	580	41
90	3	590	41
100	0,00002	600	0,00042
110	2	610	42
120	1	620	43
130	1	630	43
140	1	640	43
150	0,00000	650	0,00044
160	0	660	44
170	0	670	44
180	0	680	44
190	0	690	44
200	0,00000	700	0,00044
210	1	710	43
220	1	720	43
230	2	730	42
240	2	740	42
250	0,00003	750	0,00041
260	3	760	41
270	4	770	40
280	5	780	39
290	6	790	38
300	0,00007	800	0,00037
310	8	810	36
320	9	820	35
330	10	830	34
340	11	840	33
350	0,00012	850	0,00032
360	14	860	30
370	15	870	29
380	17	880	27
390	18	890	26
400	0,00019	900	0,00025
410	21	910	23
420	22	920	22
430	23	930	21
440	25	940	19
450	0,00026	950	0,00018
460	27	960	17
470	29	970	15
480	30	980	14
490	31	990	13
500	0,00033	1000	0,00011

Constante ajoutée... 0,00022.

TABLE XXXVI.

Argum. (VII—XI) de la Longit.

Argument.	Equation.	Argument.	Équation.
0	0,00693	500	0,00009
10	687	510	15
20	680	520	22
30	672	530	30
40	663	540	39
50	0,00652	550	0,00050
60	640	560	62
70	627	570	75
80	612	580	90
90	597	590	105
100	0,00581	600	0,00121
110	564	610	138
120	546	620	156
130	527	630	175
140	508	640	195
150	0,0048[illegible]	650	0,00214
160	468	660	234
170	446	670	256
180	425	680	277
190	40[illegible]	690	299
200	0,00381	700	0,00[illegible]21
210	359	710	343
220	337	720	365
230	315	730	387
240	293	740	409
250	0,00271	750	0,00431
260	250	760	452
270	229	770	473
280	209	780	493
290	189	790	513
300	0,00171	800	0,00522
310	112	810	551
320	134	820	568
330	117	830	585
340	101	840	601
350	0,00086	850	0,00616
360	72	860	630
370	59	870	643
380	47	880	655
390	37	890	665
400	0,00028	900	0,00674
410	20	910	682
420	13	920	689
430	8	930	694
440	4	940	698
450	0,00001	950	0,00701
460	0	960	702
470	0	970	702
480	2	980	700
490	5	990	697
500	0,00009	1000	0,00693

Constante... 0,00351.

TABLE XXXVII.

Argum. XIII de la Longitude.

Argument.	Équation.	Argument.	Équation.
0	0,00022	500	0,00000
10	22	510	0
20	23	520	1
30	25	530	2
40	28	540	5
50	0,00032	550	0,00008
60	36	560	10
70	41	570	13
80	46	580	17
90	51	590	21
100	0,00056	600	0,00026
110	61	610	31
120	66	620	36
130	73	630	43
140	78	640	47
150	0,00083	650	0,00052
160	87	660	58
170	90	670	64
180	93	680	70
190	96	690	75
200	0,00099	700	0,00080
210	101	710	85
220	101	720	89
230	101	730	93
240	100	740	96
250	0,00908	750	0,00098
260	96	760	100
270	93	770	101
280	89	780	101
290	85	790	101
300	0,00080	800	0,00099
310	75	810	96
320	70	820	93
330	64	830	90
340	58	840	87
350	0,00052	850	0,00083
360	47	860	78
370	42	870	73
380	36	880	66
390	31	890	61
400	0,00026	900	0,00056
410	22	910	51
420	17	920	46
430	13	930	41
440	10	940	36
450	0,00008	950	0,00032
460	4	960	28
470	2	970	25
480	1	980	23
490	0	990	22
500	0,00000	1000	0,00022

Constante... 0,00054.

TABLE XXXVIII.

Argum. XIV de la Longitude.

Argument.	Équation.	Argument.	Équation.
0	0,00005	500	0,00127
10	8	510	125
20	10	520	123
30	12	530	121
40	14	540	119
50	0,00017	550	0,00116
60	20	560	113
70	23	570	110
80	26	580	107
90	29	590	104
100	0,0003[illegible]	600	0,00100
110	37	610	96
120	40	620	92
130	45	630	88
140	48	640	85
150	0,00052	650	0,000[illegible]
160	57	660	76
170	61	670	71
180	64	680	67
190	68	690	64
200	0,00073	700	0,000[illegible]
210	77	710	55
220	81	720	51
230	85	730	48
240	89	740	44
250	0,00093	750	0,00040
260	97	760	36
270	100	770	33
280	104	780	29
290	107	790	25
300	0,00110	800	0,00022
310	113	810	19
320	116	820	16
330	119	830	14
340	122	840	11
350	0,00124	850	0,00009
360	125	860	8
370	127	870	5
380	128	880	4
390	129	890	3
400	0,00130	900	0,00002
410	131	910	1
420	132	920	0
430	132	930	0
440	132	940	0
450	0,00132	950	0,00000
460	131	960	1
470	130	970	2
480	129	980	3
490	128	990	4
500	0,00127	1000	0,00005

Constante... 0,00066.

TABLE XXXIX. Argument VII. TABLE XL. Argument X.

Argum.	Équation.	Argum.	Équation.	Argum.	Équation.	Argum.	Équation.
0	0,00005	500	0,00019	0	0,00023	500	0,00001
10	4	510	19	10	23	510	1
20	4	520	20	20	23	520	1
30	3	530	20	30	24	530	0
40	3	540	21	40	24	540	0
50	0,00002	550	0,00021	50	0,00024	550	0,00000
60	2	560	22	60	24	560	0
70	2	570	22	70	24	570	0
80	2	580	22	80	24	580	0
90	1	590	23	90	24	590	0
100	0,00001	600	0,00023	100	0,00024	600	0,00000
110	1	610	23	110	24	610	0
120	0	620	24	120	24	620	0
130	0	630	24	130	24	630	0
140	0	640	24	140	23	640	1
150	0,00000	650	0,00024	150	0,00023	650	0,00001
160	0	660	24	160	23	660	1
170	0	670	24	170	22	670	2
180	0	680	24	180	22	680	2
190	0	690	24	190	21	690	3
200	0,00001	700	0,00024	200	0,00021	700	0,00003
210	1	710	23	210	20	710	4
220	1	720	23	220	20	720	4
230	2	730	23	230	19	730	5
240	2	740	22	240	19	740	5
250	0,00002	750	0,00022	250	0,00021	750	0,00006
260	3	760	22	260	27	760	7
270	3	770	21	270	27	770	7
280	4	780	21	280	16	780	8
290	4	790	20	290	15	790	9
300	0,00005	800	0,00020	300	0,00014	800	0,00010
310	6	810	19	310	13	810	11
320	6	820	18	320	13	820	11
330	7	830	18	330	12	830	12
340	8	840	17	340	11	840	13
350	0,00008	850	0,00016	350	0,00011	850	0,00013
360	9	860	16	360	10	860	14
370	10	870	15	370	9	870	15
380	11	880	14	380	8	880	16
390	12	890	13	390	8	890	16
400	0,00012	900	0,00012	400	0,00007	900	0,00017
410	13	910	12	410	6	910	18
420	14	920	11	420	6	920	18
430	14	930	10	430	5	930	19
440	15	940	10	440	4	940	20
450	0,00016	950	0,00009	450	0,00004	950	0,00020
460	17	960	8	460	3	960	21
470	17	970	7	470	3	970	21
480	18	980	7	480	2	980	22
490	18	990	6	490	2	990	22
500	0,00019	1000	0,00005	500	0,00001	1000	0,00023

Constante... 0,00012. Constante... 0,00012.

TABLE LXI. Argument XVIII, ou (Longit. vraie dans l'orbite — Longit. du Nœud).

Degrés	Distances polaires.	Différences.	Variatio. séculaire	Degrés	Degrés	Distances polaires.	Différences.	Variation séculaire.	Degrés
100	97° 22′ 61″ 4	+ 3″ 4 —	+47″ 9	100	150	98° 03′ 78″ 8	+3′ 09″ 8 —	+33″ 8	50
101	97.22.64,8	10,3	47,9	99	151	98.06.88,6	3.15,0	33,3	49
102	97.22.75,1	17,1	47,9	98	152	98.10.03,6	3.19,5	32,8	48
103	97.22.92,2	23,8	47,8	97	153	98.13.23,1	3.24,4	32,2	47
104	97.23.16,0	30,8	47,8	96	154	98.16.47,5	3.28,7	31,7	46
105	97.23.46,8	37,5	47,7	95	155	98.19.76,2	3.33,1	31,1	45
106	97.23.84,3	44,4	47,7	94	156	98.23,09,3	3.37,4	30,5	44
107	97.24.28,7	51,2	47,6	93	157	98.26.46,7	3.41,7	29,9	43
108	97.24.79,9	57,9	47,5	92	158	98.29.88,4	3,46,0	29,3	42
109	97.25.37,8	64,8	47,4	91	159	98.33.34,4	3,50,0	28,7	41
110	97.26.02,6	71,6	47,3	90	160	98.36.84,4	3.54,0	28,1	40
111	97.26.74,2	78,1	47,2	89	161	98.40.38,4	3.58,0	27,5	39
112	97.27.52,3	84,9	47,0	88	162	98.43.96,4	3.61,9	26,9	38
113	97.28.37,2	91,6	46,9	87	163	98.47.58,3	3.65,6	26,3	37
114	97.29.28,8	98,4	46,7	86	164	98.51.23,9	3.69,2	25,7	36
115	97.30.27,2	1.04,9	46,6	85	165	98.54.93,1	3.72,7	25,0	35
116	97,31.32,1	1.11,7	46,4	84	166	98.58.65,8	3.76,3	24,4	34
117	97,32.43,8	1.18,1	46,2	83	167	98.62.42,1	3.79,7	23,7	33
118	97.33.61,9	1.24,8	46,0	82	168	98.66.21,8	3.83,1	23,1	32
119	97,34.86,7	1.31,3	45,8	81	169	98.70.04,9	3.86,1	22,4	31
120	97.36.18,0	1.37,8	45,6	80	170	96.73.91,0	3.89,1	21,7	30
121	97.37.55,8	1.44,3	45,3	79	171	98.77.80,1	3.92,1	21,1	29
122	97.39.00,1	1.50.6	45,0	78	172	98.81.72,2	3.95,1	20,4	28
123	97.40.50,7	1.57,1	44,8	77	173	98.85.67,3	3.98,0	19,7	27
124	97.42.07,8	1.63,5	44,5	76	174	98.89.65,3	4.00,7	19,0	26
125	97.43.71,3	1.69,7	44,2	75	175	98.93.66,0	4.03,3	18,3	25
126	97.45.41,0	1.76,1	43,9	74	176	98.97.69,3	4.05,7	17,6	24
127	97.47.17,1	1.82,2	43,6	73	177	99.01.75,0	4.08,2	16,9	23
128	97.48.99,3	1.88,5	43,3	72	178	99.05.83,2	4.10,4	16,2	22
129	97.50.87,8	1.94,6	43,0	71	179	99.09.93,6	4.12,7	15,5	21
130	97.52.82,4	2.00,8	42,7	70	180	99.14.06,3	4.14,9	14,8	20
131	97.54.83,2	2.06,7	42,3	69	181	99.18.21,2	4.16,9	14,1	19
132	97.56.89,9	2.12,7	42,0	68	182	99.22.38,1	4.18,6	13,4	18
133	97.59.02,6	2.18,6	41,6	67	183	99.26.56,7	4.20,5	12,6	17
134	97.61.21,2	2.24,5	41,2	66	184	99.30.77,2	4.22,3	11,9	16
135	97.63.45,7	2.30,2	40,8	65	185	99.34.99,5	4.23,8	11,2	15
136	97.65.75,9	2.36,0	40,4	64	186	99.39.23,3	4.25,3	10,4	14
137	97.68.11,9	2.42,0	40,0	63	187	99.43.48,6	4.26,7	9,7	13
138	97.70.53,9	2.47,6	39,6	62	188	99.47.75,3	4.27,9	9,0	12
139	97.73.01,5	2.53,2	39,2	61	189	99.52.03,2	4.29,1	8,2	11
140	97.75.54,7	2.58,6	38,8	60	190	99.56.32,3	4.30,2	7,5	10
141	97.78.13,3	2.64,1	38,3	59	191	99.60.62,5	4.31,2	6,8	9
142	97.80.77,4	2.69,5	37,8	58	192	99.64.93,7	4.32,0	6,0	8
143	97.83.46,9	2.74,8	37,4	57	193	99.69.25,7	4.32,7	5,3	7
144	97.86.21,7	2.80,0	36,9	56	194	99.73.58,4	4.33,4	4,5	6
145	97.89.01,7	2.85,3	36,4	55	195	99.77.91,8	4.34,0	3,8	5
146	97.91.87,0	2.90,3	35,9	54	196	99.82.25,8	4.34,4	3,0	4
147	97.94.77,3	2.95,5	35,4	53	197	99.86.60,2	4.34,7	2,3	3
148	97.97.72,8	3.00,6	34,9	52	198	99.90.94,9	4.34,9	1,5	2
149	98.00.73,4	+3.05,4 —	34,4	51	199	99.95.29,8	+4.34,9 —	0,8	1
150	98.03.78,8		+33,8	50	200	99.99.64,7		+ 0,0	0
D.				D.	D.				D.

Constante retranchée.... 35″,2.

Suite de la TABLE XLI. Argument XVIII.

Degrés	Distance polaire.	Différences.	Variation séculaire.	Degrés	Degrés	Distance polaire.	Différences.	Variation séculaire.	Degrés
200	99°99′64″7	+4′35″0	−0″0	400	250	101°95′51″0	+3′05″3	−33″8	350
201	100.03.99,7	4.35,0	0,8	399	251	101.97.56,3	3.00,5	34,4	349
202	100.08.34,7	4.34,7	1,5	398	252	102.01.56,8	2.95,5	34,9	348
203	100.12.69,4	4.34,3	2,3	397	253	102.04.52,3	2.90,4	35,4	347
204	100.17.03,7	4.34,0	3,0	396	254	102.07.42,7	2.85,3	35,9	346
205	100.21.37,7	4.33,5	3,8	395	255	102.10.28,0	2.79,9	36,4	345
206	100.25.71,2	4.32,7	4,5	394	256	102.13.07,9	2.74,8	36,9	344
207	100.30.03,9	4.32,0	5,3	393	257	102.15.82,7	2.69,4	37,4	343
208	100.34.35,9	4.31,1	6,0	392	258	102.18.52,1	2.64,1	37,8	342
209	100.38.67,0	4.30,2	6,8	391	259	102.21.16,2	2.58,6	38,3	341
210	100.42.97,2	4.29,3	7,5	390	260	102.23.74,8	2.53,2	38,8	340
211	100.47.26,5	4.27,8	8,2	389	261	102.26.28,0	2.47,6	39,2	339
212	100.51.54,3	4.26,7	9,0	388	262	102.28.75,6	2.42,0	39,6	338
213	100.55.81,0	4.25,3	9,7	387	263	102.31.17,6	2.36,1	40,0	337
214	100.60.06,[illegible]	4.23,8	10,4	386	264	102.33.53,7	2.30,2	40,4	336
215	100.64.30,1	4.22,3	11,2	385	265	102.35.83,9	2.24,5	40,8	335
216	100.68.52,4	4.20,5	11,9	384	266	102.38.08,4	2.18,6	41,2	334
217	100.72.72,9	4.18,5	12,6	383	267	102.40.27,0	2.12,7	41,6	333
218	100.76.91,4	4.16,8	13,4	382	268	102.42.[illegible]9,7	2.06,8	42,0	332
219	100.81.08,2	4.15,0	14,1	381	269	102.44.46,5	2.00,7	42,3	331
220	100.85.23,2	4.12,7	14,8	380	270	102.46.47,2	1.94,6	42,7	330
221	100.89.35,9	4.10,5	15,5	379	271	102.48.41,8	1.88,5	43,0	329
222	100.93.46,4	4.08,2	16,2	378	272	102.50.30,3	1.82,2	43,3	328
223	100.97.54,6	4.05,8	16,9	377	273	102.52.12,5	1.76,1	43,6	327
224	101.01.60,4	4.03,3	17,6	376	274	102.53.88,6	1.69,7	43,9	326
225	101.05.63,7	4.00,6	18,3	375	275	102.55.58,3	1.63,4	44,2	325
226	101.09.64,3	3.97,8	19,0	374	276	102.57.21,7	1.57,1	44,5	324
227	101.13.62,1	3.95,2	19,7	373	277	102.58.78,8	1.50,7	44,8	323
228	101.17.57,3	3.92,4	20,4	372	278	102.60.29,5	1.44,3	45,0	322
229	101.21.49,7	3.89,2	21,1	371	279	102.61.73,8	1.37,8	45,3	321
230	101.25.38,9	3.85,9	21,7	370	280	102.63.11,5	1.31,2	45,6	320
231	101.29.24,8	3.83,0	22,4	369	281	102.64.42,8	1.24,8	45,8	319
232	101.33.07,8	3.79,7	23,1	368	282	102.65.67,5	1.18,2	46,0	318
233	101.36.87,5	3.76,3	23,7	367	283	102.66.85,[illegible]	1.11,7	46,2	317
234	101.40.63,8	3.72,7	24,4	366	284	102.67.97,5	1.04,9	46,4	316
235	101.44.36,5	3.69,2	25,0	365	285	102.69.02,4	98,3	46,6	315
236	101.48.05,7	3.65,6	25,7	364	286	102.70.00,7	91,7	46,7	314
237	101.51.71,3	3.61,9	26,3	363	287	102.70.92,4	84,9	46,9	313
238	101.56.33,2	3.58,0	26,9	362	288	102.71.77,[illegible]	78,1	47,0	312
239	101.58.91,2	3.54,0	27,5	361	289	102.72.55,4	71,6	47,2	311
240	101.62.45,2	3.50,0	28,1	360	290	102.73.27,0	64,9	47,3	310
241	101.65.95,2	3.46,0	28,7	359	291	102.73.91,9	58,0	47,4	309
242	101.69.41,2	3.41,6	29,3	358	292	102.74.49,9	51,1	47,5	308
243	101.72.82,8	3.37,4	29,9	357	293	102.75.01,[illegible]	44,3	47,6	307
244	101.76.20,2	3.33,2	30,5	356	294	102.75.45,[illegible]	37,6	47,7	306
245	101.79.53,4	3.28,7	31,1	355	295	102.75.82,9	30,7	47,7	305
246	101.82.82,1	3.24,1	31,7	354	296	102.76.13,6	23,9	47,8	304
247	101.86.06,2	3.19,8	32,2	353	297	102.76.37,5	17,1	47,8	303
248	101.89.26,0	3.15,0	32,8	352	298	102.76.54,6	10,3	47,9	302
249	101.92.41,0	3.10,0	33,3	351	299	102.76.[illegible]4,9	+ 7,[illegible]	47,9	301
250	101.95.51,0		−33,8	350	300	102.76.81,9		−47,9	300

TABLE XLII.

Argument III de la Longitude.

Argum.	Équation.	Argum.	Equation.
0	42"5	5000	9"5
100	43,7	5100	8,3
200	44,9	5200	7,2
300	45,9	5300	6,1
400	47,0	5400	5,0
500	47,9	5500	4,1
600	48,7	5600	3,3
700	49,4	5700	2,6
800	50,1	5800	1,9
900	50,7	5900	1,3
1000	51,1	6000	0,9
1100	51,4	6100	0,6
1200	51,7	6200	0,3
1300	51,8	6300	0,2
1400	52,0	6400	0,0
1500	51,9	6500	0,1
1600	51,8	6600	0,2
1700	51,5	6700	0,5
1800	51,2	6800	0,8
1900	50,7	6900	1,3
2000	50,2	7000	1,8
2100	49,5	7100	2,5
2200	48,8	7200	3,2
2300	47,9	7300	4,1
2400	47,0	7400	5,0
2500	46,0	7500	5,9
2600	44,9	7600	7,0
2700	43,8	7700	8,2
2800	42,5	7800	9,5
2900	41,2	7900	10,8
3000	39,9	8000	12,1
3100	38,5	8100	13,4
3200	37,1	8200	14,9
3300	35,6	8300	16,4
3400	34,1	8400	17,9
3500	32,5	8500	19,5
3600	30,9	8600	21,1
3700	29,3	8700	22,7
3800	27,7	8800	24,3
3900	26,1	8900	25,9
4000	24,4	9000	27,6
4100	22,8	9100	29,2
4200	21,2	9200	30,8
4300	19,6	9300	32,4
4400	18,0	9400	33,9
4500	16,4	9500	35,5
4600	15,0	9600	37,0
4700	13,6	9700	38,4
4800	12,2	9800	39,8
4900	10,8	9900	41,2
5000	9,5	10000	42,5

Constante ajoutée..... 26",0.

TABLE XLIII.

Argument VII de la Longitude.

Argum.	Équation.	Argum.	Équation.
0	1"0	500	10"0
10	0,8	510	10,2
20	0,6	520	10,4
30	0,5	530	10,5
40	0,4	540	10,6
50	0,3	550	10,7
60	0,2	560	10,8
70	0,1	570	10,9
80	0,0	580	11,0
90	0,0	590	11,0
100	0,0	600	11,0
110	0,0	610	11,0
120	0,0	620	11,0
130	0,1	630	10,9
140	0,2	640	10,8
150	0,3	650	10,7
160	0,4	660	10,6
170	0,5	670	10,5
180	0,7	680	10,3
190	0,9	690	10,1
200	1,0	700	10,0
210	1,2	710	9,8
220	1,5	720	9,5
230	1,7	730	9,3
240	2,0	740	9,0
250	2,3	750	8,7
260	2,6	760	8,4
270	2,9	770	8,1
280	3,2	780	7,8
290	3,5	790	7,5
300	3,8	800	7,2
310	4,1	810	6,9
320	4,5	820	6,5
330	4,8	830	6,2
340	5,2	840	5,8
350	5,5	850	5,5
360	5,9	860	5,1
370	6,2	870	4,8
380	6,6	880	4,4
390	6,9	890	4,1
400	7,2	900	3,8
410	7,5	910	3,5
420	7,9	920	3,1
430	8,2	930	2,8
440	8,5	940	2,5
450	8,8	950	2,2
460	9,0	960	2,0
470	9,3	970	1,7
480	9,5	980	1,5
490	9,8	990	1,2
500	10,0	1000	1,0

Constante ajoutée...... 5",5.

TABLE XLIV.

Arg. VI de la Longit.

Argum.	Équation.
0	0"0
1000	1,1
2000	2,1
3000	2,9
4000	3,2
5000	2,9
6000	2,1
7000	1,1
8000	0,3
9000	0,0
10000	0,3

Constante... 1",6.

TABLE XLV.

Arg. XIV de la Long.

Argum.	Équation.
0	0"4
100	1,5
200	2,7
300	3,8
400	4,2
500	3,8
600	2,7
700	1,5
800	0,4
900	0,0
1000	0,4

Constante... 2",1.

TABLE XLVI. Argument XVIII.

Degrés.	Réduction à l'écliptique. 0° ou 200°.	Logarithmes du cosinus de la latit. héliocentrique.	Degrés.	Degrés.	Réduction à l'écliptique. 50° ou 250°.	Logarithmes du cosinus de la latit. héliocentrique.	Degrés.
0	— 0′ 00″ 0	0,0000000	200	50	— 3′ 01″ 9	9,9997917	150
1	9,5	9,9999999	199	51	3.01,8	9,9997872	149
2	18,9	9,9999996	198	52	3.01,3	9,9997808	148
3	28,4	9,9999991	197	53	3.00,6	9,9997743	147
4	37,8	9,9999984	196	54	2.99,5	9,9997678	146
5	47,2	9,9999975	195	55	2.98,4	9,9997614	145
6	56,6	9,9999964	194	56	2.96,6	9,9997550	144
7	65,9	9,9999950	193	57	2.94,7	9,9997488	143
8	75,1	9,9999935	192	58	2.92,4	9,9997424	142
9	84,2	9,9999918	191	59	2.89,9	9,9997361	141
10	93,3	9,9999899	190	60	2.87,2	9,9997299	140
11	1.02,3	9,9999878	189	61	2.84,1	9,9997239	139
12	1.11,2	9,9999855	188	62	2.80,7	9,9997177	138
13	1.19,9	9,9999830	187	63	2.77,1	9,9997118	137
14	1.28,6	9,9999803	186	64	2.73,2	9,9997059	136
15	1.37,1	9,9999755	185	65	2.69,1	9,9997001	135
16	1.45,5	9,9999745	184	66	2.64,6	9,9996943	134
17	1.53,7	9,9999713	183	67	2.59,9	9,9996886	133
18	1.61,8	9,9999679	182	68	2.54,9	9,9996831	132
19	1.69,7	9,9999643	181	69	2.49,7	9,9996777	131
20	1.77,5	9,9999606	180	70	2.44,3	9,9996724	130
21	1.85,1	9,9999567	179	71	2.38,6	9,9996672	129
22	1.92,5	9,9999527	178	72	2.32,6	9,9996622	128
23	1.99,7	9,9999484	177	73	2.26,5	9,9996572	127
24	2.06,7	9,9999441	176	74	2.20,1	9,9996524	126
25	2.13,5	9,9999395	175	75	2.13,5	9,9996478	125
26	2.20,1	9,9999349	174	76	2.06,7	9,9996433	124
27	2.26,5	9,9999301	173	77	1.99,7	9,9996389	123
28	2.32,5	9,9999250	172	78	1.92,5	9,9996346	122
29	2.38,6	9,9999201	171	79	1.85,1	9,9996306	121
30	2.44,3	9,9999150	170	80	1.77,5	9,9996268	120
31	2.49,7	9,9999097	169	81	1.69,7	9,9996230	119
32	2.54,9	9,9999043	168	82	1.61,8	9,9996194	118
33	2.59,9	9,9998987	167	83	1.53,7	9,9996160	117
34	2.64,6	9,9998931	166	84	1.45,5	9,9996128	116
35	2.69,1	9,9998876	165	85	1.37,1	9,9996098	115
36	2.73,2	9,9998816	164	86	1.28,6	9,9996069	114
37	2.77,1	9,9998757	163	87	1.19,9	9,9996043	113
38	2.80,7	9,9998697	162	88	1.11,2	9,9996018	112
39	2.84,1	9,9998636	161	89	1.02,3	9,9995995	111
40	2.87,2	9,9998575	160	90	93,3	9,9995974	110
41	2.89,9	9,9998513	159	91	84,2	9,9995955	109
42	2.92,4	9,9998450	158	92	75,1	9,9995938	108
43	2.94,7	9,9998388	157	93	65,9	9,9995922	107
44	2.96,6	9,9998324	156	94	56,6	9,9995909	106
45	2.98,4	9,9998260	155	95	47,2	9,9995898	105
46	2.99,5	9,9998196	154	96	37,8	9,9995890	104
47	3.00,6	9,9998131	153	97	28,4	9,9995882	103
48	3.01,3	9,9998067	152	98	18,9	9,9995877	102
49	3.01,8	9,9998001	151	99	9,5	9,9995874	101
50	3.01,9 +	9,9997937	150	100	0,0 +	9,9995873	100
D	150° ou 350°		D	D	100° ou 300°.		D

TABLES
D'URANUS.

TABLE I. ÉPOQUES DES MOYENS

Ces Époques sont pour le Minuit moyen qui sépare

Années.	Longitude moyenne.	Périhélie.	Nœud.	Argum. II.	Argum. III.	Argum. IV.
1780.B	97°25′36″3	185°79′43″	81°01′16″	419	1752	298
1781	102.03.98,9	185.81.05	81.01.60	441	1853	370
1782	106.81.30,8	185.82.67	81.02.04	463	1955	442
1783	111.58.62,6	185.84.29	81.02.48	485	2056	515
1784.B	116.35.94,4	185.85.91	81.02.91	507	2158	587
1785	121.14.57,1	185.87.53	81.03.35	529	2259	660
1786	125.91.88,9	185.89.15	81.03.79	551	2361	732
1787	130.69.20,7	185.90.77	81.04.22	573	2462	804
1788.B	135.46.52,6	185.92.39	81.04.66	595	2564	877
1789	140.25.15,2	185.94.01	81.05.10	617	2665	949
1790	145.02.47,1	185.95.63	81.05.54	639	2766	022
1791	149.79.78,9	185.97.25	81.05.97	662	2868	094
1792.B	154.57.10,8	185.98.88	81.06.41	684	2969	166
1793	159.35.73,4	186.00.49	81.06.85	706	3071	239
1794	164.13.05,2	186.02.12	81.07.28	728	3172	311
1795	168.90.37,1	186.03.74	81.07.72	750	3274	384
1796.B	173.67.68,9	186.05.36	81.08.16	772	3375	456
1797	178.46.31,5	186.06.98	81.08.60	794	3477	528
1798	183.23.63,4	186.08.60	81.09.03	816	3578	601
1799	188.00.95,2	186.10.22	81.09.47	838	3679	673
1800.C	192.78.27,1	186.11.84	81.09.91	860	3781	746
1801	197.55.58,9	186.13.46	81.10.35	882	3882	818
1802	202.32.90,8	186.15.08	81.10.78	904	3984	890
1803	207.10.22,6	186.16.70	81.11.22	926	4085	963
1804.B	211.87.54,5	186.18.32	81.11.66	948	4187	035
1805	216.66.17,1	186.19.94	81.12.09	970	4288	108
1806	221.43.48,9	186.21.56	81.12.53	992	4389	180
1807	226.20.80,8	186.23.18	81.12.97	014	4491	252
1808.B	230.98.12,6	186.24.80	81.13.40	036	4592	325
1809	235.76.75,2	186.26.42	81.13.84	058	4694	397

MOUVEMENS D'URANUS.

31 Décembre et le premier Janvier de chaque année.

Années.	Argument V.	Argument VI.	Argument VII.	Argument VIII.	Argument IX.	Argument X.	Argument XI.	Argument XII.
1780	054	594	663	839	541	107	082	013
1781	114	627	697	996	626	115	138	068
1782	175	659	731	152	710	123	194	122
1783	235	691	765	309	794	132	250	176
1784	296	723	799	466	879	140	306	231
1785	356	755	833	622	963	149	362	285
1786	417	788	867	779	047	157	418	339
1787	477	820	901	936	132	165	474	394
1788	538	852	935	093	216	174	530	448
1789	598	884	969	249	300	182	586	502
1790	659	916	003	406	384	191	642	556
1791	719	948	037	563	469	199	698	610
1792	780	981	071	719	553	207	754	665
1793	840	013	104	876	637	216	810	719
1794	901	045	138	033	722	224	866	773
1795	961	077	172	190	806	233	922	827
1796	022	109	206	346	890	241	978	882
1797	082	142	240	502	975	249	034	936
1798	143	174	274	660	059	258	090	990
1799	203	206	308	810	143	266	146	044
1800	264	238	342	973	227	275	202	098
1801	324	270	376	130	312	283	258	153
1802	385	303	410	286	396	291	314	207
1803	445	335	444	443	480	300	370	261
1804	506	367	478	600	565	308	426	315
1805	566	399	512	756	649	317	482	370
1806	627	431	546	913	733	325	538	424
1807	687	464	580	070	818	333	594	478
1808	748	496	614	227	902	341	650	532
1809	808	528	647	383	986	350	706	587

Années.	Longitude moyenne.	Périhélie.	Nœud.	Argument II.	Argument III.	Argument IV.
1810	240° 54′ 07″ 1	186° 28′ 04″	81° 14′ 28″	080	4795	470
1811	245.31.38,9	186.29.66	81.14.72	102	4897	542
1812.B	250.08.70,8	186.31.28	81.15.15	124	4998	614
1813	254.87.33,4	186.32.90	81.15.59	146	5100	687
1814	259.64.65,2	186.34.52	81.16.03	169	5201	759
1815	264.41.97,1	186.36.14	81.16.47	191	5302	832
1816.B	269.19.28,9	186.37.76	81.16.90	213	5404	904
1817	273.97.91,5	186.39.38	81.17.34	235	5505	976
1818	278.75.23,4	186.41.01	81.17.78	257	5607	049
1819	283.52.55,2	186.42.63	81.18.21	279	5708	121
1820.B	288.29.87,1	186.44.25	81.18.65	301	5810	194
1821	293.08.49,7	186.45.87	81.19.09	323	5911	266
1822	297.85.81,5	186.47.49	81.19.53	345	6013	338
1823	302.63.13,4	186.49.11	81.19.96	367	6114	411
1824.B	307.40.45,2	186.50.73	81.20.40	389	6215	483
1825	312.19.07,9	186.52.35	81.20.84	411	6317	556
1826	316.96.39,7	186.53.97	81.21.28	433	6418	628
1827	321.73.71,6	186.55.59	81.21.71	455	6520	700
1828.B	326.51.03,4	186.57.21	81.22.15	477	6621	773
1829	331.29.66,0	186.58.83	81.22.58	499	6723	845
1830	336.06.97,9	186.60.45	81.23.01	521	6825	918
1831	340.84.29,7	186.62.07	81.23.45	543	6926	990
1832.B	345.61.61,6	186.63.69	81.23.89	566	7028	062
1833	350.40.24,2	186.65.31	81.24.33	588	7129	135
1834	355.17.56,0	186.66.93	81.24.76	610	7231	207
1835	359.94.87,8	186.68.55	81.25.20	632	7332	280
1836.B	364.72.19,7	186.70.17	81.25.64	654	7434	352
1837	369.50.82,3	186.71.79	81.26.07	676	7536	424
1838	374.28.14,2	186.73.41	81.26.51	698	7637	497
1839	379.05.46,0	186.75.03	81.26.95	720	7739	569
1840.B	383.82.77,9	186.76.65	81.27.39	742	7841	642
1841	388.61.40,5	186.78.27	81.27.82	764	7943	714
1842	393.38.72,3	186.79.89	81.28.26	786	8045	786
1843	398.16.04,2	186.81.51	81.28.70	808	8147	859
1844.B	2.93.36,0	186.83.13	81.29.13	830	8248	931
1845	7.71.98,6	186.84.76	81.29.57	852	8349	004
1846	12.49.30,5	186.86.38	81.30.01	874	8450	076
1847	17.26.62,3	186.88.00	81.30.45	896	8552	148
1848.B	22.03.94,2	186.89.62	81.30.88	918	8653	221
1849	26.82.56,8	186.91.24	81.31.32	940	8755	293
1850	31.59.88,6	186.92.86	81.31.76	962	8856	365
1851	36.37.20,5	186.94.48	81.32.19	985	8958	438
1852.B	41.14.52,3	186.96.10	81.32.63	007	9060	510
1853	45.93.15,0	186.97.72	81.33.07	029	9161	583
1854	50.70.46,8	186.99.34	81.33.51	051	9262	655

Années.	Argument V.	Argument VI.	Argument VII.	Argument VIII.	Argument IX.	Argument X.	Argument XI.	Argument XII.
1810	869	560	681	540	070	359	762	641
1811	929	592	715	697	155	367	818	695
1812	990	625	749	853	239	375	874	749
1813	050	657	783	010	323	384	930	804
1814	111	689	817	167	408	392	986	858
1815	171	721	851	324	492	401	042	912
1816	232	753	885	480	576	409	098	966
1817	292	786	919	637	661	417	154	021
1818	353	818	953	794	745	426	210	075
1819	413	850	987	950	829	434	266	129
1820	474	882	021	107	913	443	320	183
1821	534	914	055	264	998	451	378	238
1822	595	947	089	420	082	459	434	292
1823	655	979	123	577	166	468	490	346
1824	716	011	157	734	251	476	546	400
1825	776	043	191	891	335	485	602	455
1826	837	075	225	047	420	493	658	509
1827	897	108	259	204	504	501	714	563
1828	958	140	292	361	588	510	770	617
1829	018	172	326	517	673	518	826	672
1830	079	204	360	674	757	527	882	726
1831	139	236	394	835	841	535	938	780
1832	200	269	428	987	925	543	994	834
1833	260	301	462	144	010	552	050	889
1834	321	333	496	301	094	560	106	943
1835	381	365	530	458	178	569	162	997
1836	442	397	564	614	263	577	218	051
1837	502	429	598	771	347	585	274	106
1838	563	462	632	928	431	594	330	160
1839	623	494	666	084	516	602	386	214
1840	684	526	700	241	600	611	442	268
1841	744	558	734	398	684	619	498	323
1842	805	590	768	554	768	627	554	377
1843	865	623	802	711	853	636	610	431
1844	926	655	836	868	937	644	666	485
1845	986	687	870	024	021	653	722	539
1846	047	719	904	181	106	661	778	594
1847	107	751	938	338	190	669	834	648
1848	168	784	971	495	270	678	890	702
1849	228	816	005	651	359	686	946	756
1850	289	848	039	808	443	695	002	811
1851	349	880	073	965	527	703	058	865
1852	410	912	107	121	611	711	114	919
1853	470	945	141	278	696	720	170	973
1854	531	977	175	435	780	728	226	028

Années.	Longitude moyenne.	Périhélie.	Nœud.	Argument II.	Argument III.	Argument IV.
1855	55°47′78″6	187°00′96″	81°33′94″	073	9364	728
1856.B	60.25.10,5	187.02.58	81.34.38	095	9466	800
1857	65.03.73,1	187.04.20	81.34.82	117	9568	872
1858	69.81.05,0	187.05.82	81.35.26	139	9669	945
1859	74.58.36,8	187.07.44	81.35.69	161	9771	017
1860.B	79.35.68,6	187.09.06	81.36.13	183	9872	090
1861	84.14.31,3	187.10.68	81.36.57	205	9974	162
1862	88.91.63,1	187.12.30	81.37.00	227	0076	234
1863	93.68.95,0	187.13.92	81.37.44	249	0177	307
1864.B	98.46.26,8	187.15.54	81.37.89	271	0279	379
1865	103.24.89,4	187.17.16	81.38.32	293	0380	452
1866	108.02.21,3	187.18.78	81.38.75	315	0482	524
1867	112.79.53,1	187.20.40	81.39.19	337	0584	596
1868.B	117.56.85,0	187.22.02	81.39.63	359	0685	669
1869	122.35.47,5	187.23.64	81.40.06	381	0787	741
1870	127.12.79,4	187.25.26	81.40.50	403	0888	814
1871	131.90.11,3	187.26.89	81.40.94	425	0990	886
1872.B	136.67.43,1	187.28.51	81.41.38	447	1092	958
1873	141.46.05,7	187.30.13	81.41.81	470	1193	031
1874	146.23.37,6	187.31.75	81.42.25	492	1295	103
1875	151.00.69,4	187.33.37	81.42.69	514	1396	176
1876.B	155.78.01,3	187.34.99	81.43.12	536	1498	248
1877	160.56.63,9	187.36.61	81.43.56	558	1600	320
1878	165.33.95,7	187.38.23	81.44.00	580	1701	393
1879	170.11.27,6	187.39.85	81.44.44	602	1803	465
1880.B	174.88.59,4	187.41.47	81.44.87	624	1905	538
1881	179.67.22,0	187.43.09	81.45.31	646	2006	610
1882	184.44.53,9	187.44.71	81.45.75	668	2007	682
1883	189.21.85,7	187.46.33	81.46.19	690	2209	755
1884.B	193.99.17,6	187.47.95	81.46.62	712	2310	827
1885	198.77.80,2	187.49.57	81.47.06	734	2412	900
1886	203.55.12,0	187.51.19	81.47.50	756	2513	972
1887	208.32.43,9	187.52.81	81.47.93	778	2615	044
1888.B	213.09.75,7	187.84.43	81.48.37	800	2717	117
1889	217.88.38,4	187.56.05	81.48.81	822	2818	189
1890	222.65.70,1	187.57.67	81.49.25	844	2920	262
1891	227.43.01,9	187.59.29	81.49.68	866	3021	334
1892.B	232.20.33,8	187.60.91	81.50.12	889	3123	406
1893	236.98.96,4	187.62.53	81.50.56	911	3225	479
1894	241.76.28,3	187.64.15	81.50.99	933	3326	551
1895	246.53.60,1	187.65.77	81.51.43	955	3427	624
1896.B	251.30.91,9	187.67.39	81.51.87	977	3529	696
1897	256.09.54,6	187.69.01	81.52.31	999	3631	766
1898	260.86.86,4	187.70.64	81.52.74	021	3732	841
1899	265.64.18,2	187.72.26	81.53.18	043	3834	913
1900.C	270.41.50,1	187.73.88	81.53.62	065	3936	986

Années.	Argument V.	Argument VI.	Argument VII.	Argument VIII.	Argument IX.	Argument X.	Argument XI.	Argument XII.
1855	591	009	209	592	864	737	282	082
1856	652	041	243	748	948	745	338	136
1857	712	073	277	905	033	753	394	190
1858	773	106	311	062	117	762	450	245
1859	833	138	345	218	201	770	506	299
1860	894	170	379	375	286	778	562	353
1861	954	202	413	532	370	787	618	407
1862	015	234	447	688	454	795	674	462
1863	075	267	481	845	539	804	730	516
1864	136	299	515	002	633	812	786	570
1865	196	331	549	159	707	821	842	624
1866	257	363	583	315	792	829	898	679
1867	317	395	616	472	876	837	954	733
1868	378	428	650	629	960	846	010	784
1869	438	460	684	785	044	854	066	841
1870	499	492	718	942	129	863	122	896
1871	559	524	752	099	213	871	178	950
1872	620	556	786	255	297	879	234	004
1873	680	589	820	412	382	888	290	058
1874	741	621	854	569	466	896	346	113
1875	801	653	888	726	550	905	402	167
1876	862	685	922	882	635	913	458	221
1877	922	717	956	039	719	921	514	275
1878	983	750	990	196	803	930	570	329
1879	043	782	024	352	888	938	626	384
1880	104	814	058	509	972	946	682	438
1881	164	846	092	666	056	955	738	492
1882	225	878	126	822	140	964	794	546
1883	285	911	160	979	225	972	850	601
1884	346	943	194	136	309	980	906	655
1885	406	975	227	293	393	988	962	709
1886	467	007	262	449	478	997	018	763
1887	527	039	295	606	562	005	074	818
1888	588	071	329	763	646	014	130	872
1889	648	104	363	919	731	022	186	926
1890	709	136	397	076	815	030	242	980
1891	769	168	431	233	899	039	298	035
1892	830	200	465	389	983	047	354	089
1893	890	232	499	546	068	056	410	143
1894	951	265	533	703	152	064	466	197
1895	011	297	567	860	236	072	522	251
1896	072	329	601	016	321	081	578	306
1897	132	361	635	173	405	089	634	360
1898	193	393	669	330	489	098	690	414
1899	253	426	703	486	574	106	746	468
1900	314	458	737	643	658	114	802	523

TABLE II.

Mouvemens moyens d'Uranus, pour les siècles passés et futurs, ou Table de ce qu'il faut ajouter aux époques du 19e siècle, c'est-à-dire aux époques de la Table Ire, depuis 1801 jusqu'à 1900 inclusivement, pour avoir celles des années correspondantes dans les autres siècles.

Années.	Longitude moyenne.	Longitude du Périhélie.	Longitude du Nœud.	Argument II.	Argument III.
— 200	244°73′32″5	396°75′92″	399°12′56″	591	9714
— 100	322.36.66,3	398.37.96	399.56.28	796	9857
+ 100	77.63.33,7	1.62.04	0.43.72	205	0143
+ 200	155.27.98,2	3.24.08	0.87.44	409	0286
+ 300	232.91.32,0	4.86.11	1.31.16	614	0429
+ 400	310.55.96,5	6.48.16	1.74.88	818	0572

Années.	Argum. IV.	Argum. V.	Argum. VI.	Argum. VII.	Argum. VIII.	Argum. IX.	Argum. X.	Argum. XI.	Argum. XII.
— 200	519	900	562	211	659	139	323	801	153
— 100	760	950	781	605	330	570	162	401	577
+ 100	240	050	219	395	670	431	834	599	423
+ 200	481	100	438	789	341	861	677	199	847
+ 300	721	150	657	184	011	292	515	798	270
+ 400	962	200	876	578	682	722	354	398	694

TABLE III.

Moyens mouvemens d'Uranus pour les mois.

Années communes.														
Mois.	Longitude moyenne.	Périh.	N.	Arg. II.	Arg. III.	Arg. IV.	Arg. V.	Arg. VI.	Arg. VII.	Arg. VIII.	Arg. IX.	Arg. X.	Arg. XI.	Arg. XII.
Janvier. .	0°00′00″0	0″0	0″0	0	0	0	0	0	0	0	0	0	0	0
Février. .	0.40.53,9	13,8	3,7	2	8	6	5	3	3	13	7	1	5	5
Mars. . . .	0.77.15,5	26,3	7,1	4	16	12	10	5	5	25	14	1	9	9
Avril. . . .	1.17.69,5	39,7	10,8	6	25	18	15	8	8	38	21	2	14	14
Mai.	1.56.92,6	53,1	14,2	8	33	24	20	11	11	51	28	3	18	18
Juin.	1.97.46,6	66,9	17,9	10	42	30	25	13	14	64	35	3	23	23
Juillet. . .	2.36.69,7	80,3	21,4	12	50	36	30	16	17	77	42	4	29	28
Aout. . . .	2.77.23,7	94,1	25,1	14	59	42	35	19	20	90	49	5	34	33
Septemb.	3.17.77,6	1.07,9	28,8	16	67	48	40	22	23	103	56	6	38	37
Octobre.	3.57.00,7	1.21,3	32,5	18	75	54	45	25	26	116	63	7	43	42
Novemb.	3.97.54,7	1.35,0	36,2	19	83	60	50	28	28	129	70	7	47	46
Décemb..	4.36.77,8	1.48,3	39,9	21	92	66	55	30	31	142	77	8	51	50
Années bissextiles.														
Janvier. .	0.00.00,0	0,0	0,0	0	0	0	0	0	0	0	0	0	0	0
Février. .	0.40.53,9	13,8	3,7	2	8	6	5	3	3	13	7	1	5	5
Mars. . . .	0.78.46,3	26,3	7,2	4	16	12	10	5	5	25	14	1	9	9
Avril. . . .	1.99.00,2	40,1	10,9	6	25	18	15	8	8	38	21	2	14	14
Mai.	1.58.23,4	53,5	14,3	8	33	24	20	11	11	51	28	3	18	18
Juin. . . .	1.98.77,3	67,3	18,0	10	42	30	25	13	14	64	35	3	23	22
Juillet. . .	2.38.00,5	80,7	21,5	12	51	36	30	16	17	76	42	4	29	29
Août. . . .	2.78.54,4	94,5	25,2	14	59	42	35	19	20	90	49	5	34	33
Septemb.	3.19.08,4	1.08,3	28,9	16	67	48	40	22	23	103	56	6	38	37
Octobre.	3.58.31,5	1.21,7	32,6	18	75	54	45	25	26	116	63	7	43	42
Novemb.	3.98.85,4	1.35,4	36,3	19	83	60	50	28	28	129	70	7	47	46
Décemb..	4.38.09,[illegible]	1.48,7	40,0	21	92	66	55	30	31	142	77	8	51	50

TABLE IV.

Moyens mouvemens d'Uranus pour les jours.

Jours.	Longitude moyenne.	Périh.	Nœud	Arg. II.	Arg. III.	Arg. IV.	Arg. V.	Arg. VI.	Arg. VII.	Arg. VIII.	Arg. IX.	Arg. X.	Arg. XI.	Arg. XII.
1	0°00′00″0	0″0	0″0	0	0	0	0	0	0	0	0	0	0	0
2	0.01.30,8	0,4	0,1	0	0	0	0	0	0	0	0	0	0	0
3	0.02.61,5	0,9	0,2	0	0	0	0	0	0	1	0	0	0	0
4	0.03.92,3	1,3	0,3	0	1	0	0	0	0	1	1	0	0	0
5	0.05.23,1	1,8	0,4	0	1	0	0	0	0	2	1	0	0	0
6	0.06.53,9	2,2	0,5	0	1	1	1	0	0	2	1	0	1	1
7	0.07.84,6	2,7	0,7	0	2	1	1	0	0	3	2	0	1	1
8	0.09.15,4	3,1	0,8	0	2	1	1	0	0	3	2	0	1	1
9	0.10.46,2	3,6	0,9	0	2	1	1	1	1	3	2	0	1	1
10	0.11.76,9	4,0	1,0	1	2	2	1	1	1	4	2	0	1	1
11	0.13.07,7	4,4	1,1	1	3	2	2	1	1	4	2	0	1	1
12	0.14.38,5	4,9	1,2	1	3	2	2	1	1	5	2	0	2	2
13	0.15.69,3	5,3	1,3	1	3	2	2	1	1	5	3	0	2	2
14	0.17.00,0	5,8	1,5	1	3	3	2	1	1	5	3	0	2	2
15	0.18.30,8	6,2	1,6	1	4	3	2	1	1	6	3	0	2	2
16	0.19.61,6	6,7	1,7	1	4	3	3	2	2	6	3	0	2	2
17	0.20.92,4	7,1	1,8	1	4	3	3	2	2	7	4	0	3	3
18	0.22.23,1	7,6	1,9	1	4	4	3	2	2	7	4	0	3	3
19	0.23.53,9	8,0	2,0	1	5	4	3	2	2	8	4	0	3	3
20	0.24.84,7	8,4	2,1	2	5	4	3	2	2	8	5	0	3	3
21	0.26.15,4	8,9	2,2	2	5	4	4	2	2	9	5	1	3	3
22	0.27.46,2	9,3	2,4	2	5	5	4	2	2	9	5	1	4	4
23	0.28.77,0	9,8	2,5	2	6	5	4	2	2	10	6	1	4	4
24	0.30.07,8	10,2	2,6	2	6	5	4	3	3	10	6	1	4	4
25	0.31.38,5	10,7	2,7	2	6	5	4	3	3	10	6	1	4	4
26	0.32.69,3	11,1	2,8	2	7	6	5	3	3	11	6	1	4	4
27	0.34.00,1	11,5	2,9	2	7	6	5	3	3	11	7	1	5	5
28	0.35.30,8	12,0	3,0	2	7	6	5	3	3	12	7	1	5	5
29	0.36.61,6	12,4	3,1	2	8	6	5	3	3	12	7	1	5	5
30	0.37.92,4	12,9	3,2	2	8	6	5	3	3	13	7	1	5	5
31	0.39.23,2	13,0	3,3	2	8	6	5	3	3	13	7	1	5	5

TABLE V. Moyens mouvemens d'Uranus pour les heures.

Heures.	Longitude.	Périhélie.	Nœud.
1	13″1	0	0
2	26,2	0	0
3	39,2	0	0
4	52,3	0	0
5	65,4	0	0
6	78,5	0	0
7	91,5	0	0
8	104,6	0	0
9	117,7	0	0
10	130,8	0	0

TABLE VI. Moyens mouvemens pour les minutes et les secondes.

Minutes.	Longitude.	Minutes.	Longitude.	Minutes.	Longitude.	Minutes.	Longitude.
1	0″1	26	3″4	51	6″7	76	9″9
2	0,3	27	3,5	52	6,8	77	10,1
3	0,4	28	3,7	53	6,9	78	10,2
4	0,5	29	3,8	54	7,1	79	10,3
5	0,7	30	3,9	55	7,2	80	10,5
6	0,8	31	4,1	56	7,3	81	10,6
7	0,9	32	4,2	57	7,4	82	10,7
8	1,1	33	4,3	58	7,6	83	10,8
9	1,2	34	4,5	59	7,7	84	11,0
10	1,3	35	4,6	60	7,8	85	11,1
11	1,4	36	4,7	61	8,0	86	11,2
12	1,6	37	4,9	62	8,1	87	11,4
13	1,7	38	5,0	63	8,2	88	11,5
14	1,9	39	5,1	64	8,4	89	11,6
15	2,0	40	5,2	65	8,5	90	11,8
16	2,1	41	5,4	66	8,6	91	11,9
17	2,3	42	5,5	67	8,8	92	12,0
18	2,4	43	5,6	68	8,9	93	12,2
19	2,5	44	5,8	69	9,0	94	12,3
20	2,6	45	5,9	70	9,1	95	12,4
21	2,8	46	6,0	71	9,3	96	12,6
22	2,9	47	6,1	72	9,4	97	12,7
23	3,0	48	6,3	73	9,5	98	12,8
24	3,1	49	6,4	74	9,7	99	12,9
25	3,3	50	6,5	75	9,8	100	13,1

TABLE VII. Corrections des parties proportionnelles.

Différenc. secondes.	Années.				
	1.	2.	3.	4.	5.
	9.	8.	7.	6.	5.
1	— 0″0	— 0″1	— 0″1	— 0″1	— 0″1
2	0,1	0,2	0,2	0,2	0,3
3	0,1	0,2	0,3	0,4	0,4
4	0,2	0,3	0,4	0,5	0,5
5	0,2	0,4	0,5	0,6	0,6
6	0,3	0,5	0,6	0,7	0,8
7	0,3	0,6	0,7	0,8	0,9
8	0,4	0,6	0,8	1,0	1,0
9	0,4	0,7	0,9	1,1	1,1
10	0,5	0,8	1,1	1,2	1,3
11	0,5	0,9	1,2	1,3	1,4
12	0,5	1,0	1,3	1,4	1,5
13	0,6	1,0	1,4	1,6	1,6
14	0,6	1,1	1,5	1,7	1,8
15	0,7	1,2	1,6	1,8	1,9
16	0,7	1,3	1,7	1,9	2,0
17	0,8	1,4	1,8	2,0	2,1
18	0,8	1,4	1,9	2,2	2,3
19	0,9	1,5	2,0	2,3	2,4
20	0,9	1,6	2,1	2,5	2,6

TABLE VIII. Parties decimales de l'année, de dix en dix jours.

Jours.	Décimal.	Jours.	Décimal.
1 Janvier..	0,00	9 Juillet...	0,52
10.........	0,03	19.........	0,55
20.........	0,05	29.........	0,58
30.........	0,08	8 Août....	0,60
9 Février..	0,11	18.........	0,63
19.........	0,14	28.........	0,66
1 Mars....	0,16	7 Septemb.	0,68
11.........	0,19	17.........	0,71
21.........	0,22	27.........	0,74
31.........	0,25	7 Octobre..	0,77
10 Avril....	0,27	17.........	0,79
20.........	0,30	27.........	0,82
30.........	0,33	6 Novemb..	0,85
10 Mai.....	0,36	16.........	0,88
20.........	0,38	26.........	0,90
30.........	0,41	6 Décemb..	0,93
9 Juin....	0,44	16.........	0,96
19.........	0,47	26.........	0,99
29.........	0,49	31.........	1,00

TABLE IX.

Grande inégalité d'Uranus, avec la correction des Argumens des autres inégalités.

Années	Équation.	Differ.	Arg. II.	Arg. III.	Arg. IV.	Arg. V.	Arg. VI.	Arg. VII.	Arg. VIII.	Arg. IX.	Arg. X.	Arg. XI.	Arg. XII.
1680	+ 3′ 19″4	+ 23″6	−2	−19	+1	+0	−4	−2	+1	+1	−3	−3	−5
1690	3.43,0	19,4	2	20	1	1	4	2	1	1	3	3	5
1700	3.62,4	15,1	2	21	1	1	4	2	1	1	3	3	5
1710	3.77,5	10,5	2	21	1	1	4	2	1	1	3	4	5
1720	3.88,0	5,8	2	22	1	1	4	2	1	1	4	4	6
1730	3.93,8	+ 1,0	−2	−23	1	1	−5	−2	1	1	−4	−4	−6
1740	3.94,8	− 3,6	2	23	1	1	5	2	1	1	4	4	6
1750	3.91,2	8,4	2	24	1	1	5	2	2	1	4	4	7
1760	3.82,8	13,0	2	24	1	1	5	2	2	1	4	4	7
1770	3.69,8	17,4	2	24	1	1	5	2	2	1	4	4	7
1780	3.52,4	21,5	−2	−24	1	1	−5	−2	2	1	−4	−4	−7
1790	3.30,9	25,4	2	24	1	1	5	2	2	1	4	4	7
1800	3.05,3	29,0	2	24	1	1	5	2	2	1	4	4	7
1810	2.76,3	32,3	2	23	1	1	5	2	2	1	4	4	7
1820	2.44,0	35,2	2	23	1	1	5	2	2	1	4	4	7
1830	2.08,8	37,6	−2	−22	1	1	−5	−2	2	1	−4	−4	−7
1840	1.71,2	39,6	2	22	1	1	4	2	2	1	4	4	6
1850	1.31,6	41,1	2	21	1	1	4	2	2	1	4	4	6
1860	90,5	42,1	2	20	1	1	4	2	2	1	4	3	6
1870	48,4	42,5	2	19	1	1	4	2	2	1	3	3	6
1880	+ 5,9	42,6	−2	−18	1	1	−3	−2	2	1	−3	−3	−5
1890	− 36,7	42,0	2	17	1	1	3	2	1	1	3	3	5
1900	78,7		2	15	1	1	3	2	1	1	3	3	5

TABLE X.

Équation du centre d'Uranus pour 1800, avec la Variation séculaire.

Argument I. (Longitude corrigée. — Périhélie.) ou Anomalie moyenne.

Deg.	Équation.	Différences premières.	Différences secondes.	Variation séculaire.	Deg.	Équation.	Différences premières.	Différences secondes.	Variation séculaire.
0	399°92′82″5	+ 9′91″2		− 0″0	50	4°30′79″8	+ 6′51″3		− 24″4
1	0.02.73,7	9.90,9	− 0″3	0,6	51	4.37.31,1	6.39,0	− 12″3	24,8
2	0.12.64,6	9.90,4	0,5	1,1	52	4.43.70,1	6.26,4	12,6	25,1
3	0.22.55,0	9.89,6	0,8	1,7	53	4.49.96,5	6.13,8	12,6	25,4
4	0.32.44,6	9.88,3	1,2	2,2	54	4.56.10,3	6.01,1	12,7	25,8
5	0.42.32,9	9.86,9	1,4	2,8	55	4.62.11,4	5.88,2	12,9	26,1
6	0.52.19,8	9.85,2	1,7	3,4	56	4.67.99,6	5.75,1	13,1	26,4
7	0.62.05,9	9.83,0	2,2	3,9	57	4.73.74,7	5.61,9	13,2	26,7
8	0.71.88,0	9.80,7	2,3	4,5	58	4.79.36,6	5.48,7	13,2	27,0
9	0.81.68,7	9.78,2	2,5	5,0	59	4.84.85,3	5.35,2	13,5	27,3
10	0.91.46,9	9.75,2	3,0	5,6	60	4.90.20,5	5.21,7	13,5	27,5
11	1.01.22,1	9.72,0	3,2	6,1	61	4.95.42,2	5.08,0	13,7	27,8
12	1.10.94,1	9.68,7	3,3	6,7	62	5.00.50,2	4.94,3	13,7	28,1
13	1.20.62,8	9.64,8	3,9	7,2	63	5.05.44,5	4.80,5	13,8	28,4
14	1.30.27,6	9.60,8	4,0	7,8	64	5.10.25,0	4.66,6	13,9	28,6
15	1.39.28,4	9.56,5	4,3	8,3	65	5.14.91,6	4.52,4	14,2	28,9
16	1.49.44,9	9.51,9	4,6	8,8	66	5.19.44,0	4.38,4	14,0	29,1
17	1.58.96,8	9.47,0	4,9	9,4	67	5.23.82,4	4.24,3	14,1	29,3
18	1.68.43,8	9.41,8	5,2	9,9	68	5.28.06,7	4.10,0	14,3	29,5
19	1.77.85,7	9.36,5	5,3	10,4	69	5.32.16,7	3.95,5	14,5	29,7
20	1.87.22,2	9.31,8	5,7	11,0	70	5.36.12,2	3.81,2	14,3	29,9
21	1.96.53,0	9.24,9	5,9	11,5	71	5.39.93,4	3.66,7	14,5	30,1
22	2.05.77,9	9.18,7	6,1	12,0	72	5.43.60,1	3.52,2	14,5	30,3
23	2.14.96,6	9.12,2	6,5	12,5	73	5.47.12,3	3.37,6	14,6	30,5
24	2.24.08,8	9.05,5	6,7	13,0	74	5.50.49,9	3.23,0	14,6	30,6
25	2.35.14,3	8.98,5	7,0	13,5	75	6.53.72,9	3.08,3	14,7	31,8
26	2.42.12,8	8.91,3	7,2	14,0	76	5.55.81,2	2.93,5	14,8	31,0
27	2.51.04,1	8.83,8	7,5	14,5	77	5.59.74,7	2.78,8	14,7	31,1
28	2.59.87,9	8.76,1	7,7	15,0	78	5.62.53,5	2.64,1	14,7	31,2
29	2.68.64,0	8.68,0	8,0	15,5	79	5.65.17,6	2.49,2	14,9	31,3
30	2.77.32,0	8.60,0	8,0	16,0	80	5.67.66,8	2.34,3	14,9	31,4
31	2.85.92,0	8.51,5	8,5	16,5	81	5.70.01,1	2.19,5	14,8	31,5
33	2.94.43,5	8.42,8	8,7	16,9	82	5.72.20,6	2.04,5	14,9	31,6
33	3.02.86,3	8.33,9	8,9	17,4	83	5.74.25,2	1.89,7	14,9	31,7
34	3.11.20,2	8.24,8	9,1	17,9	84	5.76.14,9	1.74,7	15,0	31,8
35	3.19.45,0	8.15,5	9,3	18,3	85	5.77.89,7	1.59,8	14,9	31,9
36	3.27.60,5	8.05,7	9,8	18,8	86	5.79.49,5	1.45,0	14,8	31,9
37	3.35.66,2	7.96,1	9,7	19,2	87	5.80.94,5	1.30,2	14,8	32,0
34	3.43.62,3	7.86,1	10,0	19,7	88	5.82.24,7	1.15,2	15,0	32,0
39	3.51.48,4	7.75,9	10,2	20,1	89	5.83.39,9	1.00,3	14,9	32,1
40	3.59.24,3	7.65,4	10,5	20,5	90	5.84.40,2	85,5	14,8	32,1
41	3.66.89,7	7.54,9	10,5	21,0	91	5.85.25,7	70,6	14,9	32,1
42	3.74.44,6	7.44,1	10,8	21,4	92	5.85.95,3	55,8	14,8	32,1
43	3.81.88,7	7.33,1	11,0	21,8	93	5.86.52,1	41,0	14,8	32,1
44	3.89.22,8	7.12,0	11,1	22,2	94	5.86.93,1	26,3	14,7	32,1
45	3.96.43,8	7.10,6	11,4	22,6	95	5.87.19,4	+ 11,5	14,8	32,1
46	4.03.54,4	6.99,0	11,6	22,9	96	5.87.30,9	− 3,2	14,7	32,1
47	4.10.53,4	6.87,4	11,6	23,3	97	5.87.27,7	17,8	14,6	32,0
48	4.17.40,8	6.75,6	11,8	23,7	98	5.87.09,9	32,4	14,6	32,0
49	4.24.16,4	6.63,4	− 12,2	24,1	99	5.86.77,5	47,0	14,6	32,0
50	4.30.79,8			− 24,4	100	5.86.30,5			− 31,0

Constante retranchée... 7′ 17″,5.

Équation du centre d'Uranus pour 1800, avec la Variation séculaire.

Argument I. (Longitude corrigée — Périhélie.), ou Anomalie moyenne.

Deg.	Équation.	Différences premières.	Différences secondes.	Variation séculaire.
100	5°86′ 30″5			— 31″9
101	5.85.69,0	— 61″5	— 14″5	31,8
102	5.84.93,0	75,0	14,3	31,8
103	5.84.02,7	90,3	14,4	31,7
104	5.82.98,0	1.04,7	14,2	31,6
105	5.81.79,1	1.18,9	14,2	31,5
106	5.80.46,0	1.33,1	14,2	31,4
107	5.78.98,7	1.47,3	14,0	31,3
108	5.77.37,4	1.61,3	14,0	31,2
109	5.75.62,1	1.75,3	13,9	31,1
110	5.73.72,9	1.89,2	13,9	30,9
111	5.71.69,8	2.03,1	13,7	30,8
112	5.69.53,0	2.16,8	13,6	30,6
113	5.67.22,6	2.30,4	13,6	30,5
114	5.64.78,6	2.44,0	13,4	30,3
115	5.62.21,2	2.57,4	13,4	30,2
116	5.59.50,4	2.70,8	13,3	30,0
117	5.56.66,3	2.84,1	13,2	29,8
118	5.53.69,0	2.97,3	13,0	29,6
119	5.50.58,7	3.10,3	13,0	29,4
120	5.47.35,4	3.23,3	12,8	29,2
121	5.43.99,3	3.36,1	12,8	29,0
122	5.40.50,4	3.48,9	12,7	28,8
123	5.36.88,8	3.61,6	12,5	28,6
124	5.33.14,7	3.74,1	12,4	28,4
125	5.29.28,2	3.86,5	12,2	28,2
126	5.25.29,5	3.98,7	12,2	27,9
127	5.21.18,6	4.10,9	12,1	27,7
128	5.16.95,6	4.23,0	11,9	27,4
129	5.12.60,7	4.34,9	11,7	27,2
130	5.08.14,1	4.46,6	11,7	26,9
131	5.03.55,8	4.58,3	11,6	26,7
132	4.98.85,9	4.69,9	11,5	26,4
133	4.94.04,5	4.81,4	11,2	26,1
134	4.89.11,9	4.92,6	11,0	25,8
135	4.84.08,3	5.03,6	11,1	25,6
136	4.78.93,6	5.14,7	10,9	25,3
137	4.73.68,0	5.25,6	10,7	25,0
138	4.68.31,7	5.36,3	10,6	24,7
139	4.62.84,8	5.46,9	10,3	24,4
140	4.57.27,6	5.57,2	10,3	24,0
141	4.51.60,5	5.67,1	10,1	23,7
142	4.45.83,1	5.77,4	10,1	23,4
143	4.39.94,6	5.87,5	9,9	23,1
144	4.33.97,0	5.97,6	9,6	22,8
145	4.27.89,8	6.07,2	9,6	22,4
146	4.21.73,0	6.16,8	9,3	22,1
147	4.15.46,9	6.26,1	9,3	21,7
148	4.09.11,5	6.35,4	9,1	21,4
149	4.02.67,0	6.44,5	9,0	21,1
150	3 96.13,5	6.53,5		— 20,7

Deg.	Équation.	Différences premières.	Différences secondes.	Variation séculaire.
150	3°96′ 13″5			— 20″7
151	3.89 51,3	— 6′ 62″2	— 8″6	20,3
152	3.82.80,5	6.70,8	8,4	20,0
153	3.76.01,3	6.79,2	8,4	19,6
154	3.69.13,7	6.87,6	8,0	19,2
155	3.62.18,1	6.95,6	8,0	18,9
156	3.55.14,5	7.03,6	7,8	18,5
157	3.48.03,1	7.11,4	7,6	18,1
158	3.40.84,1	7.19,0	7,5	17,7
159	3.33.57,6	7.26,5	7,3	17,4
160	3.26.23,8	7.33,8	7,1	17,0
161	3.18.82,9	7.40,9	7,0	16,6
162	3.11.35,0	7.47,9	6,8	16,2
163	3.03.80,3	7.54,7	6,6	15,8
164	2.96 19,0	7.61,3	6,4	15,4
165	2.88.51,3	7.67,7	6,4	15,0
166	2.80.77,2	7.74,1	6,1	14,6
167	2.73.97,0	7.80,2	5,8	14,2
168	2.65.11,0	7.86,0	5,8	13,8
169	2.57.19,2	7.91,8	5,6	13,4
170	2.49.21,8	7.97,4	5,6	13,0
171	2.41.18,8	8.03,0	5,1	12,6
172	2.33.10,7	8.08,1	5,0	12,2
173	2.24.97,6	8.13,1	4,9	11,7
174	2.16.79,6	8.18,0	4,8	11,3
175	2.08.56,8	8 22,8	4,5	10,9
176	2.00.29,5	8.27,3	4,3	10,5
177	1.91.97,9	8.31,6	4,2	10,0
178	1.83.62,1	8.35,8	4,1	9,6
179	1.75.22,2	8.39,9	3,7	9,2
180	1.66.78,6	8.43,6	3,7	8,8
181	1.58.31,3	8.47,3	3,4	8,3
182	1.49.80,6	8.50,7	3,3	7,9
183	1.41.26,6	8.54,0	3,1	7,5
184	1.32.69,5	8.57,1	2,9	7,0
185	1.24.09,5	8.60,0	2,8	6,6
186	1 15.46,7	8.62,8	2,5	6,2
187	1.06.81,4	8 65,3	2,4	5,7
188	0.98.13,7	8.67,7	2,2	5,2
189	0.89.43,8	8.69,9	2,1	4,8
190	0.79.71,9	8.71,9	1,8	4,4
191	0.71.98,2	8.73,7	1,7	4,0
192	0.63.22,8	8.75,4	1,5	3,5
193	0.54.45,9	8.76,9	1,3	3,0
194	0.45.67,7	8.78,2	0,9	2,6
195	0.36.88,6	8.79,1	1,0	2,2
196	0.28.08,5	8.80,1	0,8	1,8
197	0.19.27,6	8.80,9	0,6	1,3
198	0.10.46,1	8.81,5	0,2	0,9
199	0.01.64,4	8.81,7	0,2	0,4
200	399.92.82,5	8.81,9		— 0,0

Équation du centre d'Uranus pour 1800, avec la Variation séculaire.

Argument I. (Longitude corrigée — Périhélie) ou Anomalie moyenne.

Deg.	Équation.	Différences premières.	Différences secondes.	Variation séculaire.	Deg.	Équation.	Différences premières.	Différences secondes.	Variation séculaire.
200	399°91′82″5	— 8′81″9		+ 0″0	250	395°89′51″5	— 6′53″5		+ 20″7
201	9.84.00,6	8.81,8	+ 0″1	0,4	251	5.82.98,0	6.44,5	+ 9″0	21,1
202	9.75.18,8	8.81,5	0,3	0,9	252	5.76.53,5	6.35,4	9,1	21,4
203	9.66.37,3	8.80,8	0,7	1,3	253	5.70.18,1	6.26,1	9,3	21,7
204	9.57.56,5	8.80,1	0,7	1,8	254	5.63.92,0	6.16,8	9,3	22,1
205	399.48.76,4	8.79,2	0,9	2,2	255	395.57.75,2	6.07,3	9,5	22,4
206	9.39.97,2	8.78,2	1,0	2,7	256	5.51.67,9	5.97,5	9,8	22,8
207	9.31.19,0	8.76,8	1,4	3,1	257	5.45.70,4	5.87,7	9,8	23,1
208	9.22.42,2	8.75,4	1,4	3,5	258	5.39.82,7	5.77,8	9,9	23,4
209	9.13.66,8	8.73,7	1,7	4,0	259	5.34.04,9	5.67,5	10,3	23,7
210	399.05.93,1	8.71,9	1,8	4,4	260	395.28.37,4	5.57,2	10,3	24,0
211	398.96.21,2	8.69,9	2,0	4,8	261	5.22.80,2	5.46,9	10,3	24,4
212	8.87.51,3	8.67,7	2,2	5,2	262	5.17.33,3	5.36,3	10,6	24,7
213	8.78.83,6	8.65,3	2,4	5,7	263	5.11.96,9	5.25,5	10,8	25,0
214	8.70.18,3	8.62,8	2,5	6,2	264	5.06.71,4	5.14,7	10,8	25,3
215	398.61.55,5	8.60,0	2,8	6,6	265	395.01.56,7	5.03,7	11,0	25,6
216	8.52.95,5	8.57,2	2,8	7,0	266	394.96.53,0	4.92,5	11,2	25,8
217	8.43.38,3	8.54,0	3,2	7,5	267	4.91.60,5	4.81,3	11,2	26,1
218	8.35.84,3	8.50,6	3,4	7,9	268	4.86.79,2	4.69,9	11,4	26,4
219	8.27.33,7	8.47,2	3,4	8,3	269	4.82.09,3	4.58,4	11,5	26,7
220	398.18.86,5	8.43,7	3,5	8,8	270	394.77.50,9	4.46,7	11,7	26,9
221	8.10.42,8	8.39,9	3,8	9,2	271	4.73.04,2	4.34,9	11,8	27,2
222	8.02.02,9	8.35,8	4,1	9,6	272	4.68.69,3	4.22,9	12,0	27,4
223	397.93.67,1	8.31,6	4,2	10,1	273	4.64.46,4	4.10,9	12,0	27,7
224	7.85.35,5	8.27,3	4,3	10,5	274	4.60.35,5	3.98,8	12,1	27,9
225	397.77.08,2	8.22,8	4,5	10,9	275	394.56.36,7	3.86,5	12,3	28,2
226	7.68.85,4	8.18,0	4,8	11,3	276	4.52.50,2	3.74,0	12,5	28,4
227	7.60.67,4	8.13,1	4,9	11,7	277	4.48.76,2	3.61,6	12,4	28,6
228	7.52.54,3	8.08,2	4,9	12,2	278	4.45.14,6	3.48,9	12,7	28,8
229	7.44.46,1	8.03,0	5,2	12,6	279	4.41.65,7	3.36,2	12,7	29,0
230	397.36.43,1	7.97,4	5,6	13,0	280	394.38.29,5	3.23,3	12,9	29,2
231	7.28.45,7	7.91,7	5,7	13,4	281	4.35.06,2	3.10,3	13,0	29,4
232	7.20.54,0	7.86,0	5,8	13,8	282	4.31.95,9	2.97,2	13,1	29,6
233	7.11.68,0	7.80,2	5,8	14,2	283	4.28.98,7	2.84,1	13,1	29,8
234	7.04.87,8	7.74,1	6,1	14,6	284	4.26.14,6	2.70,8	13,3	30,0
235	396.97.13,7	7.67,7	6,4	15,0	285	394.23.43,8	2.57,4	13,4	30,2
236	6.89.46,0	7.61,3	6,4	15,4	286	4.20.86,4	2.44,0	13,4	30,3
237	6.81.84,7	7.54,7	6,6	15,8	287	4.18.42,4	2.30,4	13,6	30,5
238	6.74.30,0	7.47,9	6,8	16,2	288	4.16.12,0	2.16,8	13,6	30,6
239	6.66.82,1	7.40,9	7,0	16,6	289	4.13.95,2	2.03,1	13,7	30,8
240	396.59.41,2	7.33,8	7,1	17,0	290	394.11.92,1	1.89,2	13,9	30,9
241	6.52.07,4	7.26,5	7,3	17,4	291	4.10.02,9	1.75,3	13,9	31,1
242	6.44.80,9	7.19,0	7,5	17,7	292	4.08.27,6	1.61,3	14,0	31,2
243	6.37.61,9	7.11,4	7,6	18,1	293	4.06.66,3	1.47,2	14,1	31,3
244	6.30.50,5	7.03,7	7,7	18,5	294	4.05.19,1	1.33,2	14,0	31,4
245	396.23.46,8	6.95,7	8,0	18,9	295	394.03.85,9	1.19,0	14,2	31,5
246	6.16.51,1	6.87,5	8,2	19,3	296	4.02.66,9	1.04,7	14,3	31,6
247	6.09.63,6	6.79,2	8,3	19,6	297	4.01.62,2	90,3	14,4	31,7
248	6.02.84,4	6.70,7	8,5	20,0	298	4.00.71,9	75,9	14,4	31,8
249	395.96.13,7	6.62,2	8,5	20,3	299	393.99.96,0	61,5	14,4	31,8
250	5.89.51,5			20,7	300	3.99.34,5			31,9

Équation du centre d'Uranus pour 1800, avec la Variation séculaire.

Argument I. (Longitude corrigée — Périhélie) ou Anomalie moyenne.

Deg.	Équation.	Différences premières.	Différences secondes.	Variation séculaire.	Deg.	Équation.	Différences premières.	Différences secondes.	Variation séculaire.
300	393° 99′ 34″5	47″0		+ 31″9	350	395° 54′ 85″1	+ 6′ 63″5		+ 24″4
301	3.98.87,5	32,4	+ 14″6	32,0	351	5.61.48,6	6.75,6	+ 12″1	24,1
302	3.98.55,1	17,8	14,6	32,0	352	5.68.24,2	6.87,4	11,8	23,7
303	3.98.37,3	− 3,2	14,6	32,0	353	5.75.11,6	6.99,0	11,6	23,3
304	3.98.34,1	+ 11,5	14,7	32,1	354	5.82.10,6	7.10,6	11,6	22,9
305	393.98.45,6	26,3	14,8	32,1	355	395.89.21,2	7.22,0	11,4	22,6
306	3.98.71,9	41,0	14,7	32,1	356	5.96.43,2	7.33,1	11,1	22,2
307	3.99.12,9	55,7	14,7	32,1	357	396.03.76,3	7.44,1	11,0	21,8
308	3.99.68,6	70,6	14,9	32,1	358	6.11.20,4	7.54,8	10,7	21,4
309	394.00.39,2	85,5	14,9	32,1	359	6.18.75,2	7.65,5	10,7	20,9
310	394.01.24,7	1.00,4	14,9	32,1	360	396.26.40,7	7.75,9	10,4	20,5
311	4.02.25,1	1.15,2	14,8	32,1	361	6.34.16,6	7.86,1	10,2	20,1
312	4.03.40,3	1.30,2	15,0	32,0	362	6.42.02,7	7.96,0	9,9	19,7
313	4.04.70,5	1.45,0	14,8	32,0	363	6.49.98,7	8.05,8	9,8	19,2
314	4.06.15,5	1.59,8	14,8	31,9	364	6.58.04,5	8.15,4	9,6	18,8
315	394.07.75,3	1.74,8	15,0	31,9	365	396.66.19,9	8.24,9	9,5	18,3
316	4.09.50,1	1.89,7	14,9	31,8	366	6.74.44,8	8.33,9	9,0	17,9
317	4.11.39,8	2.04,6	14,9	31,7	367	6.82.78,7	8.42,8	8,9	17,4
318	4.13.44,4	2.19,5	14,9	31,6	368	6.91.21,5	8.51,6	8,8	16,9
319	4.15.63,9	2.34,4	14,9	31,5	369	6.99.73,1	8.59,9	8,3	16,5
320	394.17.98,3	2.49,1	14,7	31,4	370	397.08.33,0	8.68,0	8,1	16,0
321	4.20.47,4	2.64,0	14,9	31,3	371	7.17.01,0	8.76,0	8,0	15,5
322	4.23.11,4	2.78,8	14,8	31,2	372	7.25.77,0	8.83,8	7,8	15,0
323	4.25.90,2	2.93,6	14,8	31,1	373	7.34.60,8	8.91,3	7,5	14,5
324	4.29.83,8	3.08,3	14,7	31,0	374	7.43.72,1	8.98,5	7,2	14,0
325	394.31.92,1	3.23,0	14,7	30,8	375	397.52.50,6	9.05,5	7,0	13,5
326	4.35.15,1	3.37,5	14,5	30,6	376	7.61.56,1	9.12,3	6,8	13,0
327	4.39.52,6	3.52,2	14,7	30,5	377	7.70.68,4	9.18,7	6,4	12,5
328	4.42.04,8	3.66,8	14,6	30,3	378	7.79.87,1	9.24,8	6,1	12,0
329	4.45.71,6	3.81,2	14,4	30,1	379	7.89.11,9	9.30,9	6,1	11,5
330	394.49.52,8	3.95,6	14,4	29,9	380	397.98.42,8	9.36,5	5,6	11,0
331	4.53.48,4	4.09,9	14,3	29,7	381	398.07.79,3	9.41,8	5,3	10,4
332	4.57.58,3	4.24,2	14,3	29,5	382	8.17.21,1	9.47,0	5,2	9,9
333	4.61.82,5	4.38,4	14,2	29,3	383	8.26.68,1	9.51,9	4,9	9,4
334	4.66.20,9	4.52,5	14,1	29,1	384	8.36.20,0	9.56,6	4,7	8,8
335	394.70.73,4	4.66,6	14,1	28,9	385	398.45.76,6	9.60,8	4,2	8,3
336	4.75.40,0	4.80,4	13,8	28,6	386	8.55.37,4	9.64,9	4,1	7,8
337	4.80.20,4	4.94,3	13,9	28,4	387	8.65.02,3	9.68,6	3,7	7,2
338	4.85.14,7	5.08,0	13,7	28,1	388	8.74.70,9	9.72,0	3,4	6,7
339	4.90.22,7	5.21,8	13,8	27,9	389	8.84.42,9	9.75,2	3,2	6,1
340	394.95.44,5	5.35,3	13,5	27,6	390	398.94.18,1	9.78,2	3,0	5,6
341	395.00.79,8	5.48,6	13,3	27,3	391	399.03.96,3	9.80,7	2,5	5,1
342	5.06.28,4	5.61,9	13,3	27,0	392	9.13.77,0	9.83,0	2,3	4,5
343	5.11.90,3	5.75,1	13,2	26,7	393	9.23.60,0	9.85,1	2,1	3,9
344	5.17.65,4	5.88,1	13,0	26,4	394	9.33.45,1	9.87,0	1,9	3,4
345	395.23.53,5	6.01,1	13,0	26,1	395	399.43.32,1	9.88,3	1,3	2,8
346	5.29.54,6	6.13,8	12,7	25,8	396	9.53.20,4	9.89,5	1,2	2,2
347	5.35.68,4	6.26,5	12,7	25,4	397	9.63.09,9	9.90,5	1,0	1,7
348	5.41.94,9	6.38,9	12,4	25,1	398	9.73.00,4	9.90,9	0,4	1,1
349	5.48.33,8	6.51,3	12,4	24,8	399	9.82.91,3	9.91,2	0,3	0,6
350	5.54.85,1			24,4	400	399.92.82,5			0,0

TABLE XI. Argument II, ou $(\varphi' - \varphi'')$. **TABLE XII.** Argument III, ou $(\varphi' - 2\varphi'')$.

Argument.	Équation.	Différences.	Argument.	Équation.	Différences.	Argument.	Équation.	Différences.	Argument.	Équation.	Différences.
0	1′ 03″ 0	1″ 6	500	53″ 4	5″ 1	0	24″ 6	8″ 4	5000	8′ 51″ 6	7″ 5
10	1.04,6	1,6	510	48,3	5,1	100	16,2	6,7	5100	8.59,1	5,8
20	1.06,2	1,6	520	43,2	4,8	200	9,5	4,9	5200	8.64,9	4,3
30	1.07,8	1,7	530	38,4	4,7	300	4,6	3,2	5300	8.69,2	2,6
40	1.09,5	1,7	540	33,7	4,5	400	1,4	1,4	5400	8.71,8	1,0
50	1.11,2	1,7	550	29,2	4,3	500	0,0	0,4	5500	8.72,8	0,7
60	1.12,9	1,9	560	24,9	4,0	600	0,4	2,2	5600	8.72,1	2,3
70	1.14,8	2,0	570	20,9	3,7	700	2,6	4,0	5700	8.69,8	4,0
80	1.16,8	2,1	580	17,2	3,4	800	6,6	5,8	5800	8.65,8	5,6
90	1.18,9	2,2	590	13,8	3,1	900	12,4	7,6	5900	8.60,2	7,1
100	1.21,1	2,2	600	10,7	2,7	1000	20,0	9,2	6000	8.53,1	8,8
110	1.23,3	2,3	610	8,0	2,3	1100	29,2	11,0	6100	8.44,3	10,2
120	1.25,6	2,3	620	5,7	2,0	1200	40,2	12,5	6200	8.34,1	11,8
130	1.27,9	2,3	630	3,7	1,5	1300	52,7	14,2	6300	8.22,3	13,2
140	1.30,2	2,3	640	2,2	1,2	1400	66,9	15,6	6400	8.09,1	14,8
150	1.32,5	2,1	650	1,0	0,7	1500	82,5	17,6	6500	7.94,3	16,4
160	1.34,6	2,0	660	0,3	0,3	1600	1.00,1	18,0	6600	7.77,9	16,8
170	1.36,6	1,8	670	0,0	0,2	1700	1.18,1	19,8	6700	7.61,1	18,7
180	1.38,4	1,7	680	0,2	0,5	1800	1.37,9	21,0	6800	7.42,4	19,6
190	1.40,1	1,4	690	0,7	0,9	1900	1.58,9	22,1	6900	7.22,8	20,8
200	1.41,5	1,1	700	1,6	1,3	2000	1.81,0	23,1	7000	7.02,0	21,9
210	1.42,6	0,9	710	2,9	1,7	2100	2.04,1	24,1	7100	6.80,1	22,8
220	1.43,5	0,6	720	4,6	2,1	2200	2.28,2	24,9	7200	6.57,3	23,7
230	1.44,1	0,3	730	6,7	2,5	2300	2.53,1	25,6	7300	6.33,6	24,5
240	1.44,4	0,0	740	9,2	2,8	2400	2.78,7	26,1	7400	6.09,1	25,0
250	1.44,4	0,3	750	12,0	3,1	2500	3.04,8	26,8	7500	5.84,1	25,9
260	1.44,1	0,7	760	15,1	3,4	2600	3.41,6	27,1	7600	5.58,2	26,3
270	1.43,4	1,0	770	18,5	3,7	2700	3.58,7	27,4	7700	5.31,9	26,6
280	1.42,4	1,3	780	22,2	3,9	2800	3.86,1	27,5	7800	5.05,3	27,0
290	1.41,1	1,6	790	26,1	4,1	2900	4.13,6	27,6	7900	4.78,3	27,2
300	1.39,5	2,0	800	30,2	4,4	3000	4.41,2	27,6	8000	4.51,1	27,3
310	1.37,5	2,3	810	34,6	4,5	3100	4.68,8	27,3	8100	4.23,8	27,3
320	1.35,2	2,7	820	39,1	4,6	3200	4.96,1	27,1	8200	3.96,5	27,1
330	1.32,5	2,9	830	43,7	4,6	3300	5.23,2	26,7	8300	3.69,4	26,9
340	1.29,6	3,3	840	48,3	4,7	3400	5.49,9	26,3	8400	3.42,5	26,6
350	1.26,3	3,6	850	53,0	4,7	3500	5.76,2	25,6	8500	3.15,9	26,2
360	1.22,7	3,9	860	57,7	4,7	3600	6.01,8	25,0	8600	2.89,7	25,6
370	1.18,8	4,2	870	62,4	4,5	3700	6.26,8	24,1	8700	2.64,1	25,0
380	1.14,6	4,4	880	66,9	4,3	3800	6.50,9	23,3	8800	2.39,1	24,2
390	1.10,2	4,6	890	71,2	4,2	3900	6.74,2	22,4	8900	2.14,9	23,3
400	1.05,6	4,8	900	75,4	3,9	4000	6.96,6	21,2	9000	1.91,6	22,4
410	1.00,8	5,0	910	79,3	3,7	4100	7.17,8	20,2	9100	1.69,2	21,4
420	95,8	5,1	920	83,0	3,4	4200	7.38,0	19,0	9200	1.47,8	20,2
430	90,7	5,3	930	86,4	3,1	4300	7.57,0	17,8	9300	1.27,6	19,0
440	85,4	5,3	940	89,5	2,8	4400	7.74,8	16,4	9400	1.08,6	17,7
450	80,1	5,4	950	92,3	2,6	4500	7.91,2	15,0	9500	90,9	16,3
460	74,7	5,3	960	94,9	2,3	4600	8.06,2	13,6	9600	74,6	14,8
470	69,4	5,4	970	97,2	2,1	4700	8.19,8	12,1	9700	59,8	13,4
480	64,0	5,3	980	0.99,3	1,9	4800	8.31,9	10,6	9800	46,4	11,7
490	58,7	5,3	990	1.01,2	1,8	4900	8.42,5	9,1	9900	34,7	10,1
500	53,4		1000	1.03,0		5000	8.51,6		10000	24,6	

Constante.... 78″,2. Constante.... 441″,3.

TABLE XIII. Argument IV, ou (φ — φ″). TABLE XIV. Argument V, ou (φ — 2φ″).

Argu-ment.	Équation.	Différences.	Argu-ment.	Équation.	Différences.	Argu-ment.	Équation.	Différences.	Argu-ment.	Équation.	Différences.
0	1′ 60″9	10″0	500	1′ 60″9	10″2	0	13″3	0″6	500	7″9	0″6
10	1.70,9	10,0	510	1.50,7	10,1	10	12,7	0,7	510	8,5	0,7
20	1.80,9	10,0	520	1.40,6	10,1	20	12,0	0,6	520	9,2	0,6
30	1.90,9	9,8	530	1.30,5	9,9	30	11,4	0,7	530	9,8	0,7
40	2.00,7	9,8	540	1.20,6	9,7	40	10,7	0,7	540	10,5	0,7
50	2.10,3	9,5	550	1.10,9	9,6	50	10,0	0,6	550	11,2	0,6
60	2.19,8	9,2	560	1.01,3	9,3	60	9,4	0,7	560	11,8	0,7
70	2.29,0	8,9	570	92,0	9,1	70	8,7	0,6	570	12,5	0,7
80	2.37,9	8,7	580	82,9	8,7	80	8,1	0,7	580	13,2	0,6
90	2.46,6	8,4	590	74,2	8,4	90	7,4	0,6	590	13,8	0,6
100	2.55,0	7,9	600	65,8	8,0	100	6,8	0,6	600	14,4	0,6
110	2.62,9	7,6	610	57,8	7,6	110	6,2	0,6	610	15,0	0,6
120	2.70,5	7,1	620	50,2	7,2	120	5,6	0,6	620	15,6	0,6
130	2.77,6	6,7	630	43,0	6,7	130	5,0	0,6	630	16,2	0,6
140	2.84,3	6,2	640	36,3	6,1	140	4,4	0,5	640	16,8	0,5
150	2.90,5	5,8	650	30,2	5,7	150	3,9	0,5	650	17,3	0,5
160	2.96,3	5,1	660	24,5	5,1	160	3,4	0,5	660	17,8	0,5
170	3.01,4	4,7	670	19,4	4,5	170	2,9	0,4	670	18,3	0,4
180	3.06,1	4,0	680	14,9	4,0	180	2,5	0,4	680	18,7	0,4
190	3.10,1	3,5	690	10,9	3,4	190	2,1	0,4	690	19,1	0,4
200	3.13,6	2,9	700	7,5	2,7	200	1,7	0,3	700	19,5	0,4
210	3.16,5	2,3	710	4,8	2,3	210	1,4	0,4	710	19,9	0,3
220	3.18,8	1,6	720	2,6	1,4	220	1,0	0,2	720	20,2	0,2
230	3.20,4	1,1	730	1,1	0,9	230	0,8	0,2	730	20,4	0,2
240	3.21,5	0,3	740	0,2	0,2	240	0,6	0,2	740	20,6	0,2
250	3.21,8	0,0	750	0,0	0,4	250	0,4	0,2	750	20,8	0,2
260	3.21,8	1,1	760	0,4	1,0	260	0,2	0,1	760	21,0	0,1
270	3.20,7	1,5	770	1,4	1,7	270	0,1	0,1	770	21,1	0,1
280	3.19,2	2,1	780	3,1	2,2	280	0,0	0,0	780	21,2	0,0
290	3.17,1	2,8	790	5,3	2,9	290	0,0	0,0	790	21,2	0,0
300	3.14,3	3,4	800	8,2	3,5	300	0,0	0,1	800	21,2	0,1
310	3.10,9	3,9	810	11,7	4,1	310	0,1	0,1	810	21,1	0,1
320	3.07,0	4,6	820	15,8	4,6	320	0,2	0,1	820	21,0	0,1
330	3.02,4	5,1	830	20,4	5,2	330	0,3	0,2	830	20,9	0,2
340	2.97,3	5,6	840	25,6	5,7	340	0,5	0,2	840	20,7	0,2
350	2.91,7	6,2	850	31,3	6,2	350	0,7	0,3	850	20,5	0,3
360	2.85,5	6,7	860	37,5	6,7	360	1,0	0,3	860	20,2	0,3
370	2.78,8	7,1	870	44,2	7,2	370	1,3	0,3	870	19,9	0,3
380	2.71,7	7,6	880	51,4	7,5	380	1,6	0,4	880	19,6	0,4
390	2.64,1	8,0	890	58,9	8,0	390	2,0	0,4	890	19,2	0,4
400	2.56,1	8,4	900	66,9	8,3	400	2,4	0,4	900	18,8	0,4
410	2.47,7	8,8	910	75,2	8,7	410	2,8	0,5	910	18,4	0,5
420	2.38,9	9,0	920	83,9	9,0	420	3,3	0,5	920	17,9	0,5
430	2.29,9	9,3	930	92,9	9,2	430	3,8	0,5	930	17,4	0,5
440	2.20,6	9,6	940	1.02,1	9,4	440	4,3	0,5	940	16,9	0,5
450	2.11,0	9,8	950	1.11,5	9,7	450	4,8	0,6	950	16,4	0,6
460	2.01,2	9,9	960	1.21,2	9,8	460	5,4	0,6	960	15,8	0,6
470	1.91,3	10,1	970	1.31,0	9,8	470	6,0	0,6	970	15,2	0,6
480	1.81,2	10,1	980	1.40,8	10,1	480	6,6	0,6	980	14,6	0,6
490	1.71,1	10,2	990	1.50,9	10,0	490	7,2	0,7	990	14,0	0,7
500	1.60,9		1000	1.60,9		500	7,9		1000	13,3	

Constante.... 160″,9. Constante.... 10″,6.

TABLE XV. Argum. VI, ou $(2\varphi'-3\varphi'')$.	TABLE XVI. Argum. VII, ou (φ').	TABLE XVII. Argum. VIII, ou $(2\varphi-\varphi'')$.	TABLE XV. Argum. VI, ou $(2\varphi'-3\varphi'')$.	TABLE XVI. Argum. VII, ou (φ').	TABLE XVII. Argum. VIII, ou $(2\varphi-\varphi'')$.

Arg.	Équation VI.	Équation VII.	Équation VIII.	Arg.	Équation VI.	Équation VII.	Équation VIII.
0	11"1	4"4	3"2	500	4"8	3"7	4"6
10	11,6	4,6	3,4	510	4,4	3,5	4,4
20	12,0	4,9	3,7	520	3,9	3,2	4,1
30	12,5	5,2	3,9	530	3,5	3,0	3,9
40	12,9	5,4	4,2	540	3,1	2,7	3,6
50	13,2	5,6	4,4	550	2,7	2,5	3,4
60	13,6	5,9	4,7	560	2,3	2,3	3,1
70	14,0	6,1	4,9	570	2,0	2,0	2,9
80	14,3	6,3	5,1	580	1,7	1,8	2,7
90	14,6	6,5	5,4	590	1,4	1,6	2,4
100	14,8	6,7	5,6	600	1,1	1,4	2,2
110	15,1	6,9	5,8	610	0,9	1,2	2,0
120	15,3	7,1	6,0	620	0,7	1,1	1,8
130	15,5	7,3	6,2	630	0,5	0,9	1,6
140	15,6	7,4	6,4	640	0,3	0,7	1,4
150	15,8	7,5	6,6	650	0,2	0,5	1,2
160	15,8	7,7	6,7	660	0,1	0,4	1,0
170	15,9	7,8	6,9	670	0,0	0,3	0,9
180	15,9	7,9	7,0	680	0,0	0,2	0,7
190	15,9	8,0	7,2	690	0,0	0,2	0,6
200	15,9	8,0	7,3	700	0,0	0,1	0,5
210	15,8	8,1	7,4	710	0,1	0,0	0,4
220	15,7	8,1	7,5	720	0,2	0,0	0,3
230	15,6	8,1	7,6	730	0,3	0,0	0,2
240	15,5	8,1	7,7	740	0,5	0,0	0,1
250	15,3	8,1	7,7	750	0,7	0,0	0,1
260	15,1	8,1	7,8	760	0,9	0,0	0,0
270	14,8	8,1	7,8	770	1,1	0,1	0,0
280	14,6	8,0	7,8	780	1,4	0,1	0,0
290	14,3	7,9	7,8	790	1,7	0,2	0,0
300	14,0	7,8	7,8	800	2,0	0,3	0,0
310	13,6	7,7	7,7	810	2,3	0,4	0,1
320	13,2	7,6	7,7	820	2,7	0,5	0,1
330	12,9	7,4	7,6	830	3,1	0,7	0,2
340	12,5	7,3	7,5	840	3,5	0,8	0,3
350	12,0	7,2	7,4	850	3,9	1,0	0,4
360	11,6	7,0	7,3	860	4,3	1,1	0,5
370	11,1	6,8	7,2	870	4,8	1,3	0,6
380	10,7	6,6	7,0	880	5,3	1,5	0,8
390	10,2	6,4	6,9	890	5 7	1,7	0,9
400	9,7	6,2	6,7	900	6,2	1,9	1,1
410	9,2	6,0	6,5	910	6,7	2,2	1,3
420	8,7	5,7	6,3	920	7,2	2,4	1,4
430	8,2	5,5	6,1	930	7,7	2,6	1,6
440	7,7	5,3	5,9	940	8,2	2,9	1,8
450	7,2	5,0	5,7	950	8,7	3,1	2,0
460	6,7	4,8	5,5	960	9,2	3,4	2,3
470	6,2	4,5	5,3	970	9,7	3,6	2,5
480	5,8	4,2	5,1	980	10,2	3,9	2,7
490	5,3	4,0	4,8	990	10,6	4,1	3,0
500	4,8	3,7	4,6	1000	11,1	4,4	3,2

Constantes 8",0........ 4",0......... 3",9.

	TABLE XVIII. Argum. IX, ou (φ).	TAB. XIX. Argum. X, ou ($2\varphi'-5\varphi''$).	TAB. XX. Argum. XI, ou ($2\varphi'-\varphi''$).	TAB. XXI. Argum. XII, ou ($3\varphi'-4\varphi''$).		TABLE XVIII. Argum. IX, ou (φ).	TAB. XIX. Argum. X, ou ($2\varphi'-5\varphi''$).	TAB. XX. Argum. XI, ou ($2\varphi'-\varphi''$).	TAB. XXI. Argum. XII, ou ($3\varphi'-4\varphi''$).
Arg.	Équation IX.	Équation X.	Équation XI.	Équation XII.	Arg.	Équation IX.	Équation X.	Équation XI.	Équation XII.
0	4"7	5"5	0"1	1"9	500	2"9	0"2	5"0	0"8
10	4,9	5,6	0,1	2,0	510	2,7	0,2	4,9	0,7
20	5,2	5,6	0,2	2,0	520	2,5	0,1	4,9	0,6
30	5,4	5,7	0,3	2,1	530	2,2	0,1	4,8	0,6
40	5,6	5,7	0,3	2,2	540	2,0	0,0	4,7	0,5
50	5,8	5,7	0,4	2,2	550	1,8	0,0	4,6	0,4
60	6,0	5,7	0,5	2,3	560	1,6	0,0	4,5	0,4
70	6,2	5,7	0,6	2,4	570	1,4	0,0	4,4	0,3
80	6,4	5,7	0,7	2,4	580	1,2	0,0	4,3	0,3
90	6,5	5,7	0,8	2,5	590	1,1	0,1	4,3	0,2
100	6,7	5,6	1,0	2,5	600	0,9	0,1	4,1	0,2
110	6,9	5,6	1,1	2,6	610	0,8	0,2	3,8	0,1
120	7,0	5,5	1,3	2,6	620	0,6	0,2	3,8	0,1
130	7,1	5,4	1,4	2,6	630	0,5	0,3	3,7	0,1
140	7,2	5,4	1,5	2,7	640	0,4	0,4	3,5	0,0
150	7,3	5,3	1,7	2,7	650	0,3	0,5	3,4	0,0
160	7,4	5,2	1,8	2,7	660	0,1	0,6	3,2	0,0
170	7,5	5,1	2,0	2,7	670	0,2	0,7	3,1	0,0
180	7,5	4,9	2,1	2,7	680	0,1	0,8	2,9	0,0
190	7,6	4,8	2,3	2,7	690	0,0	0,9	2,8	0,0
200	7,6	4,7	2,4	2,7	700	0,0	1,1	2,6	0,0
210	7,6	4,5	2,6	2,7	710	0,0	1,2	2,5	0,0
220	7,6	4,4	2,8	2,7	720	0,0	1,3	2,3	0,0
230	7,6	4,2	2,9	2,7	730	0,0	1,5	2,1	0,1
240	7,6	4,1	3,1	2,6	740	0,0	1,6	2,0	0,1
250	7,5	3,9	3,2	2,6	750	0,1	1,8	1,8	0,1
260	7,4	3,7	3,4	2,5	760	0,2	2,0	1,7	0,2
270	7,4	3,6	3,5	2,5	770	0,2	2,2	1,5	0,2
280	7,3	3,4	3,7	2,5	780	0,3	2,3	1,4	0,2
290	7,2	3,2	3,8	2,4	790	0,4	2,5	1,2	0,3
300	7,1	3,0	4,0	2,4	800	0,6	2,7	1,1	0,3
310	6,9	2,9	4,1	2,3	810	0,7	2,9	1,0	0,4
320	6,8	2,7	4,2	2,2	820	0,8	3,0	0,8	0,4
330	6,6	2,5	4,3	2,2	830	1,0	3,2	0,7	0,5
340	6,5	2,3	4,4	2,1	840	1,1	3,4	0,6	0,6
350	6,3	2,2	4,5	2,0	850	1,3	3,6	0,5	0,7
360	6,1	2,0	4,6	2,0	860	1,5	3,7	0,4	0,7
370	5,9	1,8	4,7	1,9	870	1,7	3,9	0,3	0,8
380	5,7	1,6	4,8	1,8	880	1,9	4,1	0,3	0,9
390	5,5	1,5	4,9	1,7	890	2,1	4,2	0,2	1,0
400	5,3	1,3	4,9	1,6	900	2,3	4,4	0,1	1,1
410	5,0	1,2	5,0	1,6	910	2,6	4,5	0,1	1,1
420	4,8	1,0	5,0	1,5	920	2,8	4,7	0,1	1,2
430	4,6	0,9	5,0	1,4	930	3,0	4,8	0,0	1,3
440	4,4	0,8	5,1	1,3	940	3,3	4,9	0,0	1,4
450	4,1	0,7	5,1	1,2	950	3,5	5,1	0,0	1,5
460	3,9	0,5	5,1	1,1	960	3,7	5,2	0,0	1,6
470	3,6	0,4	5,1	1,0	970	4,0	5,3	0,0	1,7
480	3,4	0,3	5,0	1,0	980	4,2	5,4	0,0	1,7
490	3,1	0,3	5,0	0,9	990	4,5	5,5	0,1	1,8
500	2,9	0,2	5,0	0,8	1000	4,7	5,5	0,1	1,9

Constantes 3",8.... 2",9...... 2",5...... 1",4.

TABLE XXII. Argument I, ou Anomalie moyenne.

Degr.	Rayons vecteurs.	Différences.	Variation séculaire.	Degr.	Degr.	Rayons vecteurs.	Différences.	Variation séculaire.	Degr.
0	18,28049	+12	+ 0,00048	400	50	18,56478	+1069	+ 0,00031	350
1	18,28051	36	48	399	51	18,57547	1085	31	349
2	18,28097	61	48	398	52	18,58632	1100	30	348
3	18,28158	85	48	397	53	18,59732	1113	29	347
4	18,28243	109	48	396	54	18,60845	1129	29	346
5	18,28352	134	0,00048	395	55	18,61974	1143	0,00028	345
6	18,28486	158	48	394	56	18,63117	1156	27	344
7	18,28644	181	48	393	57	18,64272	1169	27	343
8	18,28825	206	48	392	58	18,65441	1182	26	342
9	18,29031	230	48	391	59	18,66623	1195	25	341
10	18,29261	254	0,00048	390	60	18,67818	1207	0,00025	340
11	18,29515	278	48	389	61	18,69025	1218	24	339
12	18,29793	301	47	388	62	18,70243	1230	23	338
13	18,30094	325	47	387	63	18,71473	1241	23	337
14	18,30419	348	47	386	64	18,72714	1252	22	336
15	18,30767	372	0,00047	385	65	18,73966	1262	0,00021	335
16	18,31139	396	46	384	66	18,75228	1272	20	334
17	18,31534	419	46	383	67	18,76500	1282	20	333
18	18,31953	442	46	382	68	18,77782	1291	19	332
19	18,32395	464	46	381	69	18,79073	1301	19	331
20	18,32859	487	0,00045	380	70	18,80374	1310	0,00018	330
21	18,33346	510	45	379	71	18,81684	1317	17	329
22	18,33856	532	45	378	72	18,83001	1325	17	328
23	18,34389	554	44	377	73	18,84326	1333	16	327
24	18,34943	577	44	376	74	18,85659	1340	15	326
25	18,35520	599	0,00044	375	75	18,86999	1347	0,00015	325
26	18,36119	620	43	374	76	18,88345	1353	14	324
27	18,36739	642	43	373	77	18,89699	1359	13	323
28	18,37389	663	42	372	78	18,91058	1365	12	322
29	18,38044	684	42	371	79	18,92423	1371	11	321
30	18,38728	706	0,00042	370	80	18,93794	1376	0,00011	320
31	18,39434	726	41	369	81	18,95170	1381	10	319
32	18,40160	746	41	368	82	18,96151	1385	9	318
33	18,40906	767	40	367	83	18,97936	1388	8	317
34	18,41673	788	40	366	84	18,99322	1392	8	316
35	18,42461	806	0,00039	365	85	19,00716	1395	0,00007	315
36	18,43267	824	39	364	86	19,02111	1398	6	314
37	18,44091	845	38	363	87	19,03509	1401	5	313
38	18,44936	864	38	362	88	19,04910	1403	4	312
39	18,45800	883	37	361	89	19,06313	1405	4	311
40	18,46683	901	0,00036	360	90	19,07718	1406	0,00003	310
41	18,47584	920	36	359	91	19,09124	1407	2	309
42	18,48504	937	35	358	92	19,10531	1408	1	308
43	18,49441	955	35	357	93	19,11939	1409	1	307
44	18,50396	972	34	356	94	19,13347	1408	+ 0	306
45	18,51368	990	0,00034	355	95	19,14755	1408	— 0,00001	305
46	18,52358	1006	34	354	96	19,16163	1408	2	304
47	18,53364	1021	33	353	97	19,17591	1406	3	303
48	18,54385	1038	32	352	98	19,18977	1405	4	302
49	18,55423	1055	32	351	99	19,20382	1403	5	301
50	18,56478		+ 0,00031	350	100	19,21785		— 0,00005	300

Constante retranchée.... 0,01509.

Suite de la TABLE XXII. Argument I, ou Anomalie moyenne.

Degr.	Rayons vecteurs.	Différences.	Variation séculaire.	Degr.	Degr.	Rayons vecteurs.	Différences.	Variation séculaire.	Degr.
100	19,21785	+1401	− 0,00005	300	150	19,82929	+928	− 0,00037	250
101	19,23186	1399	6	299	151	19,83852	907	38	249
102	19,24585	1396	7	298	152	19,84759	892	38	248
103	19,25881	1393	8	297	153	19,85651	875	39	247
104	19,27374	1389	9	296	154	19,86526	859	39	246
105	19,28763	1386	0,00010	295	155	19,87385	843	0,00040	245
106	19,30149	1382	11	294	156	19,88228	826	40	244
107	19,31531	1378	11	293	157	19,89054	810	40	243
108	19,32909	1372	12	292	158	19,89864	793	41	242
109	19,34281	1368	13	291	159	19,90657	775	41	241
110	19,35649	1363	0,00014	290	160	19,91432	759	0,00041	240
111	19,37012	1356	14	289	161	19,92191	741	42	239
112	19,38368	1351	15	288	162	19,92932	723	42	238
113	19,39719	1344	16	287	163	19,93655	706	42	237
114	19,41063	1338	16	286	164	19,94361	689	43	236
115	19,42411	1331	0,00017	285	165	19,95050	670	0,00043	235
116	19,43732	1326	18	284	166	19,95720	652	43	234
117	19,45057	1318	18	283	167	19,96372	634	44	233
118	19,46373	1309	19	282	168	19,97006	616	44	232
119	19,47682	1300	19	281	169	19,97622	598	44	231
120	19,48982	1293	0,00020	280	170	19,98220	579	0,00045	230
121	19,50275	1284	21	279	171	19,98799	561	45	229
122	19,51559	1274	22	278	172	19,99360	541	45	228
123	19,52833	1265	23	277	173	19,99901	523	45	227
124	19,54098	1256	23	276	174	20,00424	504	46	226
125	19,55354	1247	0,00024	275	175	20,00928	485	0,00046	225
126	19,56601	1236	24	274	176	20,01413	466	46	224
127	19,57837	1226	25	273	177	20,01879	448	46	223
128	19,59063	1214	26	272	178	20,02327	428	47	222
129	19,60277	1205	26	271	179	20,02755	407	47	221
130	19,61482	1194	0,00027	270	180	20,03162	389	0,00047	220
131	19,62676	1182	27	269	181	20,03551	368	47	219
132	19,63858	1172	28	268	182	20,03919	349	47	218
133	19,65030	1158	29	267	183	20,04268	331	47	217
134	19,66188	1146	29	266	184	20,04599	311	47	216
135	19,67334	1134	0,00030	265	185	20,04910	290	0,00048	215
136	19,68468	1122	30	264	186	20,05200	271	48	214
137	19,69590	1109	31	263	187	20,05471	251	48	213
138	19,70699	1096	31	262	188	20,05722	231	48	212
139	19,71795	1083	32	261	189	20,05953	211	48	211
140	19,72878	1069	0,00032	260	190	20,06164	191	0,00048	210
141	19,73947	1055	33	259	191	20,06355	171	48	209
142	19,75002	1042	33	258	192	20,06526	151	48	208
143	19,76044	1027	34	257	193	20,06677	131	48	207
144	19,77071	1014	35	256	194	20,06808	111	48	206
145	19,78085	999	0,00035	255	195	20,06919	91	0,00048	205
146	19,79084	984	36	254	196	20,07010	70	48	204
147	19,80068	969	36	253	197	20,07080	50	48	203
148	19,81037	954	36	252	198	20,07130	30	48	202
149	19,81991	938	37	251	199	20,07160	11	48	201
150	19,82929		− 0,00037	250	200	20,07171		− 0,00048	200

TABLE XXIII. T. XXIV. T. XXV. TABLE XXIII. T. XXIV. T. XXV.

Argument.	Équation II.	Équation III.	Équation IV.	Argum.	Équation II.	Équation III.	Équation IV.
0	0,00694	0,00740	0,00978	500	0,00001	0,00421	0,00000
10	691	705	977	510	3	457	1
20	686	669	974	520	6	493	4
30	679	633	969	530	10	529	9
40	669	596	963	540	15	566	15
50	0,00658	0,00560	0,00954	550	0,00022	0,00602	0,00024
60	644	523	944	560	29	638	35
70	629	487	931	570	37	675	47
80	612	451	917	580	45	711	61
90	596	416	902	590	55	746	76
100	0,00574	0,00381	0,00884	600	0,00066	0,00781	0,00093
110	553	347	866	610	77	814	112
120	532	314	845	620	89	847	133
130	509	283	824	630	102	879	154
140	487	252	801	640	115	910	177
150	0,00463	0,00222	0,00774	650	0,00129	0,00939	0,00204
160	440	194	751	660	144	968	227
170	416	168	725	670	159	994	253
180	393	143	697	680	175	1019	281
190	369	120	669	690	192	1042	309
200	0,00346	0,00098	0,00640	700	0,00209	0,01063	0,00338
210	324	79	611	710	226	1082	367
220	302	62	581	720	244	1100	397
230	281	46	550	730	263	1116	428
240	261	33	520	740	282	1129	458
250	0,00240	0,00022	0,00489	750	0,00301	0,01140	0,00489
260	221	13	458	760	321	1149	520
270	202	6	428	770	341	1156	550
280	183	2	397	780	362	1160	581
290	166	0	367	790	383	1162	611
300	0,00150	0,00000	0,00338	800	0,00404	0,01162	0,00640
310	135	2	309	810	425	1160	669
320	121	7	281	820	447	1155	697
330	107	14	253	830	469	1148	725
340	95	23	227	840	490	1138	751
350	0,00082	0,00035	0,00204	850	0,00511	0,01127	0,00774
360	71	47	177	860	532	1113	801
370	61	64	154	870	553	1098	824
380	51	82	133	880	572	1080	845
390	42	102	112	890	591	1060	866
400	0,00033	0,00123	0,00093	900	0,00609	0,01039	0,00884
410	26	147	76	910	626	1015	902
420	20	172	61	920	640	990	917
430	15	199	47	930	654	963	931
440	10	227	35	940	666	935	944
450	0,00006	0,00257	0,00024	950	0,00676	0,00905	0,00954
460	3	287	15	960	684	874	963
470	1	320	9	970	690	842	969
480	0	353	4	980	693	809	974
490	0	387	1	990	695	775	977
500	0,00001	0,00421	0,00000	1000	0,00694	0,00740	0,00978

Constantes... 0,00319...0,00581...0,00489.

Argument.	TABLE XXVI. Équation VI.	TABLE XXVII. Équation VII—VI.	Argument.	TABLE XXVI. Équation VI.	TABLE XXVII. Équation VII—VI.
0	0,00096	0,00054	500	0,00022	0,00091
10	92	58	510	25	87
20	89	62	520	28	82
30	85	67	530	31	78
40	82	72	540	34	73
50	0,00079	0,00076	550	0,00037	0,00069
60	76	81	560	41	64
70	72	85	570	45	60
80	69	90	580	48	55
90	65	94	590	52	51
100	0,00061	0,00098	600	0,00055	0,00046
110	58	103	610	59	42
120	54	107	620	62	38
130	50	111	630	66	34
140	47	114	640	70	30
150	0,00043	0,00118	650	0,00074	0,00027
160	40	121	660	77	23
170	36	125	670	80	20
180	33	128	680	84	17
190	30	130	690	87	14
200	0,00027	0,00133	700	0,00090	0,00012
210	24	135	710	93	9
220	21	138	720	96	7
230	18	139	730	99	5
240	15	141	740	101	4
250	0,00013	0,00142	750	0,00104	0,00002
260	11	143	760	106	1
270	9	144	770	108	1
280	7	145	780	110	0
290	5	145	790	111	0
300	0,00004	0,00145	800	0,00113	0,00000
310	3	144	810	114	0
320	2	144	820	115	1
330	1	143	830	116	2
340	0	142	840	116	3
350	0,00000	0,00140	850	0,00117	0,00005
360	0	138	860	117	7
370	0	136	870	117	9
380	1	134	880	116	11
390	1	131	890	116	13
400	0,00002	0,00129	900	0,00115	0,00016
410	3	126	910	114	19
420	4	122	920	112	22
430	5	119	930	111	26
440	7	116	940	109	29
450	0,00009	0,00112	950	0,00107	0,00033
460	11	108	960	105	37
470	14	104	970	103	41
480	16	100	980	100	45
490	19	95	990	98	49
500	0,00022	0,00091	000	0,00095	0,00054

Constantes... 0,00058....0,00072.

TABLE XXVIII. Argument XIII, ou (Longit. vraie dans l'orbite — Longit. du Nœud).

Degrés	Distances polaires.	Différences.	Variation séculaire.	Degrés	Degrés	Distances polaires.	Différences.	Variation séculaire.	Degrés
100	99° 13′ 80″ 6		— 9″7	100	150	99° 39′ 01″ 3		— 6″8	50
101	99.13.81,6	+ 1″0—	9,7	99	151	99.39.97,6	+ 96″3—	6,6	49
102	99.13.84,8	3,2	9,7	98	152	99.40.95,4	97,8	6,5	48
103	99.13.90,1	5,3	9,7	97	153	99.41.94,7	99,3	6,4	47
104	99.13.97,5	7,4	9,7	96	154	99.42.95,4	1.00,7	6,3	46
105	99.14.07,1	9,6	9,6	95	155	99.43.97,5	1.02,1	6,2	45
106	99.14.18,7	11,6	9,6	94	156	99.45.00,9	1.03,4	6,0	44
107	99.14.32,5	13,8	9,6	93	157	99.46.05,8	1.04,9	5,9	43
108	99.14.48,4	15,9	9,6	92	158	99.47.12,0	1.06,2	5,8	42
109	99.14.66,4	18,0	9,6	91	159	99.48.19,4	1.07,4	5,7	41
110	99.15.86,5	20,1	9,5	90	160	99.49.28,1	1.08,7	5,6	40
111	99.15.08,7	22,2	9,5	89	161	99.50.38,1	1.10,0	5,4	39
112	99.15.33,0	24,3	9,4	88	162	99.51.49,3	1.11,2	5,3	38
113	99.15.59,4	26,4	9,4	87	163	99.52.61,7	1.12,4	5,2	37
114	99.15.87,8	28,4	9,4	86	164	99.53.75,3	1.13,6	5,0	36
115	99.16.18,3	30,5	9,4	85	165	99.54.90,0	1.14,7	4,9	35
116	99.16.50,9	32,6	9,4	84	166	99.56.05,8	1.15,8	4,8	34
117	99.16.85,6	34,7	9,3	83	167	99.57.22,7	1.16,9	4,7	33
118	99.17.22,3	36,7	9,3	82	168	99.58.40,7	1.18,0	4,5	32
119	99.17.61,0	38,7	9,3	81	169	99.59.59,6	1.18,9	4,4	31
120	99.18.01,8	40,8	9,3	80	170	99.60.79,6	1.20,0	4,3	30
121	99.18.44,6	42,8	9,2	79	171	99.62.00,5	1.20,9	4,1	29
122	99.18.89,3	44,7	9,2	78	172	99.63.22,4	1.21,9	4,0	28
123	99.19.36,1	46,8	9,1	77	173	99.64.45,2	1.22,8	3,8	27
124	99.19.84,9	48,8	9,0	76	174	99.65.68,8	1.23,6	3,7	26
125	99.20.35,7	50,8	9,0	75	175	99.66.93,3	1.24,5	3,6	25
126	99.20.88,4	52,7	8,9	74	176	99.68.18,6	1.25,3	3,5	24
127	99.21.43,0	54,6	8,9	73	177	99.69.44,7	1.26,1	3,3	23
128	99.21.99,6	56,6	8,8	72	178	99.70.71,5	1.26,8	3,1	22
129	99.22.58,1	58,5	8,7	71	179	99.71.99,0	1.27,5	3,0	21
130	99.23.18,6	60,5	8,6	70	180	99.73.27,3	1.28,3	2,8	20
131	99.23.80,9	62,3	8,6	69	181	99.74.56,2	1.28,9	2,7	19
132	99.24.45,1	64,2	8,5	68	182	99.75.85,7	1.29,5	2,6	18
133	99.25.11,1	66,0	8,4	67	183	99.77.15,8	1.30,1	2,4	17
134	99.25.79,0	67,9	8,3	66	184	99.78.46,5	1.30,7	2,3	16
135	99.26.48,8	69,8	8,2	65	185	99.79.77,7	1.31,2	2,1	15
136	99.27.20,3	71,5	8,1	64	186	99.81.09,4	1.31,7	2,0	14
137	99.27.93,6	73,3	8,0	63	187	99.82.41,5	1.32,1	1,8	13
138	99.28.68,7	75,1	7,9	62	188	99.83.74,1	1.32,6	1,7	12
139	99.29.45,6	76,9	7,8	61	189	99.85.07,1	1.33,0	1,5	11
140	99.30.24,2	78,6	7,7	60	190	99.86.40,4	1.33,3	1,4	10
141	99.31.04,5	80,3	7,6	59	191	99.87.74,1	1.33,7	1,2	9
142	99.31.86,5	82,0	7,5	58	192	99.89.08,1	1.34,0	1,1	8
143	99.32.70,2	83,7	7,4	57	193	99.90.42,4	1.34,3	0,9	7
144	99.33.55,6	85,4	7,3	56	194	99.91.76,8	1.34,4	0,8	6
145	99.34.42,5	86,9	7,2	55	195	99.93.11,5	1.34,7	0,7	5
146	99.35.31,1	88,6	7,1	54	196	99.94.46,4	1.34,9	0,6	4
147	99.36.21,3	90,2	7,0	53	197	99.95.81,3	1.34,9	0,5	3
148	99.37.13,1	91,8	7,0	52	198	99.97.16,4	1.35,1	0,3	2
149	99.38.06,4	93,3	6,9	51	199	99.98.51,6	1.35,2	0,2	1
150	99.39.01,3	+ 94,9—	— 6,8	50	200	99.99.86,7	+1.35,1—	— 0,0	0
D.				D.	D.				D.

Constante retranchée...... 13″,3.

Suite de la TABLE XXVIII. Argument XIII, ou (Longit. vraie dans l'orbite — Longit. du Nœud).

Degrés	Distances polaires.	Différences.	Variation séculaire.	Degrés	Degrés	Distances polaires.	Différences.	Variation séculaire.	Degrés
200	99° 99′ 86″ 7	+ 1′ 35″ 2 —	+ 0″ 0	400	250	100° 60′ 72″ 2	+ 94″ 9 —	+ 6″ 9	350
201	100.01.21,9	1.35,2	0,2	399	251	100.61.67,1	93,3	7,0	349
202	100.02.57,1	1.35,1	0,3	398	252	100.62.60,4	91,8	7,1	348
203	100.03.92,2	1.34,9	0,5	397	253	100.63.52,2	90,1	7,2	347
204	100.05.27,1	1.34,9	0,6	396	254	100.64.42,3	88,7	7,3	346
205	100.06.62,0	1.34,6	0,8	395	255	100.65.31,0	86,9	7,3	345
206	100.07.96,6	1.34,5	0,9	394	256	100.66.17,9	85,4	7,4	344
207	100.09.31,1	1.34,3	1,1	393	257	100.67.03,3	83,7	7,5	343
208	100.10.65,4	1.34,0	1,2	392	258	100.67.87,0	82,0	7,6	342
209	100.11.99,4	1.33,7	1,4	391	259	100.68.69,0	80,3	7,7	341
210	100.13.33,1	1.33,3	1,5	390	260	100.69.49,3	78,6	7,8	340
211	100.14.66,4	1.33,0	1,7	389	261	100.70.27,9	76,9	7,9	339
212	100.15.99,4	1.32,6	1,8	388	262	100.71.04,8	75,1	8,0	338
213	100.17.32,0	1.32,1	2,0	387	263	100.71.79,9	73,3	8,1	337
214	100.18.64,1	1.31,7	2,1	386	264	100.72.53,2	71,5	8,2	336
215	100.19.95,8	1.31,2	2,3	385	265	100.73.24,7	69,8	8,2	335
216	100.21.27,0	1.30,7	2,4	384	266	100.73.94,5	67,9	8,3	334
217	100.22.57,7	1.30,1	2,6	383	267	100.74.62,4	66,0	8,4	333
218	100.23.87,8	1.29,5	2,7	382	268	100.75.28,4	64,2	8,5	332
219	100.25.17,3	1.28,9	2,8	381	269	100.75.92,6	62,3	8,5	331
220	100.26.46,2	1.28,2	3,0	380	270	100.76.54,9	60,4	8,6	330
221	100.27.74,4	1.27,6	3,1	379	271	100.77.15,3	58,6	8,7	329
222	100.29.02,0	1.26,8	3,3	378	272	100.77.73,9	56,6	8,8	328
223	100.30.28,8	1.26,1	3,4	377	273	100.78.30,5	54,6	8,8	327
224	100.31.54,9	1.25,3	3,6	376	274	100.78.85,1	52,7	8,9	326
225	100.32.80,2	1.24,5	3,7	375	275	100.79.37,8	50,8	8,9	325
226	100.34.04,7	1.23,6	3,8	374	276	100.79.88,6	48,8	9,0	324
227	100.35.28,3	1.22,8	4,0	373	277	100.80.37,4	46,8	9,0	323
228	100.36.51,1	1.21,8	4,1	372	278	100.80.84,2	44,8	9,1	322
229	100.37.72,9	1.21,0	4,3	371	279	100.81.29,0	42,7	9,2	321
230	100.38.93,9	1.19,9	4,4	370	280	100.81.71,7	40,8	9,2	320
231	100.40.13,8	1.19,0	4,5	369	281	100.82.12,5	38,7	9,3	319
232	100.41.32,8	1.17,9	4,7	368	282	100.82.51,2	36,7	9,3	318
233	100.42.50,7	1.16,9	4,8	367	283	100.82.87,9	34,7	9,4	317
234	100.43.67,6	1.15,9	4,9	366	284	100.83.22,6	32,6	9,4	316
235	100.44.83,5	1.14,7	5,1	365	285	100.83.55,2	30,5	9,4	315
236	100.45.98,2	1.13,6	5,2	364	286	100.83.85,7	28,4	9,5	314
237	100.47.11,8	1.12,3	5,3	363	287	100.84.14,1	26,4	9,5	313
238	100.48.24,1	1.11,3	5,4	362	288	100.84.40,5	24,3	9,5	312
239	100.49.35,4	1.09,9	5,6	361	289	100.84.64,8	22,2	9,6	311
240	100.50.45,3	1.08,8	5,7	360	290	100.84.87,0	20,1	9,6	310
241	100.51.54,1	1.07,5	5,8	359	291	100.85.07,1	18,0	9,6	309
242	100.52.61,6	1.06,1	5,9	358	292	100.85.25,1	15,9	9,6	308
243	100.53.67,7	1.04,9	6,0	357	293	100.85.41,0	13,8	9,6	307
244	100.54.72,6	1.03,4	6,2	356	294	100.85.54,8	11,6	9,6	306
245	100.55.76,0	1.02,1	6,3	355	295	100.85.66,4	9,6	9,7	305
246	100.56.78,1	1.00,7	6,4	354	296	100.85.76,0	7,4	9,7	304
247	100.57.78,8	99,3	6,5	353	297	100.85.83,4	5,3	9,7	303
248	100.58.78,1	97,8	6,6	352	298	100.85.88,7	3,2	9,7	302
249	100.59.75,9	+ 96,3	6,8	351	299	100.85.91,9	+ 1,0 —	9,7	301
250	100.60.72,2		+ 6,9	350	300	100.85.92,9		+ 9,7	300
D.				D.	D.				D.

TABLE XXIX. TAB. XXX. TAB. XXXI. TABLE XXIX. TAB. XXX. TAB. XXXI.

Arg.	Équation III.	Équation VII.	Équation IX.	Arg.	Équation III.	Équation VII.	Équation IX.
0	15"5	4"9	3"6	500	1"6	0"9	0"4
10	15,2	5,0	3,6	510	2,0	0,4	0,3
20	14,8	5,0	3,7	520	2,3	0,3	0,3
30	14,4	5,1	3,8	530	2,7	0,3	0,2
40	14,0	5,2	3,8	540	3,1	0,2	0,1
50	13,6	5,2	3,8	550	3,5	0,1	0,1
60	13,2	5,3	3,9	560	4,0	0,1	0,1
70	12,7	5,3	3,9	570	4,4	0,0	0,0
80	12,2	5,4	3,9	580	4,9	0,0	0,0
90	11,7	5,4	3,9	590	5,4	0,0	0,0
100	11,2	5,4	3,9	600	5,9	0,0	0,0
110	10,7	5,4	3,9	610	6,4	0,0	0,0
120	10,2	5,4	3,9	620	6,9	0,0	0,0
130	9,7	5,3	3,9	630	7,5	0,1	0,0
140	9,1	5,3	3,9	640	8,0	0,1	0,1
150	8,6	5,2	3,8	650	8,6	0,1	0,1
160	8,1	5,2	3,8	660	9,1	0,2	0,1
170	7,5	5,1	3,7	670	9,6	0,2	0,2
180	7,0	5,0	3,7	680	10,2	0,3	0,2
190	6,5	5,0	3,6	690	10,7	0,4	0,3
200	5,9	4,9	3,6	700	11,2	0,5	0,4
210	5,4	4,7	3,5	710	11,7	0,6	0,4
220	4,9	4,6	3,4	720	12,2	0,7	0,5
230	4,5	4,5	3,3	730	12,7	0,8	0,6
240	4,0	4,4	3,2	740	13,2	1,0	0,7
250	3,6	4,3	3,1	750	13,6	1,1	0,8
260	3,1	4,1	3,0	760	14,0	1,2	0,9
270	2,7	4,0	2,9	770	14,4	1,4	1,0
280	2,3	3,8	2,8	780	14,8	1,5	1,1
290	2,0	3,7	2,7	790	15,2	1,7	1,2
300	1,7	3,5	2,6	800	15,5	1,9	1,4
310	1,4	3,3	2,5	810	15,8	2,0	1,5
320	1,1	3,2	2,3	820	16,1	2,2	1,6
330	0,8	3,0	2,2	830	16,3	2,4	1,7
340	0,6	2,8	2,1	840	16,5	2,5	1,8
350	0,4	2,7	2,0	850	16,7	2,7	2,0
360	0,3	2,5	1,9	860	16,9	2,9	2,1
370	0,2	2,3	1,7	870	17,0	3,0	2,2
380	0,1	2,2	1,6	880	17,1	3,2	2,3
390	0,0	2,0	1,5	890	17,1	3,4	2,4
400	0,0	1,8	1,4	900	17,1	3,5	2,6
410	0,0	1,7	1,2	910	17,1	3,7	2,7
420	0,1	1,5	1,1	920	17,1	3,8	2,8
430	0,2	1,4	1,0	930	17,0	4,0	2,9
440	0,3	1,2	0,9	940	16,9	4,1	3,0
450	0,4	1,1	0,8	950	16,7	4,3	3,1
460	0,6	1,0	0,7	960	16,5	4,4	3,2
470	0,8	0,8	0,6	970	16,3	4,5	3,3
480	1,0	0,7	0,5	980	16,1	4,7	3,4
490	1,3	0,6	0,5	990	15,8	4,8	3,5
500	1,6	0,5	0,4	1000	15,5	4,9	3,6

Constantes 8",5......... 2",7......... 2",0,

TABLE XXXII. Argument de la distance polaire.

Degrés.	Réduction à l'écliptique. 0°, ou 200°.	Logarithme cos. de la latit. héliocent.	Degrés.	Degrés.	Réduction à l'écliptique. 50°, ou 250°.	Logarithme cos. de la latit. héliocent.	Degrés.
0	— 0″0 +	0,0000000	200	50	— 29″0 +	9,9999802	150
1	0,9	0,0000000	199	51	29,0	796	149
2	1,8	9,9999999	198	52	29,0	789	148
3	2,7	999	197	53	28,9	783	147
4	3,6	998	196	54	28,8	777	146
5	— 4,5 +	9,9999998	195	55	— 28,7 +	9,9999771	145
6	5,4	997	194	56	28,5	765	144
7	6,3	996	193	57	28,3	758	143
8	7,2	994	192	58	28,1	753	142
9	8,1	992	191	59	27,9	747	141
10	— 9,0 +	9,9999990	190	60	— 27,6 +	9,9999741	140
11	9,8	988	189	61	27,3	735	139
12	10,7	986	188	62	27,0	729	138
13	11,5	984	187	63	26,7	723	137
14	12,4	981	186	64	26,3	718	136
15	— 13,2 +	9,9999978	185	65	— 25,9 +	9,9999712	135
16	14,0	975	184	66	25,5	707	134
17	14,8	972	183	67	25,0	701	133
18	15,6	969	182	68	24,5	696	132
19	16,3	966	181	69	24,0	691	131
20	— 17,1 +	9,9999963	180	70	— 23,5 +	9,9999686	130
21	17,8	959	179	71	23,0	681	129
22	18,5	955	178	72	22,4	676	128
23	19,2	951	177	73	21,8	671	127
24	19,9	946	176	74	21,2	666	126
25	— 20,5 +	9,9999942	175	75	— 20,5 +	9,9999661	125
26	21,2	938	174	76	19,9	657	124
27	21,8	933	173	77	19,2	652	123
28	22,4	928	172	78	18,5	648	122
29	23,0	923	171	79	17,8	644	121
30	— 23,5 +	9,9999918	170	80	— 17,7 +	9,9999640	120
31	24,0	913	169	81	16,3	637	119
32	24,5	908	168	82	15,6	634	118
33	25,0	903	167	83	14,8	631	117
34	25,5	897	166	84	14,0	628	116
35	— 25,9 +	9,9999892	165	85	— 13,2 +	9,9999625	115
36	26,3	886	164	86	12,4	623	114
37	26,7	881	163	87	11,5	620	113
38	27,0	875	162	88	10,7	618	112
39	27,3	869	161	89	9,8	616	111
40	— 27,6 +	9,9999863	160	90	— 9,0 +	9,9999614	110
41	27,9	857	159	91	8,1	612	109
42	28,1	851	158	92	7,2	610	108
43	28,3	845	157	93	6,3	608	107
44	28,5	839	156	94	5,4	607	106
45	— 28,7 +	9,9999833	155	95	— 4,5 +	9,9999607	105
46	28,8	827	154	96	3,6	606	104
47	28,9	821	153	97	2,7	606	103
48	29,0	814	152	98	1,8	605	102
49	29,0	808	151	99	0,9	604	101
50	29,0	9,9999802	150	100	0,0	9,9999604	100
D.	150° ou 350°.		D.	D.	100° ou 300°.		D.

www.ingramcontent.com/pod-product-compliance
Ingram Content Group UK Ltd.
Pitfield, Milton Keynes, MK11 3LW, UK
UKHW020313180726
13839UKWH00001B/453

9 782329 487090